Das Buch des vergessenen Wissens

Gert Braune
Katrin Höller
Christa Pöppelmann

compact via

compact via ist ein Imprint der Compact Verlag GmbH

Text: Gert Braune (Mathematik, Physik, Chemie, Biologie), Katrin Höller (Englisch),
Christa Pöppelmann (Deutsch, Erdkunde, Kunst, Musik, Geschichte, Sozialkunde)
Chefredaktion: Evelyn Boos
Redaktion: Heike Fröhlich
Produktion: Johannes Buchmann
Abbildungen: istockphoto.com/YummySuperStar (alle, außer S. 124, 132, 137, 142,
181, 196, 198, 207, 216, 224, 290–315 (Icons)); Christian Schall (S. 20, 21, 22, 25,
26, 29, 73, 75, 78, 82, 83, 92, 95, 104, 108, 119, 122)
Titelabbildungen: istockphoto.com/kkrs, YummySuperStar (Icons)
Gestaltung: X-Design, München
Umschlaggestaltung: X-Design, München

ISBN 978-3-8174-9207-7
381749207/1

www.compact-via.de

Inhaltsverzeichnis

Mathematik

»Erkenntnisspendend ist die Natur der Zahl und führend und lehrend für jeden in jedem, was ihm zweifelhaft und unbekannt ist.«

Pythagoras von Samos (570–480 v. Chr.)

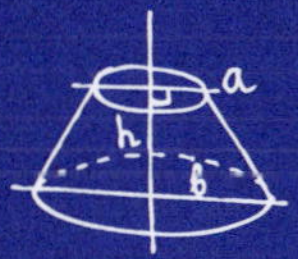

So schön und einfach, wie es aus dem Mund des berühmten Mathematikers und Philosophen, des Namensgebers des allseits bekannten *Satz des Pythagoras* klingt, ist es für die wenigsten von uns zu Schulzeiten gewesen, nicht wahr? Aber ganz ohne Mathe geht es auch nicht, wenn man beispielsweise schnell einmal ausrechnen will, wie viel etwas kostet, das 10 % günstiger wird. Wie war das noch mal mit dem Dreisatz? Tauchen Sie auf den nächsten Seiten ein in die wundersame Welt der Zahlen!

Riesige Zahlen

Der Nullen sechs hat die Million,
mit neun glänzt die Milliarde schon,
es folgt mit zwölf ihr die Billion,
zuletzt mit achtzehn die Trillion.

Bezeichnung großer Zahlen: Eine -iarde ist immer das Tausendfache einer -ion.

Für das Tausendfache, also für drei weitere Nullen, gibt es eine neue Bezeichnung, und zwar abwechselnd mit den Endungen *-ion* und *-iarde*: Million, Milliarde, Billion, Billiarde (mit 15 Nullen, sie fehlt im Merkspruch), Trillion. Danach kommt natürlich die Trilliarde. Können Sie sich denken, wie es weitergeht? Man setzt die lateinischen Zahlbezeichnungen fort und sagt: Quadrillion, Quadrilliarde, Quintillion, Quintilliarde, Sextillion, Sextilliarde, Septillion, Septilliarde, Oktillion, Oktilliarde. Hier hören wir erst einmal auf, obwohl es natürlich noch weitergeht. Wie viele Nullen hat wohl eine Oktilliarde?

(Lösung: Sie hat 51 Nullen.)

Zählen wie die Römer

Lass **C**aesar **D**as **M**achen.

Hin und wieder sieht man auf Zifferblättern von Uhren oder auf Inschriften von Gedenksteinen römische Zahlzeichen. Sie werden in der Schule seit jeher behandelt, wenn auch meist ein wenig stiefmütterlich, weil man sie selten braucht und weil der Umgang mit ihnen etwas umständlich ist. Das liegt daran, dass ihre Erfinder, die Bewohner des Römischen Reiches (ca. 800 v. Chr.–700 n. Chr.) kein Stellenwertsystem kannten.

In römischen Zeichen ausgedrückt bedeutet XIV die Zahl 14, denn X hat den Wert 10, I steht für die 1 und V bedeutet 5. Halt, werden Sie sagen, das ergibt doch zusammen 16! Richtig, aber die Römer hatten sich trickreiche Regeln ausgedacht: Steht ein Zeichen mit kleinerem vor einem Zeichen mit größerem Wert, so wird der kleinere

Wert vom größeren abgezogen! Die Rechnung lautet also: 10 + 5 – 1, und das ergibt 14.

Bei größeren Zahlen hilft die Eselsbrücke vom Anfang. L, C, D und M bezeichnen der Reihe nach die Zahlen 50, 100, 500 und 1000.

Multiplizieren mit Papier und Bleistift

»Der Taschenrechner kann das doch viel schneller und macht keine Fehler.«
(Beliebter Einwand)

Dass der Taschenrechner schnell und fehlerfrei multiplizieren kann, stimmt schon, aber Sie müssen sich von ihm ja nicht die Butter vom Brot nehmen lassen. Schnell überprüfen zu können, ob sich die Marktfrau nicht verrechnet hat, ist doch sehr nützlich! In der Schule haben Sie schriftliches Multiplizieren mit Sicherheit intensiv geübt und können es heute noch, oder? Was ergibt 753 · 23?

Hier zum Vergleich eine Musterlösung:

```
753·23
 1506
  2259
 17319
```

Man beginnt mit der 2 aus der 23 und der 3 aus der 753 und rechnet: 2 · 3 = 6. Diese 6 schreibt man unter die 2. Dann geht es weiter mit 2 · 5 = 10. Die 0 schreibt man hin, aber was passiert noch mal mit der 1? Genau, sie wird der **Übertrag** für die nächste Rechnung: 2 · 7 + 1 = 15. Damit ist die erste Zeile komplett. Nun dasselbe Spielchen noch einmal beginnend mit der 3 aus der 23, wobei man aber eine Stelle weiter rechts ansetzen muss. Schließlich die beiden entstandenen Zahlen schriftlich addieren, dabei wieder eventuelle Überträge beachten, fertig!

Fachbegriffe beim Multiplizieren: Faktor mal Faktor gleich Produkt

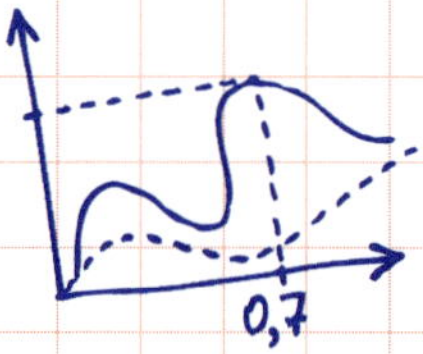

Schriftliches Dividieren

Ist Ihr Auto ein Spritschlucker oder ein Ökovorbild? Ihren Verbrauch pro 100 km können Sie nach dem nächsten Tanken mithilfe einer kleinen Divisionsaufgabe ausrechnen. Das geht auch – wie damals in der Schule gelernt – ganz ohne Taschenrechner. Nehmen wir an, dass Sie mit 45,44 l Benzin 640 km weit gekommen sind. Dann müssen Sie die 45,44 l durch 640 km teilen, um den Verbrauch für 1 km zu ermitteln, und danach das Ergebnis mit 100 multiplizieren. Stattdessen können Sie auch gleich 45,44 durch 6,4 teilen. Aber wie geht das bloß? Man muss zunächst das störende Komma in 6,4 beseitigen, und zwar indem man die Kommas in beiden Zahlen gleichsinnig um eine Stelle nach rechts verschiebt. Das ändert nichts am Ergebnis, weil es sich um **Erweitern** handelt. Die Aufgabe lautet dann: 454,4 : 64.

Fachbegriffe beim Dividieren:
Dividend durch Divisor
gleich Quotient

Danach rechnet man so:

```
454,4 : 64 = 7,1
448
 ---
   6 4
   6 4
   ---
     0
```

Die 64 im Teilungsschwanz entsteht dadurch, dass man zunächst die **Differenz** aus 454 und 448 bildet und dann die 4 nach unten zieht. Da in diesem Augenblick auch das Komma überschritten wird, setzt man jetzt auch im Ergebnis ein Komma.

Mit einem Verbrauch von 7,1 l auf 100 km ist Ihr Auto zwar nicht besonders verschwenderisch, aber auch nicht gerade sparsam. Ihr nächstes Auto könnte gern etwas genügsamer sein!

Punkt vor Strich, Klammern über alles

Die Klammer sagt: Zuerst komm ich!
Denk ferner dran: Stets Punkt vor Strich!
Und was noch nicht zum Rechnen dran,
das schreibt man unverändert an.

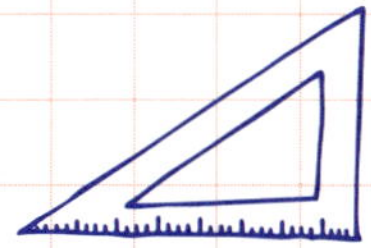

So, wie es im Straßenverkehr Regeln gibt, die bestimmen, wer in welcher Situation die Vorfahrt hat, so existieren auch in der Mathematik Vorschriften für den Umgang mit Rechenausdrücken, den **Termen**, die man genau befolgen muss. Welchen Wert hat z. B. der Term $(9 - 2) \cdot 3$? Die Merkregel besagt, dass man erst die Klammer auswerten muss. Diese ergibt 7, also muss man rechnen: $7 \cdot 3 = 21$. Dagegen existiert in dem Term $9 - 2 \cdot 3$, der ja sonst ganz ähnlich aussieht, gar keine Klammer, dafür tauchen aber nebeneinander eine Strichrechnung (–) und eine Punktrechnung (·) auf. Die Regel schreibt vor, dass wir erst die Punkt- und dann die Strichrechnung ausführen müssen. Da $2 \cdot 3 = 6$, ergibt sich nun $9 - 6 = 3$, also eine andere Lösung als beim ersten Term. Die Regeln für den Umgang mit Rechenausdrücken sollen Mehrdeutigkeiten verhindern und dafür sorgen, dass am Ende immer genau einer recht hat, nämlich der Mathematiklehrer.

Berechnung von Termen: Klammern zuerst, und Punkt- vor Strichrechnungen

Papier-Berge

Nehmen Sie sich ein Blatt Papier der Größe DIN A4 und falten Sie es zehnmal nacheinander in der Mitte.

Probieren Sie es aus: Die ersten Faltungen sind leicht durchzuführen, aber dann werden die Papierschichten schnell so dick und klein, dass es einfach nicht mehr weitergeht. Diese Aufgabe ist nicht lösbar! Die Zahl der Schichten wächst nämlich nicht gleichmäßig (linear), sondern **exponentiell**. Leider verursacht dieser Begriff bei vielen Menschen spontanen Angstschweiß (bei Ihnen hoffentlich nicht), dabei geschieht nichts wirklich Kompliziertes. Nach einer Faltung liegen zwei Papierschichten übereinander, nach zwei Faltungen sind es $2 \cdot 2 = 4$ Schichten und nach drei Faltungen $2 \cdot 2 \cdot 2 = 8$ Schichten. Nach zehn Faltungen ergäben sich $2 \cdot 2 \cdot 2 \cdot 2 \cdot 2 \cdot 2 \cdot 2 \cdot 2 \cdot 2 \cdot 2 = 1024$ Schichten! Um nun die vielen Zweien zu vermeiden, schreibt man statt des langen Produkts kurz 2^{10} (2 hoch 10) und nennt dieses Gebilde **Potenz**. (Die 2 heißt **Basis**, die 10 **Exponent**.) Es gilt $2^{10} = 1024$.Die Anzahl der Papierschichten nimmt rasant zu. Bei einer Papierdicke von 0,1 mm wären 1024 Schichten zusammen schon 10,24 cm dick! Außerdem würde die Papierfläche auf den 1024. Teil sinken. Sie merken sicher selbst, dass das unmöglich zu bewerkstelligen ist.

Basis hoch Exponent gleich Potenz

Primzahlen – mathematische Juwelen?

»Wie Juwelen liegen die Primzahlen verstreut in den unendlichen Weiten des Zahlenuniversums.«
*(Marcus du Sautoy, *1965, britischer Mathematiker)*

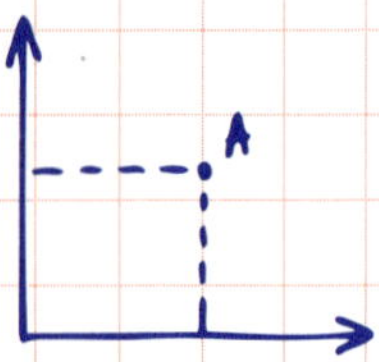

Man muss ja nicht gleich so poetisch werden wie dieser Mathematiker, aber interessant sind **Primzahlen** schon, vor allem, weil sie bis heute eine ganze Reihe von ungelösten Rätseln bereithalten. Aber was ist eine Primzahl genau? Ganz einfach: eine Zahl mit nur zwei Teilern. Die Zahlen 2, 3, 5 und 7 sind Primzahlen, weil sie nur durch 1 und sich selbst teilbar sind. 9 dagegen ist keine Primzahl, denn sie hat drei Teiler: 1, 3 und 9. Schon der Grieche Euklid (ca. 360–280 v. Chr.) konnte beweisen, dass es unendlich viele Primzahlen gibt. Leider ist bis heute kein Bildungsgesetz für Primzahlen bekannt. Will man herausfinden, ob eine Zahl eine Primzahl ist oder nicht, muss man durch Ausprobieren ermitteln, wie viele Teiler sie besitzt. Dazu benötigt man bei größeren Zahlen sehr leistungsfähige Computer. Die zurzeit größte bekannte Primzahl ist $2^{43.112.609} - 1$, eine Zahl mit mehr als zwölf Millionen Stellen. Übrigens Primzahlen, die rückwärts gelesen wieder eine Primzahl ergeben, heißen Mirpzahlen, z. B. 13 oder 17.

Primzahlen zwischen 1 und 100: 2, 3, 5, 7, 11, 13, 17, 19, 23, 29, 31, 37, 41, 43, 47, 53, 59, 61, 67, 71, 73, 79, 83, 89, 97

Wer ist der Größere?

»Ein Drittel? Nee, ich will mindestens ein Viertel.«
(Aus einem Mathematik-Forum im Internet)

Wie soll man den Forumsteilnehmer davon überzeugen, dass seine Forderung ungeschickt ist? Vielleicht so: Ein Drittel erhält man, indem man ein Ganzes in drei gleich große Mengen aufteilt; ein Viertel entsprechend, indem man das Ganze in vier Stücke teilt. Es ist klar, dass sich im ersten Fall mehr ergibt. Falls das den Forumsteilnehmer nicht überzeugt, können wir auch mathematisch argumentieren und die beiden Brüche durch **Erweitern** auf Zwölftel bringen: $\frac{1}{3} = \frac{4}{12}$; $\frac{1}{4} = \frac{3}{12}$. Der erste Bruch wurde mit 4, der zweite mit 3 erweitert. Der erste Bruch ist also um ein Zwölftel größer als der zweite. Das müsste doch jetzt überzeugen!

Bruch = $\frac{\text{Zähler}}{\text{Nenner}}$; Erweitern: Multiplizieren von Zähler und Nenner mit ein- und derselben Zahl

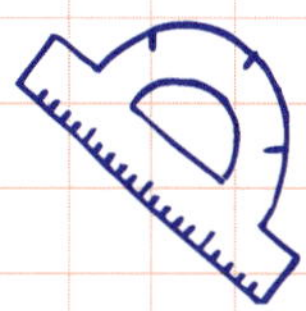

Die Kunst des Kürzens

Aus Differenzen und aus Summen kürzen nur die Dummen.

Wie geht **Kürzen** eigentlich noch? Und was ist mit »aus Differenzen oder Summen kürzen« gemeint? Und vor allem: Was ist dumm daran? Kürzen heißt, **Zähler und Nenner durch dieselbe Zahl** zu dividieren. Kürzt man z. B. $\frac{4}{10}$ mit 2, so kommt $\frac{2}{5}$ heraus. Beim Kürzen ändert sich der Wert des Bruches nicht, das heißt, $\frac{4}{10} = \frac{2}{5}$. Davon können Sie sich bei Gelegenheit anlässlich einer Kaffeetafel selbst überzeugen: Ob Sie eine Torte in zehn gleich große Stücke aufteilen und sich dann vier Stücke nehmen, oder ob Sie sie in fünf gleiche Stücke teilen und sich dann zwei Stücke nehmen, ist auf die Menge bezogen egal.

Kürzen: Dividieren von Zähler und Nenner durch ein- und dieselbe Zahl

Hat man nun einen Ausdruck wie $\frac{1+2}{2+2}$, also eigentlich $\frac{3}{4}$, vor sich, so ist es zu verlockend, die 2 in Zähler und Nenner wegzustreichen, was auf ein Subtrahieren hinauslaufen würde. Das kann aber nicht richtig sein, denn dann würde der Bruch $\frac{1}{2}$ übrig bleiben, und ein $\frac{1}{2}$ l Milch ist nun mal etwas anderes als ein $\frac{3}{4}$ l Milch. Das Kürzen aus Summen ist eine illegale Operation, die jedem Mathematiklehrer kalte Schauer über den Rücken jagt!

Rechnen mit dem Messbecher

Zähler mal Zähler, Nenner mal Nenner

An diese Regel können sich die meisten Erwachsenen erinnern. Sie bestimmt auch! Aber wozu in aller Welt brauchte man sie? Nun, es ist die Vorschrift für das **Multiplizieren** von Brüchen: Soll man $\frac{1}{2}$ mit $\frac{3}{4}$ multiplizieren, so rechnet man: $\frac{1}{2} \cdot \frac{3}{4} = \frac{1 \cdot 3}{2 \cdot 4}$. Dass das stimmt, kann man mit etwas Messbecher-Mathematik leicht bestätigen. Die Aufgabe $\frac{1}{2} \cdot \frac{3}{4}$ lässt sich rein praktisch so deuten, dass man von einem $\frac{3}{4}$ l Milch die Hälfte abnehmen soll. Wie viel l sind das dann? Klar ist, dass $\frac{1}{2}$ l dasselbe ist wie $\frac{4}{8}$ l. $\frac{1}{4}$ davon beträgt dann $\frac{1}{8}$ l, $\frac{3}{4}$ davon sind $\frac{3}{8}$ l – ganz, wie es aus der Vorschrift Zähler mal Zähler, Nenner mal Nenner hervorgeht. Sie sehen: Regeln

Dividieren: Multiplizieren mit dem Kehrbruch (Zähler und Nenner vertauscht), Beispiel: $\frac{2}{3} : \frac{9}{4} = \frac{2}{3} \cdot \frac{4}{9} = \frac{8}{27}$

wie diese haben nicht irgendwelche Beamten im Bildungsministerium erfunden, als sie überlegten, was man in die Lehrpläne schreiben könnte, sondern sie ergeben sich durchaus aus alltäglichen Notwendigkeiten heraus.

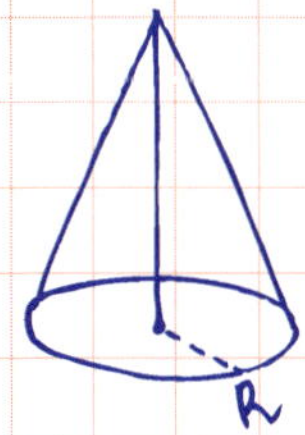

Kommazahlen

»Hey, entweder bin ich blind, dumm oder beides, aber ich finde auf meinem Taschenrechner einfach keine Taste, um einen Bruch in eine Dezimalzahl umzuwandeln.«
(Eintrag in einem Mathematik-Forum)

Eine solche Taste benötigt man gar nicht, denn wenn man einen Bruch in einen **Dezimalbruch** (Dezimalzahl) umwandeln möchte, teilt man einfach den Zähler durch den Nenner, entweder schriftlich oder mit dem Taschenrechner. Je nach Bruch kann es dabei zu verschiedenen Situationen kommen: Manchmal geht die Division irgendwann auf und der Dezimalbruch **bricht ab**, wie beispielsweise bei $\frac{3}{8} = 3 : 8 = 0{,}375$. In anderen Fällen nimmt die Rechnung kein Ende: $\frac{2}{7} = 2 : 7 = 0{,}28571428571428...$
Nun kommt die altbekannte Panik auf und man denkt, man hat sich verrechnet oder den Taschenrechner falsch bedient. Es ist aber alles richtig, und bei genauem Hinsehen erkennt man, dass sich die Ziffern immer nach sechs Stellen wiederholen. Ein solcher Dezimalbruch heißt **periodisch**.

Brüche entsprechen abbrechenden oder periodischen Dezimalzahlen.

Von Schulden und Temperaturen

Minus mal Minus ergibt Plus.

Wenn 300 € auf Ihrem Bankkonto liegen und Sie 400 € ausgeben, haben Sie anschließend 100 € Schulden, mathematisch geschrieben:

300 – 400 = – 100. Und wenn die Temperatur 15° C beträgt und dann um 20° C sinkt, messen wir – 5° C (und frieren). Aus solchen Alltagsbeobachtungen heraus sind negative Zahlen erfunden worden, und die meisten Rechenregeln kann man sich leicht vor Augen führen, wenn man an das Konto oder Thermometer denkt. Wenn Sie beispielsweise dreimal 4 € Schulden machen, haben Sie insgesamt 12 € Schulden, also muss gelten: $3 \cdot (-4) = -12$.

Die Regel folgt aus dem sogenannten Distributivgesetz.

Warum aber Minus mal Minus Plus ergeben soll (was Sie bestimmt gelernt haben), ist etwas schwieriger zu erklären. Am besten so: $3 + (-3) = 0$. Also gilt auch $3 \cdot (-4) + (-3) \cdot (-4) = 0$. (Die Gleichung wurde mit – 4 durchmultipliziert, was bedeutet, dass man auf der linken Seite jeden Summanden mit – 4 multiplizieren muss.) Da aber $3 \cdot (-4) = -12$, kann das nur stimmen, wenn $(-3) \cdot (-4) = +12$, denn dann geht die Gleichung auf: $-12 + (+12) = 0$.

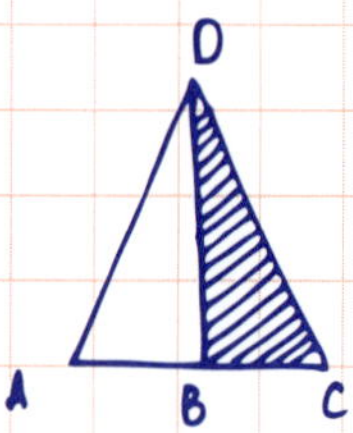

Im Mittel lauwarm

»Wenn der Kopf in einem Kühlschrank steckt und die Füße auf einer Herdplatte [stehen] – dann ist die Durchschnittstemperatur okay.«
*(Andrew Robertson, *1961, Chef einer Werbeagentur)*

Der Durchschnitt oder **arithmetische Mittelwert** einer Klassenarbeit errechnet sich, indem alle Zensuren addiert werden und die Summe durch die Anzahl der Schülerinnen und Schüler dividiert wird. Eine 3 als Mittelwert kann auf verschiedene Weise zustande kommen: Alle Schülerinnen und Schüler haben eine 3 erreicht, oder die eine Hälfte der Klasse hat die Note 1 und die andere Hälfte eine 5 bekommen. Der Mittelwert allein ist also nur beschränkt aussagekräftig, wie es das Zitat verdeutlicht. Trotzdem begegnet er uns auf Schritt und Tritt: als durchschnittliche

Der arithmetische Mittelwert ist der Durchschnitt.

Arbeitslosigkeit, durchschnittliches Einkommen oder eben als durchschnittliche Temperatur.
Zur Ehrenrettung des arithmetischen Mittels muss man aber sagen, dass viele Messverfahren und Datenerhebungen **glockenförmige Verteilungen** ergeben, die ihr Maximum gerade beim Mittelwert haben, sodass er im Allgemeinen eben doch eine bestimmte Aussagekraft besitzt.

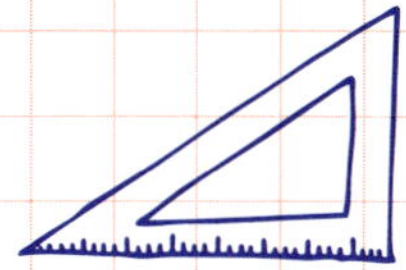

Von Zollstöcken und königlichen Ellen

Miss dein Glück nicht nach fremder Elle.

Bis vor gut 200 Jahren mussten sich die Schüler und Schülerinnen (und überhaupt alle Menschen) mit einer Vielzahl von Längeneinheiten herumschlagen. Neben mehreren Versionen des sogenannten Zolls (von dem sich der Zollstock ableitet) und der Elle (die den Unterarm des jeweiligen Herrschers zum Maß aller Dinge machte) gab es noch jede Menge weiterer Angaben wie *Fingerbreit*, *Handbreit*, *Schritt*, *Fuß*, *Spanne* und *Klafter*.

Die französische Nationalversammlung führte zur Vereinheitlichung 1791 die Maßeinheit *Meter* ein, die heute fast überall verwendet wird und für Längenangaben in unserer Umgebung gut geeignet ist. Zur Beschreibung sehr kleiner oder sehr großer Abstände muss man den Meter sehr stark unterteilen oder vervielfachen: Der Durchmesser eines Atoms beträgt etwa 0,1 nm (Nanometer, 1 nm = 0,000000001 m) und der sonnennächste Fixstern Alpha Centauri ist etwa 4,5 Lichtjahre von uns entfernt (1 Lichtjahr = 9.460.000.000.000.000 m).

> Die Längeneinheit Meter wird physikalisch durch die sehr genau messbare Lichtgeschwindigkeit (299.792.458 m pro s) festgelegt.

Flächeninhalte

Amerikanischer Farmbesitzer: »Ich benötige mit meinem Auto mehrere Tage, um meine Ländereien zu umfahren.«
Besucher aus Deutschland: »So ein Auto hatte ich auch mal.«

Ein Farmbetrieb in den USA ist nach einer Statistik der EU-Kommission durchschnittlich 180 ha (Hektar) groß. **Hektar** ist eine Flächeneinheit: 1 ha $=10.000\,m^2$. Aber wie berechnet man Flächeninhalte?

Weitere Flächeneinheit:
1 a (Ar)
$1\,a = 100\,m^2$

Wenn die Fläche die Form eines **Rechtecks** besitzt, ist es am einfachsten. Der Flächeninhalt wird als **Länge mal Breite** bestimmt. Ein Fußballfeld hat beispielsweise den Flächeninhalt $105\,m \cdot 68\,m = 7140\,m^2 = 0{,}714$ ha. In den Besitz des amerikanischen Durchschnittsfarmers passen also rein rechnerisch immerhin etwa 252 Fußballfelder! Sollte das Farmgebiet **quadratisch** sein, so würde die Seitenlänge des Quadrates ungefähr 1,3 km betragen (genau 1341,6 m), denn $1341{,}6\,m \cdot 1341{,}6\,m \approx 1.800.000\,m^2 =$ 180 ha. Dieses Quadrat könnte man zu Fuß in einer Stunde ablaufen. Auch wenn die Ländereien sicherlich in Wirklichkeit eine andere Form aufweisen und der Weg weiter ist, ist der Farmbesitzer mit dem Auto wohl eher ein Angeber.

Kubikmeter und Kubikzentimeter

»In einem m^3 sind $100\,cm^3$.«
(Häufiger Schülerfehler)

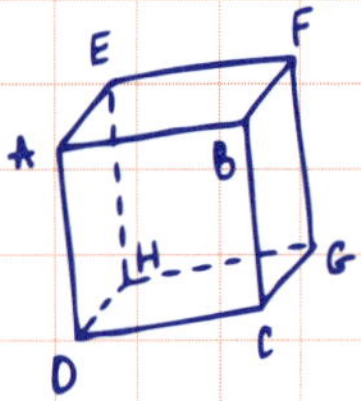

Dieser Satz gehört mit Sicherheit zur Top Ten der häufigsten Fehler – haben Sie das früher vielleicht auch falsch gemacht? Die Ursache für den Irrtum liegt meist darin, dass man sich die **Volumeneinheiten** (Raumeinheiten) falsch vorstellt. $1\,m^3$ (Kubikmeter) wird durch einen **Würfel** mit der Seitenlänge 1 m (Meter) dargestellt, das heißt: Alle Seiten sind 1 m lang. $1\,cm^3$ (Kubikzentimeter) ist also ein Würfel mit der Seitenlänge 1 cm. Füllt man nun Schicht für Schicht den Kubikmeterwürfel mit Kubikzentimeterwürfeln auf, so passen in die erste Schicht sicherlich $100 \cdot 100$ Stück, denn sowohl in der Länge als auch in der Breite ist Platz für 100 Würfel, weil in 1 m 100 cm passen.

Da es nun 100 Schichten gibt, können wir in dem m^3 insgesamt $100 \cdot 100 \cdot 100 = 1.000.000\,cm^3$ unterbringen (und nicht nur 100).

Schwer wie Blei, leicht wie Federn

Was ist schwerer: 1 kg Blei oder 1 kg Vogelfedern?

»Blei ist schwerer.« Antworten Sie das auf diese beliebte Fangfrage, sind Sie hereingefallen! Denn wenn man eine große Balkenwaage nimmt und auf die eine Schale 1 kg Blei und auf die andere Schale 1 kg Federn legt, befindet sich die Waage im Gleichgewicht! Natürlich nimmt 1 kg Federn mehr **Raum** ein als 1 kg Blei, weil die **Dichte** von Blei höher ist als die von Federn, aber 1 kg ist 1 kg. Das, was man in kg misst, wird im Alltag meist als Gewicht bezeichnet; dies ist aber fachlich nicht korrekt, der richtige Begriff ist **Masse**. Die Einheit der Masse ist festgelegt durch das **Urkilogramm**, ein Zylinder aus den Metallen Platin und Iridium, der in Sèvres bei Paris aufbewahrt wird, und der in etwa die Masse von 1 l Wasser verkörpert.

Weitere Masseeinheiten:

1 t (Tonne) = 1000 kg

1 g (Gramm) = 0,001 kg

1 mg (Milligramm) = 0,001 g

Dreisatz – zum Ersten

Je mehr – desto mehr; je weniger – desto weniger

Für viele Erwachsene ist Dreisatz etwas, das in der Rubrik *Nicht verstanden* geführt wird. Die Verwirrung entsteht wahrscheinlich dadurch, dass der Dreisatz in zwei Versionen vorkommt und dass man herausfinden muss, welche gerade vorliegt. In der ersten Version sehen Dreisatzaufgaben ungefähr so aus: »Drei Brötchen kosten 1,17 €. Wie viel kosten fünf Brötchen?«

Proportionale Zuordnung: Das Verhältnis (Quotient) zweier Größen ist konstant.

Hier die Lösung:
1. Satz: 3 Brötchen kosten 1,17 €.
2. Satz: 1 Brötchen kostet 1,17 € : 3 = 0,39 €.
3. Satz: 5 Brötchen kosten 0,39 € · 5 = 1,95 €.

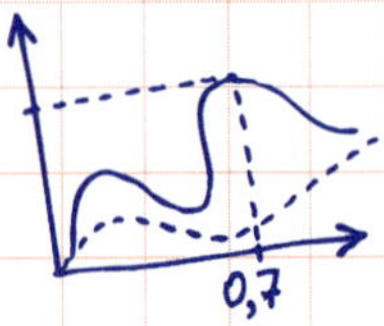

Diese Version kommt immer dann zum Einsatz, wenn sich die beiden einander zugeordneten Größen, also in diesem Fall die Anzahl der Brötchen und der Preis, im gleichen **Verhältnis** ändern (mathematisch gesprochen: wenn die Größen **proportional** zueinander sind).

Dreisatz – zum Zweiten

Je mehr – desto weniger; je weniger – desto mehr

In der zweiten Version könnte eine Dreisatzaufgabe so lauten: »3 Gärtner graben ein bestimmtes Beet in 1,5 h (Stunden) um. Wie lange brauchen 9 Gärtner?« Mit dem System aus der ersten Version würde hier herauskommen, dass 9 Gärtner 4,5 h brauchen, also länger, und das kann ja nicht sein! Der Fehler besteht darin, dass die beiden einander zugeordneten Größen, nämlich die Anzahl der Gärtner und die Arbeitszeit, nicht proportional, sondern **umgekehrt proportional** zueinander sind: Sie ändern sich gegenläufig, und zwar so, dass ihr **Produkt** gleich bleibt.

Umgekehrt proportionale Zuordnung: Das Produkt zweier Größen ist konstant.

Hier sieht der korrekte Dreisatz so aus:
1. Satz: 3 Gärtner benötigen 1,5 h.
2. Satz: 1 Gärtner benötigt 4,5 h (nämlich die dreifache Zeit!).
3. Satz: 9 Gärtner benötigen 0,5 h, nämlich $\frac{1}{9}$ der Zeit, die 1 Gärtner benötigt, also $\frac{1}{9} \cdot 4{,}5$ h.

Welche Version zum Einsatz kommt, hängt von der jeweiligen Situation ab. Dies richtig einzuschätzen, kann einem leider niemand ersparen, und das macht den Dreisatz so unbeliebt.

Probleme mit den Prozenten?

»Tokio: Japan will die Zahl der jährlich über 30.000 Selbstmorde im Lande senken. Ein Beratungsgremium der Regierung legte das Ziel fest, die Zahl der Suizide in den kommenden zehn Jahren um 20 Prozent zu reduzieren. Dadurch würden rund 5000 Menschenleben gerettet.«
(Aus einer Tageszeitung)

Zu schön wäre es doch, wenn wir der japanischen Regierung nachweisen könnten, dass sie in der Schule beim Thema Prozentrechnung nicht aufgepasst hat! Damit die Meldung überhaupt Sinn ergibt, müssen wir annehmen, dass alle Angaben jährlich gemeint sind. Die Aufgabe lautet dann: »Berechnen Sie 20 % von 30.000«. Die 30.000 heißen **Grundwert** G, die 20 % **Prozentsatz** p. Gesucht ist der **Prozentwert** P. Statt nun in den hinteren Ecken unseres Gehirns nach irgendwelchen Formelfragmenten von früher zu suchen, lösen wir das Problem einfach mithilfe eines Dreisatzes (erste Version), denn Prozentrechnung ist eigentlich Dreisatzrechnung.

1. Satz: 100 % entsprechen 30.000 Menschen.
2. Satz: 1 % entspricht 300 Menschen.
3. Satz: 20 % entsprechen $20 \cdot 300 = 6000$ Menschen.

Da haben wir es: Die japanische Regierung würde jährlich sogar 6000 Menschenleben retten, ohne es zu wissen!

Als Formel gilt: $P = G \cdot \frac{p}{100}$

Ecken und Winkel

»Der Innenwinkel eines Dreiecks ist ein …
  a) … spitzer Winkel.
  b) … rechter Winkel.
  c) … stumpfer Winkel.«
(Quizfrage im Internet)

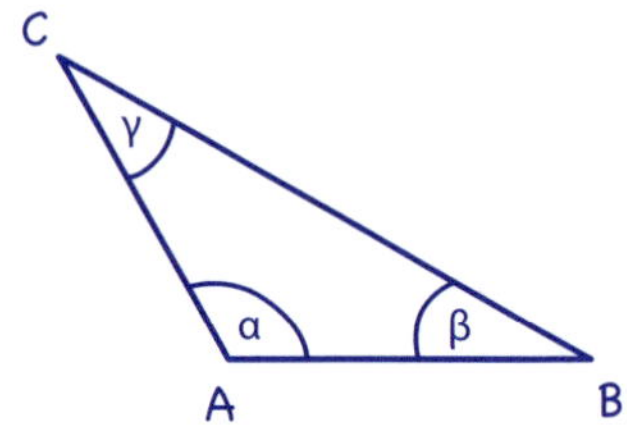

Wir erinnern uns: **Spitze Winkel** sind Winkel, deren Weite mehr als 0° und weniger als 90° beträgt. **Rechte Winkel** sind genau 90° groß. Dann kommen die **stumpfen Winkel** (mehr als 90° und weniger als 180°), die **gestreckten Winkel** (genau 180°) und schließlich die **überstumpfen Winkel** (mehr als 180° und weniger als 360°). Die folgende Abbildung zeigt, dass keinesfalls alle Innenwinkel eines Dreiecks spitz sein müssen (α ist ein stumpfer Winkel). Ebenso wenig können alle Innenwinkel rechte oder stumpfe Winkel sein. Die Testfrage ist also – wie man sie auch dreht und wendet – sinnlos. Zur Ehrenrettung des Urhebers der Quizfrage muss aber gesagt werden, dass der Test inzwischen korrigiert wurde. Das ist fast ein wenig schade, denn bekanntlich lernt man aus nichts besser als aus Fehlern!

Die Summe der Innenwinkel in einem Dreieck beträgt stets 180°.

Dreiecksbeziehungen

SSS, SWS, WSW/SWW/WWS, SsW/WsS

Bei den rätselhaften Abkürzungen handelt es sich nicht etwa um neue politische Parteien o. Ä., vielmehr symbolisieren die Bezeichnungen bestimmte Sachverhalte über die **Kongruenz von Dreiecken**. Erinnern Sie sich? Dass zwei Dreiecke kongruent (deckungsgleich) sind, bedeutet anschaulich gemacht, dass man sie aus dem Papier ausschneiden und genau übereinanderlegen kann. Die strenge fachlich-mathematische Formulierung fordert, dass die Dreiecke durch eine Kombination von **Verschiebungen**, **Spiegelungen** und **Drehungen** aufeinander abbildbar sein müssen.

Der Satz SSS besagt nun, dass zwei beliebige Dreiecke, die die gleichen Seitenlängen besitzen, dadurch schon kongruent sind. Die

Winkel sind somit festgelegt. Entsprechendes gilt für den Fall, dass die Dreiecke in zwei Seiten und dem eingeschlossenen Winkel übereinstimmen (SWS), sowie für weitere Kombinationen von Seiten und Winkeln.

Galerie der Vierecke

Jedes Quadrat ist ein Viereck, aber nicht jedes Viereck ist ein Quadrat.

Viele Menschen assoziieren spontan Quadrate mit Vierecken. Dabei gibt es Vierecke in ganz verschiedenen Ausführungen, und längst nicht alle sind quadratisch. In der unten stehenden Galerie der Vierecke findet sich ganz oben das sozusagen langweiligste Viereck. Es hat keine weiteren Eigenschaften, als eben ein **Viereck** zu sein. In der zweiten Ebene stehen die **Trapeze**, bei denen mindestens zwei Seiten parallel zueinander sind. Ihnen folgen die **Parallelogramme**, die dadurch charakterisiert sind, dass alle gegenüberliegenden Seiten parallel zueinander sind. Danach kommt eine Verzweigung: Fordert man, dass alle Winkel rechte Winkel sind, gelangt man zu den **Rechtecken**, und will man, dass alle Seiten gleich lang sind, zu den **Rauten** oder Rhomben. Ganz unten schließlich erscheint dasjenige Viereck, das alle Eigenschaften in sich vereint: das **Quadrat**.

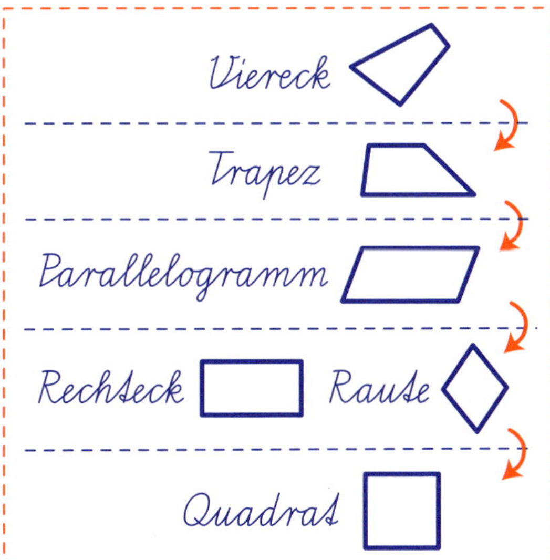

Drachenviereck: Viereck, bei dem die Diagonalen (die Verbindungsstrecken gegenüberliegender Ecken) wie bei der Raute senkrecht zueinander sind, die Seitenlängen aber unterschiedlich lang sein können.

Klimbim mit binomischen Formeln

(klim + bim)² = klim² + bim² + 2 klimbim

Ohne weiter nachzudenken, wandeln viele den Ausdruck $(a + b)^2$ um, indem sie a^2 und b^2 addieren. Das ist zwar falsch, aber davon lässt sich kaum jemand gerne überzeugen! Wir versuchen es geometrisch: Der Flächeninhalt des dargestellten Quadrates beträgt $(a + b)^2$, denn die Seitenlängen haben ja den Wert $(a + b)$. Berechnen wir nun den Flächeninhalt mithilfe der Figuren im Inneren des Quadrates, so sehen wir, dass a^2 und b^2 zwar vorkommen, dass es aber außerdem noch zwei Rechtecke gibt, die jeweils den Flächeninhalt $(a \cdot b)$ besitzen. Also gilt: $(a + b)^2 = a^2 + b^2 + 2 \cdot a \cdot b$. Den letzten Summanden darf man niemals vergessen. Dabei hilft der Klimbim-Merkspruch. Bei der Gleichung handelt es sich übrigens um die in Schülerkreisen berühmt-berüchtigte **1. binomische Formel**, mit der Sie im Mathematikunterricht damals mit Sicherheit auch belästigt wurden.

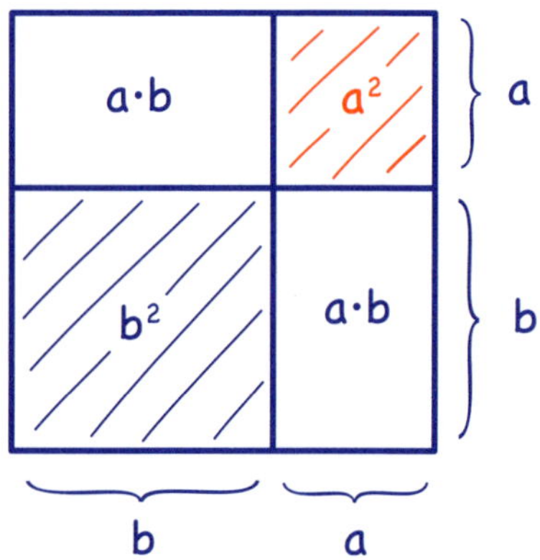

2. binomische Formel:
$(a - b)^2 = a^2 + b^2 - 2 \cdot a \cdot b$
3. binomische Formel:
$(a + b) \cdot (a - b) = a^2 - b^2$

Mathematische und andere Gleichungen

»Die Liebe ist eine Gleichung mit zwei Unbekannten.«
(Gerhard Branstner, 1927–2008, Schriftsteller)

In der Mathematik kommen oft nur Gleichungen mit einer **Variablen** (Unbekannten) vor, aber auch das ist oft schon fast so kompliziert wie eine Zweierbeziehung! Wir beschränken uns daher auf einfache **lineare Gleichungen** wie diese: $3 \cdot x + 7 = 19$. Sie erinnern sich bestimmt noch, dass man solche Gleichungen durch eine schrittweise Umformung löste, aber welche Operationen waren dabei erlaubt? Zur Veranschaulichung stellen Sie sich bitte vor, dass die beiden Seiten der Gleichung Gewichte auf den Schalen einer Balkenwaage darstellen, die sich im Gleichgewicht befindet. Erlaubt ist nun alles, was die Waage nicht aus der Balance bringt. Zunächst nehmen wir auf beiden Seiten 7 Gewichte weg: $3 \cdot x + 7 - 7 = 19 - 7$. Dadurch bleibt links $3 \cdot x$ und rechts 12 übrig: $3 \cdot x = 12$. Nun teilen wir auf beiden Seiten die Zahl der Gewichte durch 3. $(3 \cdot x) : 3 = 12 : 3$. Als Folge steht links nur noch ein einsames x und es ergibt sich: $x = 4$. Damit haben wir die Gleichung gelöst und können uns der oben erwähnten Zweierbeziehung zuwenden.

$x + y - z \leq 2$

> Die Variable kommt (auch) im Quadrat vor, Beispiel: $x^2 - 7x + 6 = 0$. Eine solche Gleichung kann keine, nur eine oder zwei Lösungen haben.

Wurzel-Behandlung

Merkregel für die Quadratwurzel aus 2:
Die ersten vier Zweierblöcke 14, 14, 21 und 35 der dezimalen Nachkommastellen sind, aufgefasst als zweistellige Zahlen, alle durch sieben teilbar.

Können Sie noch die **Quadratwurzel** aus einer Zahl ziehen? Also diejenige (positive) Zahl bestimmen, die quadriert die gegebene Zahl ergibt? Einige Quadratwurzeln sind glatte Zahlen – beispielsweise ist die Quadratwurzel aus 25 (geschrieben: $\sqrt{25}$) 5, denn $5 \cdot 5 = 25$. Andere Zahlen sind da leider nicht so pflegeleicht. Welchen Wert hat beispielsweise $\sqrt{2}$? Der Taschenrechner zeigt an: $\sqrt{2} = 1{,}414213562$. Dies kann aber nicht das exakte Ergebnis sein, denn wenn man diese Dezimalzahl mit sich selbst malnimmt, kommt nicht wieder 2 heraus. Der Taschenrechner zeigt also nur eine **Näherung** an. Schon die alten Griechen wussten, dass $\sqrt{2}$ sich nicht als Bruch darstellen lässt. Die Nachkommastellen brechen daher nie ab und sind auch nicht periodisch: $\sqrt{2}$ ist eine sogenannte **irrationale Zahl**. Auch der größte Computer der Welt wird niemals in der Lage sein, $\sqrt{2}$ exakt zu berechnen. Beruhigend, oder? Mit der Merkregel kann man immerhin die ersten Stellen im Gedächtnis behalten.

Kubikwurzel:

$\sqrt[3]{64} = 4$, denn

$4^3 = 4 \cdot 4 \cdot 4 = 64$

Richtige Formel, falscher Ruhm

$a^2 + b^2 = c^2$

Dies ist eine der berühmtesten Formeln, die es überhaupt gibt – sie symbolisiert den **Satz des Pythagoras**. Historiker haben herausgefunden, dass der Zusammenhang schon vor Pythagoras bekannt war, sodass ihm der Ruhm eigentlich nicht gebührt. Das tut der Bedeutung des Satzes aber keinen Abbruch.

Landvermesser in Ägypten stellten schon vor mehr als 3000 Jahren rechte Winkel her.

Anschaulich gemacht, besagt die Formel, dass bei einem **rechtwinkligen Dreieck** das Quadrat über der **Hypotenuse** (das ist die dem rechten Winkel gegenüberliegende Seite) den gleichen Flächeninhalt besitzt wie die Summe der beiden Quadrate über den **Katheten**. (Die Katheten sind die beiden übrigen Seiten.) Das klingt vielleicht merkwürdig, aber es stimmt, denn man kennt über 100 Beweise für diesen Satz.

Wenn Sie die Aussage nachprüfen wollen, zeichnen Sie bitte ein rechtwinkliges Dreieck mit den Katheten $a = 3\,\text{cm}$ und $b = 4\,\text{cm}$ und messen Sie dann die Länge der Hypotenuse! Falls Sie richtig gezeichnet haben, müsste diese 5 cm lang sein, denn es gilt: $c^2 = a^2 + b^2 = (3\,\text{cm})^2 + (4\,\text{cm})^2 = 9\,\text{cm}^2 + 16\,\text{cm}^2 = 25\,\text{cm}^2$, woraus durch Wurzelziehen folgt: $c = 5\,\text{cm}$.

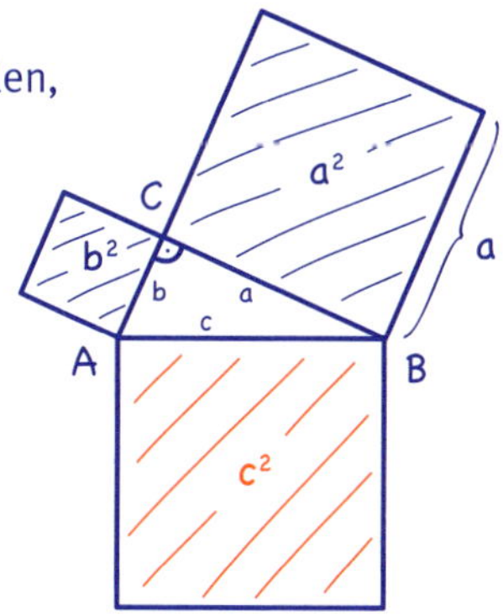

Mess-Reise nach Köln

Der Kölner Dom ist mit 157,38 m Höhe nach dem Ulmer Münster das zweithöchste Kirchengebäude Europas sowie das dritthöchste der Welt.

Welche Erinnerung haben Sie an das Thema **Strahlensätze**? Irgendetwas Geometrisches, das man zu nichts gebrauchen kann? Im Gegenteil! Wir können mit ihnen auf einfache Weise nachprüfen, ob die Höhenangabe für den Kölner Dom stimmt.

Fahren Sie bitte einmal kurz nach Köln und stellen Sie sich in einer solchen Entfernung vom Dom auf, dass ein 30 cm langes Lineal gerade den Turm verdeckt, wenn Sie es am ausgestreckten Arm vor sich halten. Nun messen Sie die Entfernung des Lineals von Ihren Augen sowie Ihren Abstand vom Turm (mit Meterschritten auf den Turm zugehen). Die folgende Skizze zeigt die Messergebnisse. (Dass die Abstandslinie ein wenig schräg verläuft, beeinflusst das Ergebnis kaum.)

Der erste Strahlensatz besagt, dass entsprechende Abschnitte auf den Strahlen auch im gleichen Verhältnis zueinander stehen.

In der Figur erkennt man zwei (vom Auge ausgehende) **Strahlen** sowie zwei **Parallelen** (den Turm und das Lineal). Der **zweite Strahlensatz** besagt, dass die Abschnitte auf den Parallelen im gleichen

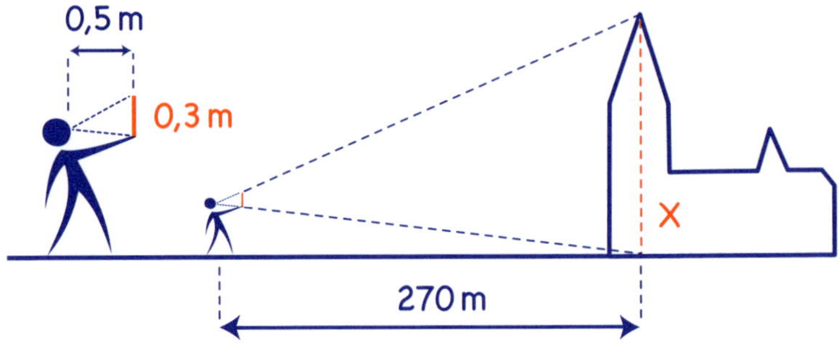

Verhältnis stehen wie die entsprechenden vom Auge aus gemessenen Abstände, als Formel: $\frac{x}{0{,}3\,\text{m}} = \frac{270\,\text{m}}{0{,}5\,\text{m}}$. Wenn man das nach x auflöst, ergibt sich $x = \frac{270\,\text{m}}{0{,}5\,\text{m}} \cdot 0{,}3\,\text{m} = 162\,\text{m}$. Für diese einfache Messung ist das ein ziemlich genaues Ergebnis.

Gedächtnistraining mit π

Wie, o dies π macht ernstlich so vielen viele Müh,
Lernt immerhin, Jünglinge, leichte Verselein,
wie so zum Beispiel dies dürfte zu merken sein!

Keine andere Zahl kann sich in puncto Berühmtheit mit der **Kreiszahl** π (Pi) messen, und auch keine andere Zahl hat die Mathematiker aller Zeiten so beschäftigt wie sie. Das liegt wohl zum Teil daran, dass sie sich einer genauen Bestimmung hartnäckig entzieht, sie ist nämlich (wie $\sqrt{2}$) eine **irrationale Zahl**. Aber wofür steht π eigentlich? Erinnern Sie sich noch? π bezeichnet das (für alle Kreise gleiche) Verhältnis zwischen **Umfang** und **Durchmesser**. Der Umfang eines Kreises ist also stets π-mal so groß wie sein Durchmesser.

Flächeninhalt des Kreises: $A = \pi \cdot r^2$, wobei r der Radius (der halbe Durchmesser) ist.

Es gibt Menschen, die mit großem Ehrgeiz versuchen, sich möglichst viele Stellen von π zu merken. Der offizielle Weltrekord liegt bei etwa 68.000

Nachkommastellen. Mit dem Merkspruch vom Anfang können Sie sich immerhin die ersten 23 Nachkommastellen merken – sie werden durch die Anzahl der Buchstaben ausgedrückt.
Also: $\pi = 3{,}14159\ 26535\ 89793\ 23846\ 26\ldots$

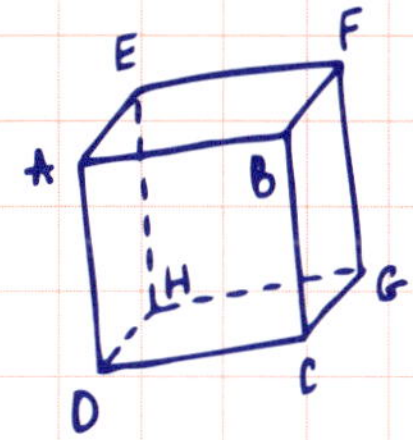

Mogel-Packungen

»Inhalt: 75 ml«
(Aufdruck auf einer Cremedose)

Von Zeit zu Zeit kommen besonders Kosmetikfirmen ins Gerede, weil in ihren Produkten angeblich weniger drin ist als draufsteht. Mit ganz wenig Schulmathematik können Sie das selbst überprüfen. Die Dose mit der Aufschrift 75 ml (Milliliter) ist geometrisch betrachtet ein **Zylinder**. Den **Rauminhalt** oder das **Volumen** eines Zylinders berechnet man, wie Sie bestimmt noch wissen, aus **Grundfläche mal Höhe**, wobei die Grundfläche ein Kreis ist. Nun messen wir die besagte Dose aus: Ihr Innenradius beträgt 3,9 cm, und sie ist (ebenfalls innen gemessen) 1,6 cm hoch. Also hat sie das Volumen $V = G \cdot h = \pi \cdot r^2 \cdot h = \pi \cdot (3{,}9\,\text{cm})^2 \cdot 1{,}6\,\text{cm} = 76{,}5\,\text{cm}^3$. Da 1 ml dasselbe ist wie 1 cm³, zeigt das Ergebnis, dass dem Hersteller kein Betrug vorgeworfen werden kann.

Für Prismen und Zylinder
gilt: $V = G \cdot h$
Für Pyramiden und Kegel
gilt: $V = \frac{1}{3} G \cdot h$

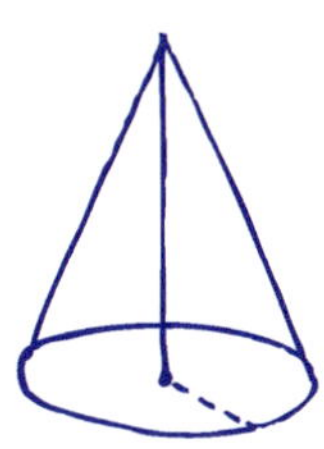

Wasser in Kugelform

Was kugelt da an mir vorbei?
Vier Drittel Pi mal r hoch drei!
Und was sie auf dem Leibe hat,
ist vier mal Pi mal r Quadrat.

Der Merkspruch enthält gleich zwei Formeln auf einmal. Beide betreffen die **Kugel**, und beide müssten eigentlich noch in den Tiefen Ihres mathematischen Gedächtnisses schlummern. Wir wecken sie auf und bringen sie zum Einsatz, um das **Volumen** (den Rauminhalt) und den **Oberflächeninhalt** zu berechnen.

Oberflächeninhalt des Behälters:
$O = 4 \cdot \pi \cdot r^2 = 177\ m^2$

Stellen Sie sich einen Wasserturm vor, dessen kugelförmiger Behälter einen Durchmesser von 7,5 m hat. Was schätzen Sie: Wie viele l Wasser fasst er? Wir rechnen es aus: Mit *r* ist der Radius gemeint, und dieser beträgt die Hälfte des Durchmessers, also 3,75 m.

Nun benutzen wir die erste Formel aus dem Merkspruch:

$$V = \frac{4}{3} \cdot \pi \cdot r^3 = \frac{4}{3} \cdot \pi \cdot (3{,}75\ \text{m})^3 \approx 220\ \text{m}^3 = 220.000\ \text{l}.$$

Da der jährliche Wasserverbrauch eines Durchschnittsdeutschen knapp 50.000 l beträgt, könnte man mit einer Wasserfüllung aus diesem Behälter eine vierköpfige Familie gut ein Jahr lang versorgen. Hätten Sie das gedacht?

Trigonometrischer Tanga

TanGA – **Tan**gens ist **G**egenkathete zu **A**nkathete

Mit den **Winkelfunktionen** Sinus, Kosinus, Tangens und Kotangens kann man unter anderem fehlende Bestandteile (also Winkel und Seiten) rechtwinkliger Dreiecke berechnen. Dies ist nicht etwa nur für den Mathematikunterricht von Bedeutung, sondern spielt eine entscheidende Rolle für die **Geodäsie** (Landvermessung), für die **Navigation** von Schiffen und Flugzeugen sowie für **astronomische**

Größen- und Entfernungsbestimmungen. Als Beispiel berechnen wir den Winkel α in dem abgebildeten rechtwinkligen Dreieck.

Der **Tangens** von α (tan α) ist, so besagt es die Theorie und auch der Merkspruch, gleich dem Verhältnis von **Gegenkathete** zu **Ankathete**. Aber welche Kathete ist nun welche? Ganz einfach: Wir wollen ja α ermitteln, und von α aus gesehen ist *a* die **gegen**überliegende und *b* die **an**liegende Kathete. Also gilt:

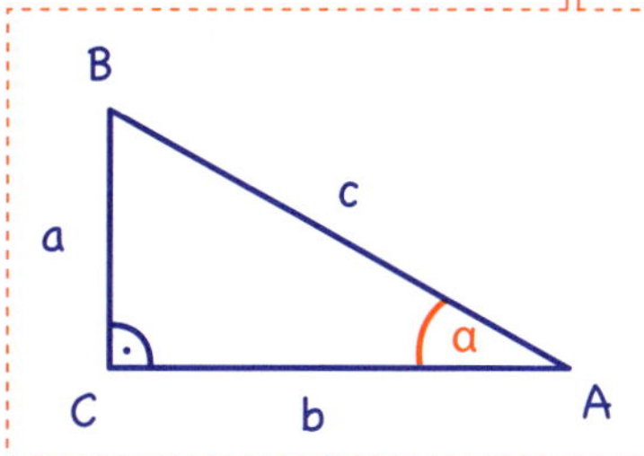

$\tan\alpha = \frac{3\,\text{cm}}{6\,\text{cm}} = 0{,}5$. Nun benutzen wir die Taste für die **Umkehrfunktion des Tangens** auf dem Taschenrechner (sie ist meistens mit $\tan^{-1}$ beschriftet) und geben ein: $\tan^{-1}$ (0,5). Der Rechner zeigt nun, sofern er auf das **Gradmaß** eingestellt ist, den Wert 26,56505...
Es gilt $\alpha \approx 26{,}6°$.

$$\textit{SINUS} = \frac{\textit{GEGENKATHETE}}{\textit{HYPOTENUSE}},\quad \textit{KOSINUS} = \frac{\textit{ANKATHETE}}{\textit{HYPOTENUSE}},$$

$$\textit{KOTANGENS} = \frac{\textit{ANKATHETE}}{\textit{GEGENKATHETE}}$$

Das Spiel mit dem Glück

Jemand bietet Ihnen ein Gewinnspiel an. Sie zahlen einen Euro Einsatz. Dann wird eine Münze dreimal geworfen. Wenn dreimal Zahl erscheint, bekommen Sie Ihren Einsatz zurück und zusätzlich fünf Euro, wenn nicht, ist Ihr Einsatz weg.

Sollten Sie dieses Spielangebot annehmen? Ohne Mathematik kommen Sie hier nicht weiter, denn Sie müssen ja Ihre Gewinnchance berechnen. Wie ging das noch? Wir nehmen an, dass die Münze mit der **Wahrscheinlichkeit** $\frac{1}{2}$ auf jede ihrer Seiten fällt. Das bedeutet aber nicht, dass sie jedes zweite Mal Zahl zeigt, sondern nur, dass es mit steigender Wurfzahl immer **wahrscheinlicher** wird, dass die **beiden Seiten gleich oft** vorkommen. Geht man nun davon aus, dass sich die Münze normal benimmt, so wird sie beim ersten Wurf in etwa der Hälfte der Fälle Zahl zeigen. In der Hälfte der Hälfte aller Spiele, zeigt sie auch beim zweiten Mal Zahl, und in der Hälfte der Hälfte der Hälfte aller Spiele auch beim dritten Mal. Die Hälfte der Hälfte der Hälfte ist aber ein Achtel. Im Mittel können Sie also jedes achte Mal mit fünf Euro Gewinn rechnen. Aber in durchschnittlich sieben von acht Fällen verlieren Sie jeweils einen Euro!

Gesetz der großen Zahl: Es ist möglich, dass eine Münze bei 100.000 Würfen jedes Mal Zahl zeigt, nur ist es extrem unwahrscheinlich.

Schwierigkeiten sind relativ

»Mach dir keine Sorgen wegen deiner Schwierigkeiten mit der Mathematik. Ich kann dir versichern, dass meine noch größer sind.«
(Albert Einstein, 1879–1955)

Diese Worte, gesprochen vom berühmtesten Physiker aller Zeiten, müssen wir wohl als Jammern auf hohem Niveau ansehen. Immerhin nutzte Einstein sehr komplizierte geometrische Theorien, um der Gravitationskraft auf die Schliche zu kommen: Er deutete diese als Folge der *Krümmung* des Raumes, genauer der Raum-Zeit. Auf den Geniestreich Einsteins, die **allgemeine Relativitätstheorie**, können wir hier aber nicht näher eingehen.

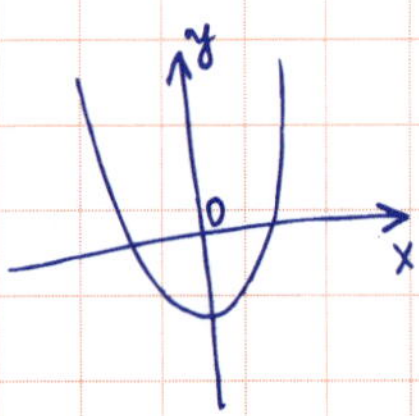

Nicht jeder Mensch kann die allgemeine Relativitätstheorie verstehen, aber jeder Mensch kann im Verhältnis zu den eigenen Vorkenntnissen etwas dazulernen. Das fällt manchmal nicht leicht und man muss sich sozusagen durchbeißen, aber wenn man dann etwas verstanden hat, fühlt sich das sehr gut an! So weit wie Einstein kommt nicht jeder – aber jeder kommt weiter, als er zunächst denkt!

Deutsch

»Habe nun, ach! Philosophie,
Juristerei und Medizin,
Und leider auch Theologie!
Durchaus studiert, mit heißem Bemühn.
Da steh ich nun, ich armer Tor!
Und bin so klug als wie zuvor.«

Johann Wolfgang von Goethe
(1749–1832)

Befinden Sie sich angesichts Ihres schwindenden Schulwissens in einer ähnlich verzweifelten Situation, wie sie der Titelheld von Goethes Tragödie *Faust I* in den Anfangsversen beschreibt? Ihnen kann geholfen werden! Und nein, dafür müssen Sie nicht ihre Seele verkaufen. Blättern Sie einfach um und führen Sie sich den einen oder anderen Eintrag zu Gemüte, der Ihnen aus dem Deutschunterricht bekannt vorkommen dürfte.

Die Bausteine der Sprache

Werwort – Tunwort – Wiewort

So nannten Sie in der Grundschule bestimmt auch die Substantive, Verben und Adjektive, oder? Aber wissen Sie auch noch, was Präpositionen und Adverbien sind? **Präpositionen** (Verhältniswörter) drücken entweder **lokale** (Ort), **temporale** (Zeit), **kausale** (Grund) oder **modale** (Art und Weise) Beziehungen zwischen Personen, Gegenständen oder Sachverhalten aus. Ihnen folgt immer ein Substantiv (im Dativ oder Akkusativ), z. B. ***Im** Zimmer lerne ich **aus** meinem Buch.*

Einwürfe aus der mündlichen Rede wie Tja, Huch, Nun und Okay werden als Interjektionen bezeichnet.

Adverbien (Umstandswörter) sind Ergänzungen, die Sachverhalte näher beschreiben. (***Hier** lerne ich eifrig.*) **Konjunktionen** (Bindewörter) verbinden zwei Hauptsätze oder Haupt- und Nebensatz. (*Ich lerne, **damit** ich etwas weiß.*) **Pronomen** (Fürwörter) stehen stellvertretend für ein Substantiv. (***Ich** lerne für **mich** aus **meinem** Buch, **welches** gut ist.*) Fehlen noch die **Artikel** (Geschlechtswörter), die in bestimmte (*der*, *die*, *das*) und unbestimmte (*ein*, *eine*) unterschieden werden.

Von Fall zu Fall

Wer? Wessen? Wem? Wen?

Diese vier **Fragewörter** stehen für die vier Fälle der deutschen Sprache. Nach dem Genitivobjekt in dem Satz *Otto gibt Paul Annas Rucksack* fragt man mit *Wessen?* (*Annas*).

Wem gibt Otto Annas Rucksack? Die Antwort lautet *Paul* (Dativobjekt). Will man den Akkusativ herausfinden, fragt man *Wen?* und die Antwort lautet *Rucksack*. Aber wahrscheinlich haben Sie das alles noch gewusst. Andere

Sprachen sind viel komplizierter. Dort wendet man verschiedene Fälle (mit unterschiedlichen Deklinationen) an, je nachdem, ob etwas zu einer Sache hin oder von etwas wegbewegt wird, was im Deutschen beides der Dativ abdeckt.

Besonders viele Fälle (zweistellige Zahl!) gibt es in den finnougrischen Sprachen wie Ungarisch, Finnisch oder Estnisch.

Die Möglichkeiten der Beugung

Deklinieren Sie mal klingeln!

Hoffentlich hat bei Ihnen eine Alarmglocke geläutet, denn natürlich kann man *klingeln* nicht deklinieren. Schließlich ist es ein Verb und Verben werden nicht dekliniert, sondern konjugiert. Die **Konjugation von Verben** (nicht mit der Konjunktion verwechseln!) umfasst alle **grammatikalischen Veränderungen**, um auszudrücken, wer etwas tut (*ich*/1. Person, *du*/2. Person oder *er, sie, es*/3. Person), wie viele etwas tun (Singular oder Plural), ob es wirklich getan wird (Indikativ) oder nur als Möglichkeit erwogen (Konjunktiv I oder II) oder gar befohlen (Imperativ), ob es gerade passiert (Präsens), in der Vergangenheit geschah (Perfekt, Präteritum oder Plusquamperfekt) oder in der Zukunft passieren wird (Futur I oder II), und schließlich ob von einem aktiven Tun (Aktiv) geredet wird oder ob etwas mit einem geschieht (Passiv). **Dekliniert** werden Substantive, Adjektive und Pronomen. Diese Wörter können ein **Geschlecht** (weiblich, männlich oder sächlich), den **Singular** oder den **Plural** und einen der **vier Fälle** (Nominativ, Genitiv, Dativ und Akkusativ) annehmen.

Gemeinsam werden Konjugation und Deklination als Flexion (Beugung) bezeichnet.

Schon da?

An, auf, hinter, neben, in, über, unter, vor und *zwischen*
stehen mit dem dritten Fall so
Wenn du fragen kannst *Wo?*
Schreib den vierten Fall hin
Wenn du fragen kannst *Wohin?*

Dativ kommt vom lateinischen Wort dare (geben), weil er bei allen Wendungen angewandt wird, die sich um das Geben drehen.

Alle Präpositionen, die eine Ortsangabe ausdrücken, können sowohl mit dem Dativ als auch mit dem Akkusativ stehen. Es kommt darauf an, ob sich etwas schon an dem genannten Ort befindet (Dativ) oder sich erst dorthin begibt (Akkusativ). *Ich sitze an meinem Schreibtisch.* (derjenige ist schon dort), aber: *Ich gehe an meinen Schreibtisch.* (derjenige muss sich erst dorthin begeben). Ein weiterer Spruch zum Dativ: »*Mit*, *nach*, *von*, *seit*, *aus*, *zu*, *bei* verlangen stets Fall Nummer drei.« Aber das ist eigentlich auch ganz logisch, wenn man sich wieder den Dativ (Wem-Fall) vergegenwärtigt. Schließlich kann man fragen: *Mit wem?*, *Nach wem?*, *Von wem?* usw. Weitere Präpositionen, die den Dativ fordern sind *entsprechend*, *entgegen*, *gegenüber*, *gemäß*, *nahe*, *nebst* oder *samt*.

Zweiter Fall in Bedrängnis

Der Dativ ist dem Genitiv sein Tod

So lautet ein Bestsellertitel über die Tücken der deutschen Sprache. Aber was tut der Dativ dem armen **Genitiv** eigentlich an? Er verdrängt ihn, denn korrekt müsste der Satz heißen: *Der Dativ ist der Tod des Genitivs*, was aber keinen Sinn mehr machen würde, weil der Genitiv dann ja vorhanden und quicklebendig wäre. Aber

Besitzverhältnisse mit einem *Dem-sein*-Dativ auszudrücken ist nur eines der schweren Vergehen, die zum Schwinden des Genitivs beitragen. Viele Präpositionen, auf die eigentlich Genitiv folgen müsste, werden umgangssprachlich mit Dativ verwendet, beispielsweise *einschließlich, laut, statt, trotz, während* oder *wegen*. Tückisch ist, dass in all diesen Fällen **im Plural** tatsächlich **Dativ** und nicht Genitiv richtig ist. Andererseits kommt es gelegentlich auch vor, dass Dativpräpositionen mit Genitiv verwendet werden, etwa indem aus *gemäß dem Vertrag gemäß des Vertrages* oder aus *nahe dem Bahnhof nahe des Bahnhofes* wird. Sätze mit Präpositionen wie *Ich denke an meine Schulzeit* oder *Er erfreut sich an der Erinnerung* werden gegenüber Genitivwendungen wie *Ich gedachte meiner Schulzeit* oder *Er erfreute sich der Erinnerung* von den meisten Deutschsprechenden bevorzugt.

Endet ein Name auf ein *s* dann wird ein Apostroph angehängt (z. B. Hans' Buch).

Widerspenstige Verben

Schwache Konjugation: regelmäßige Verben
Starke Konjugation: unregelmäßige Verben

Möglicherweise haben Ihnen unregelmäßige Verben das Fremdsprachenlernen zum Albtraum gemacht. Zum Leidwesen vieler Lernender hat Deutsch zahlreiche fiese unregelmäßige Verben. Aber zunächst zu den regelmäßigen: Sie haben ihren Namen daher, dass beim Konjugieren nicht allzu viel passiert (deshalb **schwache Konjugation**) und vor allem immer das Gleiche. *Lernen* ist beispielsweise eines dieser schönen **regelmäßigen Verben**. Egal, was mit ihm passiert, der **Stamm** *lern* bleibt immer **erhalten**. Ebenso wie das *sag* in *sagen* oder das *blick* in *blicken*. Die Vorsilben oder Endungen aller regelmäßigen Verben sind dieselben wie bei *lernen*, *sagen* oder *blicken*.

Besonders viele unregelmäßige Verben besitzen auch Französisch, Italienisch und Griechisch.

Bei **unregelmäßigen Verben** dagegen **verändert sich** auch der **Stamm**. Denken Sie nur an *trinken – trank – getrunken*! Auch die Endungen können verschieden sein. Beispielsweise beginnt das Partizip meist auf *ge-* und endet auf *-en*, aber eben nicht immer, z. B. bei *gebraucht, gemocht, getan, vergessen* oder *begonnen*.

Die Verwandlung des Verbs

Und was war noch mal ein Partizip?

Als Hilfsverben übernehmen haben und sein grammatisch die Funktion des Verbs, die eigentliche Bedeutung steckt aber erst im Partizip.

Ein Partizip ist ein Verb, das zum Adjektiv wird, beispielsweise in *der* ***lernende*** *Schüler* bzw. zum Adverb: *Sie verbrachte den Nachmittag* ***lernend***. Dabei handelt es sich um das Partizip I oder **Partizip Präsens**.

Das Partizip II oder **Partizip Perfekt** kann ebenfalls als Adjektiv verwendet werden (*der* ***gelernte*** *Stoff*), wird aber vor allem für Satzkonstruktionen mit Hilfsverb benutzt, z. B. um verschiedene Formen der Vergangenheit (*Sie hat/hatte* ***gelernt***.) oder das Passiv (*Der Stoff wurde* ***gelernt***.) auszudrücken.

Abschaffung eines Anachronismus

Trenne getrost das *s* vom *t*, denn das tut keinem mehr weh.

ABCDEFGH...

Das haben die meisten von uns natürlich noch ganz anders gelernt: »Trenne nie das *s* vom *t*, denn das tut den beiden weh.« Den Sinn dieser Regel hat aber wohl kein Schüler je verstanden. Deshalb wurde sie mit der letzten Rechtschreibreform von 1996 auch abgeschafft. Jüngere brauchen damit keinen Merkspruch mehr, denn das Trennen erfolgt nun ganz einfach nach Sprechsilben. Ältere haben die enge Verbindung von *s* und *t* aber oft so eingebläut bekommen, dass es nicht schadet, gelegentlich daran erinnert zu werden, dass sich die Zeiten geändert haben. Eine weitere Neuerung: Die Buchstaben *ck* werden beim Trennen nicht mehr in zwei *k* aufgelöst. Die richtige Trennung sieht deshalb so aus: *pa-cken*.

Grund der alten Regel: Beim Drucken wurden *s* und *t* früher als Ligatur zusammengezogen, sodass man sie gar nicht trennen konnte.

st → st

Balletttanz mit drei t

Balletttänzer, Bestellliste, Hawaiiinseln, Kaffeeernte, Stofffetzen, Teeei, Sauerstoffflasche

Eine weitere Regel, die mit der letzten Rechtschreibreform gekippt worden ist, besagt, dass nie drei gleiche Konsonanten hintereinander stehen dürfen. Obwohl sich beispielsweise *Schifffahrt* ganz klar aus *Schiff* und *Fahrt* zusammensetzt und logischerweise mit drei *f* geschrieben worden wäre, musste eines der Vereinigung geopfert werden. Damit ist es nun vorbei! Entstehen beim Zusammensetzen von Wörtern **Dreierfolgen**, dann werden diese **beibehalten**. Auch die Brennnessel schreibt sich jetzt mit drei *n*.

Wenn die Buchstabendrillinge das Lesen schwer machen, darf man zum Bindestrich greifen, z. B. Zoo-Ordnung statt Zooordnung.

Kompliziertes *s*

Gruß und Kuss von Julius

In diesen fünf Worten ist das ganze Elend der *s*-Schreibung enthalten: scharfes *S*, Doppel-*s* und Einfach-*s*. Wann steht was? Das Problem ist, dass es seit dem frühen Mittelalter zwei *s*-Laute im Deutschen gibt: ein stimmloses und ein stimmhaftes. Manche Menschen können die beiden leicht auseinanderhalten, andere tun sich wahnsinnig schwer, den Unterschied zu hören und müssen sich daran halten, dass das stimmhafte *s* vor allem am Wortanfang, zwischen zwei Vokalen und zwischen den Konsonanten *l, m, n* und *r* vorkommt, das stimmlose *s* vor Konsonanten oder am Ende einer Silbe. Das stimmlose *s* hat man früher mit *ß* geschrieben, auch nach kurzen Vokalen, wenn eigentlich ein Doppelkonsonant stehen müsste. Seit der Rechtschreibreform setzt man nach kurzen Vokalen immer Doppel-*s*, egal, ob dieses stimmhaft oder stimmlos ist. Beim einfachen *s* bleibt es beim Alten: Ein stimmhaftes *s* wird mit *s* dargestellt, ein stimmloses mit *ß*.

Beim Sprechen des stimmhaften s vibriert der Kehlkopf leicht.

Immer Ärger mit dem zweiten *s*

Das *s* im *das* muss einsam bleiben, kannst du auch *dieses* oder *welches* schreiben.

Einfach-*s* oder Doppel-*s*? Das ist für viele eines der Hauptprobleme in der deutschen Rechtschreibung. Vor allem *das* und *dass* werden oft verwechselt. Um den Missgriff ein für alle Mal zu beenden, lohnt es sich durchaus, jedes *das(s)* gedanklich durch *dieses* oder *welches* zu ersetzen.

Konjunktion: Sie ist so glücklich, dass sie zu tanzen beginnt.
Relativpronomen: Sie ist voller Glück, das (welches) sie zum Tanzen bringt.

Denn die beiden so ähnlichen Wörter haben nun mal grundverschiedene Funktionen und Bedeutungen. *Das* ist ein **Relativpronomen**, das (welches) sich auf eine vorher erwähnte Sache bezieht, *dass* eine **Konjunktion**, die einen Kausalzusammenhang zwischen vorhergehendem und folgendem Satzteil herstellt.

Gleich gesprochen, anders gemeint

Wenn *wieder noch einmal* meint, dann sind dort *i* und *e* vereint. Falls *wider* jedoch *dagegen* meint, dann ist das *e* dem *i* stets Feind.

Auch hier lässt sich die Frage *Mit oder ohne e?* leicht beantworten, wenn man sich nur die Mühe macht, nach dem Sinn des gerade geschriebenen Wortes zu fragen. Besonders schön sehen Sie das, wenn beides in einem Satz vorkommt: *Und dann kämpfte der widerspenstige Rebell wieder wider der Tyrannen widrige Gewalt.*

Auch *seit* und *seid* lassen sich im Grunde leicht unterscheiden: »Bei *seit* geht es um die Zeit, in der wir sind und ihr seid.« Nach der Präposition *seit* lässt sich immer mit *Seit wann?* fragen, während *seid* die 2. Person Plural von *sein* ausdrückt und ebenso mit *d* geschrieben wird wie die 1. und 3. Person Plural (*sind*).

Und bei *Stadt* und *statt*? Alles, was irgendwie mit der Häuseransammlung *Stadt* zu tun hat, wird mit *dt* geschrieben (*Stadtrat, städtisch*), alles andere (z. B. *statthaft, stattlich, anstatt, Stätte, Werkstatt*) mit Doppel-*t*.

Auch ein Sta**tt**halter ist nicht der Halter einer Sta**dt**, sondern jemand, der ansta**tt** eines anderen auf einem Posten sitzt.

Klein oder groß?

Sei doch schlau und merk dir bloß: Nomen schreibt man immer groß!

Klar, dass Nomen bzw. Substantive großgeschrieben werden, das weiß man gerade noch. Aber wie ist es in komplizierteren Zusammenhängen? Dort gibt es getarnte Substantive. Ob sie **großgeschrieben** werden, überprüft man, indem man sich einen **Artikel** vor dem Wort denkt. *Beim Lernen* z. B. lässt sich auch so schreiben: *Bei dem Lernen*. Deshalb wird es großgeschrieben.

Tageszeiten nach Adverbien werden immer groß geschrieben: heute Mittag, gestern Morgen.

»Nach *vom*, *zum*, *beim* schreibe niemals klein!«, lautet deshalb ein anderer Merkvers. Auch Paarformeln wie *Groß und Klein* oder *Alt und Jung* schreibt man seit der letzten Rechtschreibreform groß. Aber Vorsicht: Es gilt die Regel »*Ein bisschen* wird kein bisschen großgeschrieben«, obwohl man gut von *dem* bisschen sprechen könnte. Auch Steigerungen gehen mit Kleinschreibung einher (z. B. *schwerer*, *am schwersten*).

Zusammen oder getrennt?

Auf einmal schreibt man zweimal und gar nicht wird gar nicht zusammengeschrieben.

Schön, dass es für diese beiden Wörter einen einprägsamen Spruch gibt. Es bleiben dennoch genug kniffelige Fälle, wenn es um Zusammen- oder Getrenntschreibung geht. Zumal es auch hier Reformen gegeben hat. Verbindungen aus einem Verb im Infinitiv mit einem zweiten Verb werden inzwischen getrennt geschrieben, beispielsweise *spazieren gehen*. Nur Verbindungen mit *bleiben* oder *lassen*, wie *stehenlassen*, kann man auch zusammenschreiben, ebenso den Ausdruck *kennenlernen*.

Auch auseinandergeschrieben werden alle Verbindungen mit *sein*, beispielsweise *dabei sein*. Ebenfalls getrennt gehören Verbindun gen von Hauptwort und Verb wie *Rad fahren*. Aber warum schreibt man z. B. *brandschatzen* oder *lobpreisen* zusammen? Ganz einfach, weil sie grammatikalisch nie umgestellt werden. So heißt es *Ich brandschatze*, während bei *Ich fahre Rad* das *Rad* plötzlich hinter dem *fahren* auftaucht. *Krankschreiben* hingegen schreibt man zusammen, weil es etwas anderes meint, als *krank schreiben*, also im kranken Zustand schreiben.

Verbindungen mit *zu*, *in* oder *mit* kann man schreiben wie man will, *zu Gunsten*, aber auch *zugunsten*.

Gut verbunden

Ein 100-jähriger Donau-Dampfschifffahrts-Gesellschafts-Kapitän

Das sieht zwar sehr ungewohnt aus, ist nach der neuen Rechtschreibung aber möglich. Sie dürfen in allen unübersichtlichen, mehrgliedrigen Wörtern **Bindestriche** setzen, wenn das die **Lesefreundlichkeit** erhöht. Es ist auch erlaubt, damit einen Wortbestandteil hervorzuheben. Um deutlich zu machen, dass Sie ein *Musik-Erleben* und nicht das *Musiker-Leben* meinen, ist es sogar notwendig. Diese Freiheit gilt auch für Fremdwörter. Es ist Ihnen überlassen, ob Sie lieber *Swimmingpool* oder *Swimming-Pool* schreiben. Obligatorisch geworden ist das Verwenden eines Bindestrichs dagegen bei der Zusammensetzung zwischen Zahlen und Wörtern, beispielsweise bei *100-Jähriger*. Auch Namenszusammensetzung wie *Oder-Neiße-Grenze* oder *Albert-Einstein-Turm* werden mit Bindestrichen geschrieben.

Ob Frankfurt Hauptbahnhof oder Frankfurt-Hauptbahnhof dürfen Sie selbst entscheiden.

Mit Apostroph

In welchem Land finden Sie ein Schild mit der Aufschrift »Roulade, Steak's, Hirschbraten«?

Eigentlich ist die Frage belanglos. Denn das Wort *Steak's* ist in jeder Sprache falsch geschrieben. Allerdings war es im 19. Jahrhundert tatsächlich noch üblich, das Genitiv-*s* mit einem Apostroph anzuhängen. 1901 wurde das streng verboten. Das Problem war nur, dass der Genitiv-Apostroph im Englischen üblich war und Englisch vermehrt Eingang in unsere Sprache fand, und auch als ziemlich schick galt. Also schossen *Betty's Friseursalon* und *Micha's Bierbar* wie Pilze aus dem Boden, was Sprachpuristen zum Schaudern brachte und sie vermutlich einen großen Bogen um all diese Etablissements – Verzeihung, Orte – machen ließ. Im Zuge der Rechtschreibreform von 1996 beschloss man, Milde walten zu lassen und zur Hervorhebung von Eigennamen den Apostroph vor dem Genitiv-*s* zu dulden. Ansonsten werden Apostrophe verwendet, wenn bei **Wortzusammenziehungen** Buchstaben wegfallen, beispielsweise bei *Das ist 'ne schwierige Frage!* Kein Apostroph steht allerdings bei Zusammenziehungen von Präpositionen und einem bestimmten Artikel wie *ins*, *ans*, *ums* oder *zur*. Diese Formen gehören zur standardisierten Hochsprache. *Mit'm* dagegen schreibt man doch wieder mit Apostroph, obwohl *mit* eine Präposition ist und *dem* ein bestimmter Artikel.

Der Apostroph vor einem Plural-*s* (die Handy's) wird auch als Deppen-Apostroph bezeichnet.

Konsonantenverdopplung

Wird der betonte Vokal eines Wortes kurz gesprochen, stehen dahinter entweder zwei verschiedene Konsonanten oder ein Doppelkonsonant.

Wenn man von einigen einsilbigen Wörtern (*am, bin, hin, man, mit, von* usw.) absieht, dann folgen auf kurze, betonte Vokale immer mehrere Konsonanten. Wenn auch der Wortklang nur einen Konsonanten verrät, so wird dieser doch für die Schriftsprache verdoppelt, wie eben in *doppeln*. Bei Wörtern, die auf *-in, -as, -is, -os* oder *-us* enden, steht zunächst nur ein *n* oder *s* am Schluss. Bei der Pluralform wird es jedoch verdoppelt wie bei *Lehrerinnen* oder *Kürbisse*.

Alles parallel: So können Sie sich merken, wo im oft falsch geschriebenen Fremdwort parallel die Doppelung steht.

Verstecktes Doppel

Nach *l, m, n, r* merke ja: Schreib' nie *tz* und nie *ck*.

Es sei denn, jemand heißt *Bismarck* oder *Hertz*. Eigennamen sind von dieser Regel natürlich ausgenommen. Aber ein Herr *Hertz* und eine Frau *Finck* wirken meist auch etwas befremdlich, da man nun mal *Herz* und *Fink* gewohnt ist. Der Hintergrund: Doppelungen wie *ck* sind eigentlich ein Doppel-*k* und *tz* ein Doppel-*z*. Nach Konsonanten stehen sonst auch keine Doppellaute, aber nach kurzen Vokalen, gemäß dem Spruch »Nach *a*, *e*, *i*, *o*, *u* schreib ein *tz* und ein *ck* dazu.« Nach Doppelvokalen dagegen werden Konsonanten nicht gedoppelt, also auch *k* und *z* nicht. Es gilt also: »Nimm die Regel mit ins Bett: Nach *ei*, *au*, *eu* steht nie *tz*!«

Andere Länder, andere Sitten: In Fremdwörtern können *kk* und *zz* natürlich vorkommen.

Alberne Alliterationen?

»Leuchtende Lust, wie lachst du so hell und hehr! Glühender Glanz entgleißet dir weihlich im Wag'!«

Dieses schillernde Wortkonstrukt ist Ihnen vermutlich nicht in den Deutschstunden untergekommen, sondern eher in Bayreuth oder allenfalls noch im Musikunterricht. Aber dass die ständige **Wiederholung gleicher Anfangsbuchstaben** ein rhetorisches Stilmittel ist, das man *Alliteration* nennt, hat man Ihnen vermutlich im Deutschunterricht beigebracht. Eine Alliteration ist einer der simpelsten sprachlichen Tricks – und einer der wirksamsten. Denken sie nur an Cäsars *Veni, vidi, vici* oder an all die Werbesprüche von *Mars macht mobil* bis *Geiz ist geil* oder an alliterative Floskeln wie *frank und frei* oder *klipp und klar*. Haben Sie sich je überlegt, was eine *franke Rede* oder eine *klippe Aussage* sein soll? Überhaupt kann man sich trefflich streiten, ob Alliterationen schön oder eher nervig sind. Auf jeden Fall bleiben sie im Gedächtnis hängen. Besonders beliebt waren Alliterationen in der germanischen Dichtung. Deshalb fühlte sich auch Richard Wagner (1813–83) bemüßigt, für seine Oper *Rheingold* Verse wie den am Anfang zu schmieden.

Beliebtes alliterierendes Schulbeispiel: Milch macht müde Männer munter.

Doppelt gemoppelt

Das ist ein weißer Schimmel.

Klar, der *weiße Schimmel* steht für eine unsinnige Wortdoppelung, da ein Schimmel nun mal ein weißes Pferd ist, (wenn man nicht gerade von Schimmelpilzen spricht). Aber wie hieß gleich noch mal das Fremdwort, dass man in der Schule für solche Doppelungen gelernt hat? **Pleonasmus** (griech. *Überfluss*). In seltenen Ausnahmefällen kann ein bewusster Pleonasmus sinnvoll sein, um eine Sache zu betonen, normalerweise wirkt er aber eher peinlich. Jemand, der von *manueller Handarbeit* spricht, erweckt den Anschein, als wäre ihm nicht klar, dass manuelle Arbeit nun mal nichts anderes als Handarbeit ist. Manche Pleonasmen haben sich aber auch in unserer Sprache eingebürgert: *Um Rückantwort wird gebeten*, als ob es eine Hinantwort gäbe. Oder die *persönliche Anwesenheit*. Besonders leicht schleichen sich Pleonasmen bei Abkürzungen ein: *IT-Technik*, obwohl das *t* in *IT* schon für *Technik* steht, ebenso wie das *v* in *HIV* für *Virus*.

Verwandt ist der Pleonasmus mit der **Tautologie**. Dabei handelt es sich um bewusste rhetorische Doppelungen, wobei zwei gleichartige Wörter nebeneinander verwendet werden: *Voll und ganz, in Reih und Glied* oder *nie und nimmer*.

Tautologie: Stilmittel (*Angst und Bange*)
Pleonasmus: unnötige Verdoppelung (*alter Greis*)

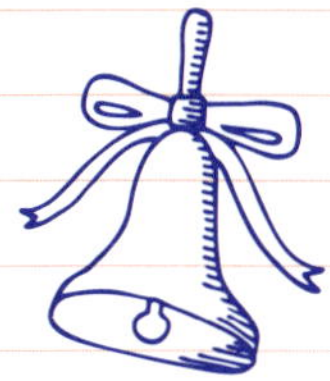

Abwechslung und Verwechslung

Er sagte, er sagte, er sagte …

Für Nacherzählungen oder Aufsätze lernt man in der Schule, dass es für *sagen* noch viele andere Wörter gibt, die man abwechselnd verwenden sollte: *äußern, bemerken, erzählen, formulieren, mitteilen, reden, schildern, sprechen* usw. Wahrscheinlich wissen Sie auch noch, dass solche Wörter mit gleicher oder doch sehr ähnlicher Bedeutung als **Synonyme** bezeichnet werden.

Antonyme sind Wörter, die das Gegenteil des jeweils anderen ausdrücken.

Aber ist Ihnen auch das **Homonym** noch ein Begriff? Es ist quasi das Gegenteil: Wörter, die gleich lauten, aber verschiedene Bedeutungen haben. Die berühmten Teekesselchen, z. B. *die* Kiefer, also der Nadelbaum, und *der* Kiefer, ein Teil des Gesichts.

Das Homonym darf wiederum nicht mit dem **Homofon** verwechselt werden. Homofone klingen nur gleich, werden aber unterschiedlich geschrieben wie *Lied* und *Lid*, *arm* und *Arm* oder *Mahl* und *Mal*.

Und dann gibt es noch die **Homografe**, Wörter, die gleich geschrieben werden, aber unterschiedlich ausgesprochen. Das Wort bekommt eine völlig andere Bedeutung, wenn Sie statt der zweiten die erste Silbe betonen, beispielsweise *modern* oder *umfahren*.

Sag es durch die Blume!

Wissen Sie noch, was man Ihnen über Metaphern beigebracht hat?

Metaphern sind »ein weites Feld« (und bereits dieser Ausdruck ist eine, Sie erraten es, Metapher!). Von Metaphern (griech. *Übertragungen*) spricht man immer dann, wenn ein Wort nicht in seinem wörtlichen Sinn gebraucht wird. Etwa, wenn Sie über das scherzen, was Sie einst im *Schweiße ihres Angesichts* gelernt haben, obwohl sie nie mit wirklich schweißüberzogenem Gesicht die Schulbank (die möglicherweise ein Stuhl gewesen ist) gedrückt haben.

Wenn ein Teil für das Ganze steht, etwa täglich Brot für die gesamte Ernährung, dann ist das eine Synekdoche.

Geflügelte Worte sind ebenso Metaphern wie blumige Umschreibungen. Viele Metaphern sind inzwischen in die allgemeine Sprache eingegangen, aber immer wieder erfinden Literaten neue, um originelle, treffende und auffällige Texte zu verfassen. Viele Metaphern entwickelten sich auch, um Unangenehmes wie den Tod zu beschreiben: *ins Gras beißen, den Löffel abgeben, über den Jordan gehen* usw.

Was nicht zusammengehört

Denken Sie auch mit *Hassliebe* an Ihre Schulzeit zurück?

Aber selbst, wenn Ihre Gefühle gemäßigter oder eindeutiger sein sollten: Wissen Sie noch, wie man einen Begriff bezeichnet, der zwei eigentlich so unvereinbare Empfindungen wie *Hass* und *Liebe* zusammenbringt? Es handelt sich um ein **Oxymoron** bzw. ein literarisches **Paradoxon**. Wenn die Widersprüchlichkeit dadurch erreicht wird, dass zu einem Substantiv ein unpassendes

Ein weiteres Oxymoron: Der Titel des Gedichts Sachliche Romanze von Erich Kästner

Adjektiv gebraucht wird, dann spricht man auch von einer **Contradictio in Adjecto** (lat. *Widerspruch in der Beifügung*). In der Literatur werden Oxymora nicht nur gebraucht, um real existierende Widersprüche auf den Punkt zu bringen, wie etwa das Gefühl der Hassliebe, sondern auch als Metaphern für Außergewöhnliches.

Mittelalterliche Seifenoper

»Ez wuohs in Burgonden ein vil edel magedin, daz in allen landen niht schoeners möhte sin«

Das schöne Mädchen aus Burgund ist natürlich **Kriemhild**, und die spannende Geschichte um ihre Romanze mit dem Drachentöter Siegfried ist als *Nibelungenlied* bekannt. Es wurde zu Beginn des 13. Jahrhunderts von einem **anonymen Autor** wahrscheinlich in Österreich oder im Passauer Raum gedichtet und gilt als eines der bedeutendsten Werke in **mittelhochdeutscher Sprache**. Der Stoff selbst aber besitzt viel ältere Wurzeln, was sich einerseits daran zeigt, dass Elemente aus der Völkerwanderungszeit vorkommen, wie die Herrschaft des Hunnenkönigs Etzel (Attila) in Ungarn, andererseits daran, dass es verwandte skandinavische Mythen um einen Drachentöter namens Sigurd gibt. Allerdings heißt Kriemhild in den skandinavischen Fassungen Gudrun und steht im Schatten der Walküre Brünhild, Sigurds erster Frau.

Zeitgenosse des *Nibelungenlied*-Dichters war der berühmte Minnesänger Walther von der Vogelweide (um 1170–1230).

Dichtkunst, Mord und Totschlag

Carpe Diem!

»Nutze den Tag!« Dieses Motto stammt von dem römischen Dichter Horaz (65–8 v. Chr.), war aber auch ein **Leitthema der Barockliteratur**.

Dort stand es im Gegensatz zu dem mahnenden **Memento mori** (lat. *Gedenke, dass du sterben musst*). Überhaupt war die Literatur des Barock aufgrund der extremen Erfahrungen, die die Menschen im Dreißigjährigen Krieg machten, von starken Gegensätzen durchzogen: Lebenslust und Tod, Frömmigkeit und deftige Erotik.

Die Barockdichter saßen sich gerne in Zirkeln zusammen, die z. B. Fruchtbringende Gesellschaft hießen.

Neben dem Genuss sinnlicher Freuden existierte auch immer das Bewusstsein, dass alles Irdische nichtig ist, schöner Schein, der vergeht. Dieses Konzept wird als **Vanitas** (lat. *Eitelkeit, leerer Schein*) bezeichnet. Die wichtigsten Barockliteraten waren Martin Opitz (1597–1639), Andreas Gryphius (1616–64), Angelus Silesius (Johannes Scheffler, 1624–77) und Hans Jakob Christoffel von Grimmelshausen (um 1622–76). Letzterer ließ in seinem Schelmenroman einen Anti-Helden namens Simplicissimus durch alle Schrecken des Dreißigjährigen Krieges stolpern, in einer Mischung aus Märchenelementen und grausig realen Details.

Vorhang auf für das Bürgertum

»Aufklärung ist der Ausgang des Menschen aus seiner selbstverschuldeten Unmündigkeit.«

So weit der Philosoph **Immanuel Kant** (1724–1804). Da Philosophie jedoch vielfach kein Schulfach ist, kamen die meisten von uns im Deutschunterricht mit der Aufklärung in Berührung. Vor allem die Werke von **Gotthold Ephraim Lessing** (1729–1781) gelten als Klassiker. Sein berühmtestes Stück ist *Nathan der Weise*, ein Ideendrama rund um religiöse Toleranz, das auch heute noch aktuell ist.

Zudem gab es die sogenannten **bürgerlichen Trauerspiele**. Eins der bekanntesten ist Lessings *Emilia Galotti*: Darin geht es um die Bürgerliche Emilia, die vom Prinzen als Lustobjekt angesehen wird. Am Ende sieht sie keinen anderen Ausweg, als ihren Vater anzuflehen sie zu töten. Die Moral des Bürgertums kämpft gegen die Willkür der Adeligen. *Emilia Galotti* gilt deshalb auch als politisches Stück.

Weitere bürgerliche Trauerspiele: *Miss Sara Sampson* (erstes bürgerliches Trauerspiel überhaupt) von Lessing, *Kabale und Liebe* von Schiller, *Maria Magdalena* von Hebbel.

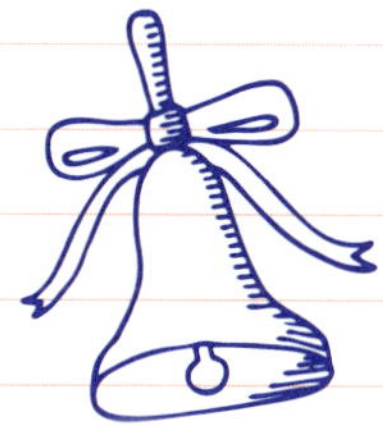

Der Meister der Glocke

»Fest gemauert in der Erden
Steht die Form aus Lehm gebrannt«

Viele unter uns werden jetzt wahrscheinlich aus dem Stegreif die restlichen 423 Zeilen von Schillers *Lied von der Glocke* ohne Probleme aufsagen können. Gedichte auswendig zu lernen, war Pflicht im Deutschunterricht und *Die Glocke* stand auf dem Lehrplan ganz oben. Aber auch Jüngeren, die damit nicht mehr geplagt wurden, steht es gut zu Gesicht, zumindest zu wissen, woher diese Zeile stammt und um was es geht. **Friedrich Schiller** (1759–1805) veröffentlichte dieses Gedicht erstmals 1799 und beschrieb darin den Vorgang des **Glockengießens**. Miteingeflochten sind die **Stationen des menschlichen Lebens**, zu denen früher eine Glocke erklang: Geburt bzw. Taufe, Hochzeit und Tod, aber auch Katastrophen wie Brand und Revolution. Die Kunst des Glockengießens hatte Schiller zuvor genau studiert und schildert sie dramatisch:

Auch von Schiller: Maria Stuart, Wilhelm Tell, Ode an die Freude, Der Taucher, Die Kraniche des Ibykus, Die Bürgschaft

»Der Meister kann die Form zerbrechen
Mit weiser Hand, zur rechten Zeit.
Doch wehe, wenn in Flammenbächen
Das glüh'nde Erz sich selbst befreit!«

Seine Darstellung des menschlichen Lebens dagegen beschreibt eine aus heutiger Sicht ziemlich spießige Ordnung, in der die errötende Jungfrau, die züchtig waltende Hausfrau und der tüchtige, strebsame Mann gefeiert werden. Immer wieder gab es deshalb auch spöttische Nachdichtungen.

Dichterfürst und Hexenmeister

»Hat der alte Hexenmeister
Sich doch einmal wegbegeben!
Und nun sollen seine Geister
Auch nach meinem Willen leben.«

Eigentlich richtig witzig, **Johann Wolfgang von Goethes** Gedicht vom Zauberlehrling, der sich seiner Wasser schleppenden Besen nicht mehr erwehren kann. Vielen gilt der berühmte Dichterfürst von Weimar (1749–1832) als bedeutendster deutscher Literat überhaupt.

Vor allem war er enorm vielseitig: Er schrieb witzige Gedichte wie den *Zauberlehrling*, unheimliche, beispielsweise den *Erlkönig*, gefühlvolle wie *Willkommen und Abschied* oder *Wandrers Nachtlied*, hintersinnige, z. B. *Das Heideröslein*, rebellische, beispielsweise den *Prometheus* und solche, die Mythen schufen, beispielsweise *Kennst du das Land, wo die Zitronen blüh'n?* aus *Wilhelm Meisters Lehrjahre*. Er verfasste mit dem *Faust* eines der interessantesten, meistgespielten Dramen überhaupt, mit *Götz von Berlichingen* auch deftige Ritterstücke oder mit *Iphigenie auf Tauris* solche über komplizierte, ethisch-philosophische Fragen. Sein Briefroman *Die Leiden des jungen Werther* versetzte eine ganze Generation literaturbegeisterter junger Männer in einen Taumel und rief scharfe Proteste der Obrigkeit hervor. Außerdem war Goethe

Goethe (1749–1832) lebte von 1776 bis zu seinem Tod in Weimar und bekleidete dort auch verschiedene Ministerämter.

auch naturwissenschaftlich bewandert und verfasste ebenfalls Abhandlungen über die Optik und die Farbenlehre.

Eine Klasse für sich

Goethe und Schiller gelten als Klassiker. Aber was sind Klassiker überhaupt?

Der Begriff *Klassik* kommt aus dem Lateinischen und bedeutet eigentlich *erstklassig*. Klassiker sind deshalb ganz allgemein die **besten Künstler** vergangener Zeiten. Daneben bezeichnet man aber auch Zeiten, in denen besonders bedeutende und **bleibende Werke** geschaffen wurden, als Klassik.

Die klassische Epoche der antiken griechischen Kunst reichte ungefähr von 499 bis 336 v. Chr., die der römischen Literatur fiel mit der Herrschaft des Augustus (63 v. Chr.–14 n. Chr.) zusammen. In der Musik gibt es die Wiener Klassik zwischen 1780 und 1827, also die Zeit Haydns, Mozarts und Beethovens. In der französischen Literatur sieht man vor allem das 17. Jahrhundert mit Pierre Corneille, Jean Racine und Molière als klassische Epoche an und in Deutschland die Weimarer Zeit mit Schiller und Goethe von etwa 1786 bis 1805. Goethe und Schiller schrieben aber nicht nur klassische Werke, ihr Jugendwerk wird, wie Sie sich vielleicht erinnern, der Epoche des **Sturm und Drang** (etwa 1767–85) zugerechnet. Sturm-und-Drang-Werke sind z. B. Schillers *Räuber*, *Die Verschwörung des Fiesco zu Genua*, *Kabale und Liebe*, *Don Karlos*, Goethes frühe Gedichte, vor allem der *Prometheus*, sein *Götz von Berlichingen*, *Clavigo* und *Die Leiden des jungen Werther*. Andere Werke dieser Epoche: *Die Soldaten* von Jakob Michael Reinhold Lenz (1751–92), *Lenore* von Gottfried August Bürger (1747–94) und das Namen gebende *Sturm und Drang* von Friedrich Maximilian Klinger (1752–1831).

Als Weimarer Viergestirn gelten Johann Wolfgang von Goethe, Friedrich Schiller, Christoph Martin Wieland (1733–1813) und Johann Gottfried Herder (1744–1803).

Der Extreme

Ein Offizier missachtet einen Befehl und gewinnt dadurch eine Schlacht. Soll man ihn wegen Befehlsverweigerung hinrichten oder aufgrund der Heldentat ehren?

Heinrich von Kleist (1777–1811) entschied sich in seinem Drama *Prinz von Homburg* für beides. An dem Punkt, an dem der Titelheld einsieht, dass er tatsächlich die Todesstrafe für sein Handeln verdient hat, erhält er Vergebung und wird geehrt. Überhaupt schickt Kleist seine Helden gerne in **extreme Situationen**. Das *Käthchen von Heilbronn* kann nicht anders als unbeirrt dem geliebten Ritter von Strahl nachzulaufen, die Amazone *Penthesilea* ist zwischen ihrem Kriegerinnenethos und der Liebe zum Feind so zerrissen, dass sie ihren Geliebten Achilles in Raserei zerfleischt, *Michael Kohlhaas* versteigt sich für erlittenes Unrecht in maßlose Rache, *Die Marquise von O ...* muss erkennen, dass der Mann, den sie für ihren Retter hielt, sie im Zustand der Ohnmacht schwängerte, die Liebenden im *Erdbeben von Chili* müssen damit zurecht kommen, dass ihr privates Glück nur aufgrund des Erdbebens und damit durch den Tod vieler Menschen zustande gekommen ist. Diese Themen verbunden mit einem glänzenden literarischen Stil schockierten und faszinierten seine Zeitgenossen gleichermaßen.

Kleist war auch persönlich stets ruhelos und getrieben. Zusammen mit einer an Krebs erkrankten Freundin, Henriette Vogel, brachte er sich am 21. November 1811 um.

Gefühl über alles

»O, schaurig ist's, übers Moor zu gehen,
Wenn das Röhricht knistert im Hauche!«

Hand aufs Herz! War es nicht auch schaurig, sich in der Schule mit solchen Gedichten befassen zu müssen? Kein Zweifel, **Annette von Droste-Hülshoff** (1797–1848) ist eine der bedeutendsten Dichterinnen der Romantik, aber welcher Schüler aus dem 20. Jahrhundert konnte noch nachvollziehen, was so furchtbar daran sein soll, übers Moor zu gehen? Zumal der kleine Held nicht einmal einsinkt und gerettet werden muss, sondern von seinem Schutzengel vor Fehltritten bewahrt wird.

Auch das Sammeln von Märchen (Brüder Grimm) und Volksliedern (Brentano und von Arnim) fällt in die Epoche der Romantik.

Die **Romantik** (1795–1848) ist eine Epoche, in der man **Natur und Gefühl**, Individualität und Leidenschaft als große literarische Themen entdeckte, was eigentlich ganz modern klingt, aber damals oft bis ins Extreme gesteigert wurde. Deshalb sprechen die konkreten Gefühle, in denen viele der Dichter – meist mit großem Ernst – schwelgten, heutige Menschen manchmal nicht mehr an, weshalb die großen Meister der Romantik inzwischen eher verehrt als gelesen werden.

Die wichtigsten Vertreter der deutschen Romantik:

- Jenaer Frühromantiker: Novalis (Friedrich von Hardenberg); Ludwig Tieck; Johann Gottlieb Fichte; August Wilhelm, Friedrich, Caroline und Dorothea Schlegel
- Heidelberger Romantiker: Clemens und Bettina Brentano, Achim von Arnim, Joseph Goerres, Joseph von Eichendorff sowie Jakob und Wilhelm Grimm
- Weitere bedeutende Romantiker: Wilhelm Hauff, E. T. A. Hoffmann, Friedrich Hölderlin und Adalbert von Chamisso

Der Alleskönner

»Ich weiß nicht, was soll es bedeuten«

So der berühmte Anfang des *Loreley*-Liedes von **Heinrich Heine** (1797–1856). Sehr gefühlvoll und natürlich schwer romantisch. Aber haben Sie diesen Autor unter den Romantikern gespeichert?

Er gehörte dazu und auch wieder nicht. Heinrich Heine stand an der Schwelle zwischen **Romantik und Realismus**. Mal war er lyrisch, mal bissig und sogar polemisch. Sein Repertoire reichte vom Zeitungsartikel bis zum Gedicht, und er brachte dabei Alltagssprache in die Poesie und geschliffenen Stil in politische Essays. Vor allem wegen seiner jüdischen Herkunft und seines Temperaments, das ihn in der Regel nicht gerade diplomatisch mit Missachtung umgehen ließ, war er immer Außenseiter. 1831 übersiedelte er nach Paris und nahm von dort aus nicht nur die deutsche Politik, sondern auch die Mentalität seiner einstigen Landsleute aufs Korn.

Auch von Heine: Deutschland. Ein Wintermärchen

Arnold Zweig (1887–1968) sagte über ihn: »Er ist der unsterbliche Vater der modernen deutschen Prosa, ob sie nun die Schönheit der Landschaft und des Lebens widerstrahlt oder die Kümmerlichkeit des deutschen Spießbürgertums verhöhnt.«

Gefangen zwischen Konvention und Einsicht

»Ach, Luise, lass … das ist ein zu weites Feld.«

Mit diesem Satz des Herrn von Briest endet Fontanes Roman *Effi Briest*. Zurück bleiben die hilflosen Eltern der toten Heldin – und der Leser, der vermutlich aufatmet, nicht mehr in jenen Zeiten leben zu müssen. Dabei zeichnet es den Autor **Theodor Fontane** (1819–98) und seine Figuren aus, dass auch sie selbst an den Zeiten zweifeln: Heldin Effi an ihrer Vernunftehe und dem folgenden Ehebruch, und ihr gehörnter Ehemann an dem Sinn eines Duells mit dem Nebenbuhler. Ihr Vater

Fontane begann als Reiseschriftsteller. So verfasste er u. a. die Wanderungen durch die Mark Brandenburg.

widersteht zwar dem Zwang, die Tochter zu verstoßen, dennoch sieht er sich nicht in der Lage, über die Tragödie nachzudenken. *Effi Briest*, zunächst als Fortsetzung erschienen, gehört zu den **Gesellschaftsromanen** und wird als Wendepunkt des **poetischen Realismus** betrachtet.

Schonungslos

Das Leben schreibt die besten Geschichten.

Die Literaten der Literaturepoche **Naturalismus** waren zumindest davon überzeugt, dass das Leben die wichtigsten Geschichten erzähle. Bedeutendster deutschsprachiger Vertreter ist sicherlich **Gerhart Hauptmann** (1862–1946), der mit seinem Drama *Die Weber* (1892) ungeschönt jenes Elend und die Verzweiflung auf die Bühne brachte, die 1844 tatsächlich zum Aufstand der schlesischen Weber geführt hatten.

In Frankreich schilderte **Émile Zola** (1840–1902) die Abgründe, in denen das städtische Proletariat lebte, und in Norwegen legte **Henrik Ibsen** (1828 – 1906) mit großem Einfühlungsvermögen gesellschaftliche Lebenslügen bloß.

Im Gegensatz zu seinem Vorläufer, dem poetischen Realismus (u. a. Fontane, Storm, Hebbel, Keller, Raabe, Stifter), ging es im Naturalismus aber nicht mehr nur darum, echtes Leben zu schildern, sondern den Finger in gesellschaftliche Wunden zu legen. Man bezog nun ganz bewusst und teilweise sicher auch überzogen die negativen und hässlichen Seiten des Lebens mit ein und demontierte die Vorstellung, hinter dem Leid und Elend könne ein vermeintlich höherer Sinn verborgen sein.

Weitere Naturalisten:
Ludwig Anzengruber, Arno Holz, Guy de Maupassant, August Strindberg, Frank Wedekind

Gefühlvolle Impressionen

»Wer jetzt kein Haus hat, baut sich keines mehr.
Wer jetzt allein ist, wird es lange bleiben«

Erinnern Sie sich an diese Zeilen aus dem *Herbsttag* von **Rainer Maria Rilke** (1875–1926)? Sicher kam Rilke auch in Ihrem Deutschunterricht vor, denn er gilt als einer der bedeutendsten deutschsprachigen **Lyriker** überhaupt. Neben vielen Gedichten schrieb er auch Erzählungen und Dramen sowie den Tagebuchroman *Die Aufzeichnungen des Malte Laurids Brigge* – eine beliebte Schullektüre. Ein richtiger Roman mit einer durchgehenden Handlung ist es allerdings nicht. Stattdessen schildert der Erzähler seine Beobachtungen und Eindrücke aus dem Paris der Jahrhundertwende und räsoniert über Themen wie Armut, Einsamkeit, Schicksal, Gesellschaft.

Großen Einfluss auf Rilke übte seine zeitweilige Geliebte und lebenslange Freundin Lou Andreas-Salome (1861–1937) aus.

Rilke wird dem **literarischen Impressionismus** zugerechnet, zu dem auch Stefan George, Stefan Zweig oder Eduard von Keyserling, vor allem aber die Franzosen Charles Baudelaire, Marcel Proust, Arthur Rimbaud und Paul Verlaine zählen.

Der Jugendversteher

»Es ist die Geschichte eines Menschen, welcher komischerweise darunter leidet, dass er zur Hälfte ein Mensch, zur Hälfte ein Wolf ist.«

»Die eine Hälfte will fressen, saufen, morden und dergleichen einfache Dinge, die andere will denken, Mozart hören und so weiter, dadurch entstehen Störungen, und es geht dem Mann nicht gut, bis er entdeckt, dass es zwei Auswege aus seiner Lage gibt, entweder sich aufzuhängen oder aber, sich zum Humor zu bekehren«, so **Hermann Hesse** (1877–1962) über seinen Roman *Der Steppenwolf*.

Hesse selbst hatte ebenfalls ein bewegtes Leben, was man auch seinen Werken anmerkt. In *Unterm Rad* geht es um einen unverstandenen Schüler, der am Ende stirbt. (Hesse persönlich missglückte sein Selbstmordversuch.) *Siddhartha*, eine Erzählung, die die Sinnsuche eines jungen Inders beschreibt, schrieb er nach einer großen Asienreise und der Begegnung mit fernöstlicher Spiritualität.

Auch von Hesse: Peter Camenzind, Rosshalde, Knulp, Demian, Narziß und Goldmund, Das Glasperlenspiel

In den 1960er-Jahren wurde er als Kultautor der rebellierenden Jugend wiederentdeckt. Auch sein ihm völlig wesensfremder Zeitgenosse Thomas Mann bescheinigte ihm »eine elektrisierende Wirkung« und »eine Dichtung, die mit unheimlicher Genauigkeit den Nerv der Zeit«, vor allem den der Jugend, traf.

Kafkaeske Welten

»Als Gregor Samsa eines Morgens aus unruhigen Träumen erwachte, fand er sich in seinem Bette zu einem ungeheuren Ungeziefer verwandelt.«

Was für eine absurde Vorstellung! Aber **Absurdität** war eines der Markenzeichen von **Franz Kafka** (1883–1924). Es wurde sogar ein eigenes Wort für die besondere Absurdität in seinen Schriften geprägt: **kafkaesk**. Kafkaeske Situationen sind **rätselhaft**, **unheimlich** und **bedrohlich**. Menschen sehen sich nicht nachvollziehbaren, oft bürokratischen Mächten ausgeliefert.

Was haben Sie in Ihrer Schulzeit von Kafka gelesen? Gregor Samsas *Verwandlung* in ein Insekt? Oder den *Process*, in dem der Prokurist Josef K. versucht, sich über einen ihm angedrohten Prozess zu informieren und davon seelisch zerstört wird? *Das Schloss*, in dem der Landvermesser K. in den Bann einer Bürokratie gerät, die die Bewohner eines Ortes auf geheimnisvolle Weise lähmt? Vielleicht auch *Das Urteil*, in dem ein scheinbar erfolgreicher, glücklicher Geschäftsmann durch die Ablehnung seines Vaters in den Tod getrieben wird? Die Helden gehen allesamt eher an ihren Ängsten und ihrer inneren Unsicherheit zugrunde, als an dem tatsächlichen Geschehen.

Die Noblen

»Zugegeben: ich bin Insasse einer Heil- und Pflegeanstalt.«

Welcher Romanheld stellt sich seinen Lesern so vor? Wahrscheinlich wissen Sie es: Oskar Matzerath aus *Die Blechtrommel* von **Günter Grass**. Zur Schullektüre allerdings wurden die Werke von Günter Grass (*1927) erst in den 1980er-Jahren. Bis dahin galten vor allem *Katz und Maus* (1963) und *Hundejahre* (1969) vielen als nicht jugendfrei. Für *Katz und Maus* wurde sogar ein Verbot durch die Bundesprüfstelle für jugendgefährdende Medien beantragt. Inzwischen ist das natürlich längst anders: Grass gehört zu den unangefochtenen Größen der **deutschen Gegenwartsliteratur** und ist seit 1999 **Literatur-Nobelpreisträger**.

Die Werke von Günter Grass werden als bedeutend für den literarischen Kanon betrachtet.

Die anderen deutschsprachigen Preisträger:

- Theodor Mommsen (1902)
- Rudolf Eucken (1908)
- Paul Heyse (1910)
- Gerhart Hauptmann (1912)
- Carl Spitteler (1919)
- Thomas Mann (1929)
- Hermann Hesse (1946)
- Nelly Sachs (1966)
- Heinrich Böll (1972)
- Elfriede Jelinek (2004)
- Herta Müller (2009)

Ihre Werke sind teils Pflichtprogramm für Schüler, teils fast unbekannt, teils vergessen.

Handeln statt Mitleiden

»Ihr aber, ihr Zuhörer der Geschichte vom Kreidekreis nehmt zur Kenntnis die Meinung der Alten: Dass da gehören soll, was da ist, denen, die für es gut sind.«

So endet **Bertolt Brechts** *Kaukasischer Kreidekreis*. Vielleicht haben Sie dieses Stück nicht in der Schule behandelt, sondern *Die Dreigroschenoper*, *Das Leben des Galilei*, *Mutter Courage und ihre Kinder* oder eines der anderen Brecht-Stücke. Ganz sicher aber hat man Ihnen etwas über Brechts **Konzept des epischen Theaters** erzählt. Sein Anliegen war es, die Zuschauer nicht emotional in die Geschichte auf der Bühne hineinzuziehen. Seiner Theorie nach werden die Theaterbesucher dadurch eingelullt, empfinden zwei oder drei Stunden mit den Dramenhelden und gehen dann emotional gesättigt nach Hause und nichts ändert sich. Brecht jedoch wollte sein **Publikum** mit seinen Stücken **aufrütteln und empören**. Die Zuschauer sollten im Idealfall mit dem Drang das Theater verlassen, die Welt verändern zu wollen. Um den Verstand während der Aufführung wach zu halten, so meinte er, sei es nötig, dass der Zuschauer **Distanz zum Geschehen** auf der Bühne empfinde. Deswegen benutzte er in seinen Stücken Schlussappelle wie obigen oder ließ immer wieder einzelne Darsteller ihr Spiel unterbrechen und das Stück kommentieren, was **Verfremdungseffekt**, kurz V-Effekt, genannt wird.

Wegen seiner politischen Überzeugungen ging Bertolt Brecht (1898–1956) am Tag nach dem Reichstagsbrand 1933 ins Exil.

Provokantes aus der Schweiz

»Eine Milliarde für einen Mord, eine Milliarde, die eine ganze Stadt dringend brauchen kann, für den Tod eines Mannes, der schweres Unrecht begangen hat.«

Natürlich weisen die Einwohner von Güllen in Dürrenmatts *Der Besuch der alten Dame* dieses unmoralische Angebot der Milliardärin

Claire Zachanassian anfangs empört zurück. Aber dann beginnt ihr Gift doch zu wirken, und am Ende ist Alfred Ill., der Claire einst schwanger sitzen ließ, tot. Auch in Max Frischs Drama *Andorra* wird der vermeintliche Jude Andri von seiner Umwelt mit Vorurteilen bedrängt und kommt schließlich zu Tode.

Die beiden Schweizer **Friedrich Dürrenmatt** (1921–90) und **Max Frisch** (1911–91) gehörten zu den wichtigsten deutschsprachigen Dramatikern der **Nachkriegsgeschichte**. Beide standen in der Tradition von Brechts epischem Theater und zeigten gesellschaftliche Probleme nicht in realistisch beschriebener Umgebung auf (wie es etwa noch Ibsen tat), sondern in verfremdeter, teils grotesker Form. So hat die weibliche Hauptfigur aus *Der Besuch der alten Dame* einen verrückten Hofstaat aus Ex-Ehemännern, Dienern und Kastraten um sich, deren Namen alle auf *-oby* enden, was aber nicht lustig wirkt, sondern das Grauen, das sie verbreiten, nur steigert.

Dürrenmatt:
Die Physiker
Der Richter und sein Henker
Es geschah am hellichten Tag
Frisch:
Homo faber
Biedermann und die Brandstifter

Physik

*»Platon ist mein Freund
und Aristoteles auch,
meine liebste Freundin
aber ist die Wahrheit.«*

*Isaac Newton
(1643-1727)*

Und die Physiker Isaac Newton und Albert Einstein, sind das ihre liebsten Freude? Oder konnten Sie sich mit Physik nicht so recht anfreunden? Wie dem auch sei, das Wichtigste vom Wichtigen aus dem Fach Physik finden Sie auf den nächsten Seiten versammelt. Testen wir einmal, wie viel Volt es braucht, ihre mentale Glühbirne zum Leuchten zu bringen ...

Was Naturwissenschaftler tun

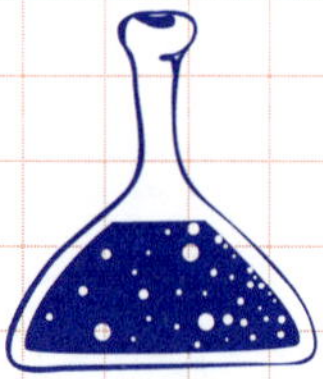

Chemie ist, wenn es knallt und stinkt,
Physik ist, wenn es nie gelingt.

Wie stellen Sie sich einen typischen Naturwissenschaftler vor? Wahrscheinlich so: vergeistigt, genial, zerstreut und total begeistert von seinem Fach. In der Gestalt von Chemie- oder Physiklehrern findet man ähnliche Menschen auch an Schulen: Nicht ganz so genial, nicht ganz so zerstreut, aber genauso begeistert! Der Chemie widmen wir uns im nächsten Kapitel – hier geht es um die **Physik**.

Die Physik ist eine empirische Naturwissenschaft. Empirie: Methode, durch Erfahrung Wissen zu gewinnen

Die moderne Physik beginnt mit **Galileo Galilei** (1564–1642). Er hatte die Idee, **Experimente** durchzuführen, um herauszufinden, nach welchen Gesetzen Naturvorgänge ablaufen. Das erscheint uns heute als nichts Besonderes, aber damals war es revolutionär. Galileis Methode bildet die Grundlage jeder physikalischen Forschung.

Eine kurze Geschichte der Zeit

»Was ist Zeit? Wenn niemand mich danach fragt, weiß ich es; wenn ich es einem Fragenden erklären will, weiß ich es nicht.«
(Augustinus, 354–430, Philosoph)

Einheit der Zeit im internationalen Einheitensystem: die Sekunde (Zeichen: s)

Was ist Zeit? Wenn Sie diese Frage Ihrem damaligen Physiklehrer gestellt hätten, was wäre wohl seine Antwort gewesen? (Es handelte sich wahrscheinlich um einen Mann, denn Physiklehrerinnen gab es früher kaum – das bessert sich aber allmählich.)

Der Physiklehrer hätte wahrscheinlich in Regalen und Schubladen gesucht und wäre mit lauter **verschiedenen Uhren** zurückgekommen: mit mechanischen Stoppuhren, elektrischen Kurzzeitmessern,

Funkengebern, Pendel-, Wasser- und Sanduhren. Vielleicht wäre er sogar mit Ihnen nach draußen gegangen, hätte einen Stab in den Boden gerammt und diese Vorrichtung eine Sonnenuhr genannt. Und schließlich hätte er wahrscheinlich gesagt: »War die Frage philosophisch gemeint? Dann kann ich sie nicht beantworten! In der Physik gilt: Zeit ist, was eine Uhr misst. Basta!« Die Physik befasst sich eben mit **messbaren** Vorgängen und zieht aus den Messungen Folgerungen. Was nicht messbar ist, gehört nicht in die Physik.

Faust und die Physik

FAU = S : T

Nein, Sie sind nicht aus Versehen im Deutschkapitel gelandet! Man muss die Formel nur richtig lesen: *Fau* steht für den Buchstaben *v* und dieser wiederum für die **Geschwindigkeit** (von lat. *velocitas*). *s* bedeutet die zurückgelegte **Wegstrecke** und *t* die dazu benötigte **Zeit** (von lat. *tempus*).

Gemeint ist also die Formel $v = \frac{s}{t}$, mit der man für **gleichförmige Bewegungen** die Geschwindigkeit ausrechnen kann. (Eine Bewegung ist gleichförmig, wenn in gleichen Zeiten immer gleiche Strecken zurückgelegt werden. Beispielsweise bewegt sich ein Auto, dessen Tachoanzeige sich nicht ändert, gleichformig.) Wir probieren es aus: Ein Fahrrad legt in 5 s gleichförmig die Strecke von 24 m zurück. Seine Geschwindigkeit beträgt dann $v = \frac{s}{t} = \frac{24\,\text{m}}{5\,\text{s}} = 4{,}8\,\frac{\text{m}}{\text{s}}$.

Umrechnung: $1\,\frac{\text{m}}{\text{s}} = 3{,}6\,\frac{\text{km}}{\text{h}}$
In $\frac{\text{km}}{\text{h}}$ ausgedrückt hat das Fahrrad also die Geschwindigkeit
$v = 4{,}8 \cdot 3{,}6\,\frac{\text{km}}{\text{h}} \approx 17{,}3\,\frac{\text{km}}{\text{h}}$

Mittelklasse-Beschleunigungen

Von 0 auf 100 in 5,6 Sekunden

Ist damit die Reaktion Ihrer Lehrkraft beschrieben, wenn Sie damals eine falsche Antwort gaben? Spaß beiseite, diese Angabe stammt aus einem Autoprospekt. Sie beschreibt, wie viel Zeit das Auto benötigt, um aus dem Stand die Geschwindigkeit 100 $\frac{\text{km}}{\text{h}}$ zu erreichen; physikalisch ausgedrückt: wie stark es beschleunigt. Mit einer solchen Angabe kann man im Physikunterricht aber kaum punkten. Vielmehr muss man als **Beschleunigung** einen Wert angeben, der die **Geschwindigkeitsänderung pro Zeit** ausdrückt. Für das Auto aus dem Prospekt geht das so: Wir wählen für die Beschleunigung das Symbol *a* (von lat. *acceleratio*) und berücksichtigen, dass 100 $\frac{\text{km}}{\text{h}}$ etwa gleich 27,8 $\frac{\text{m}}{\text{s}}$ sind (siehe letzter Abschnitt). Dadurch ergibt sich:

$a = \frac{27{,}8\,\frac{\text{m}}{\text{s}}}{5{,}6\,\text{s}} \approx 5\,\frac{\text{m}}{\text{s}^2}$. (Vielleicht finden Sie die Quadratsekunden im Nenner gewöhnungsbedürftig, aber die Einheiten werden einfach wie Brüche behandelt.) Dieser Wert beschreibt einen normalen Mittelklassewagen, könnte also durchaus zum Auto der Lehrkraft gehören.

Weitere Beschleunigungen: Frei fallende Körper: 9,8 $\frac{\text{m}}{\text{s}^2}$, auch 1 *g* (Erdbeschleunigung) genannt. Achterbahn: etwa 4 *g*, bremsendes Auto: etwa 10 *g*, Tennisball beim Kontakt mit dem Schläger: bis 10.000 *g*

Stoffe sind verschieden dicht

Gramm durch Kubikzentimeter teilen – klingt absurd? Es geht aber!

Man muss nur verstehen, was es bedeutet! Wenn man die **Masse** eines Körpers durch sein **Volumen** teilt, erhält man seine **Dichte**. Der typische Schulversuch dazu sieht so aus: Man bekommt Würfel aus verschiedenen Materialien und eine Waage. Mit der Waage bestimmt man die Masse der Würfel, das Volumen wird als Seitenlänge hoch 3 berechnet. Beispielsweise ergibt sich hierbei für einen bestimmten Aluminiumwürfel die Masse 21,6 g (Gramm) und das Volumen 8 cm³ (Kubikzentimeter). Die Dichte zu ermitteln bedeutet, herauszufinden, welche Masse 1 cm³ Aluminium enthält. Also teilt man 21,6 durch 8. Dass man Gramm pro Kubikzentimeter ausrechnet, gibt man nun dadurch an, dass man auch die Einheiten hinzufügt und wie Brüche behandelt. Mit Symbolen geschrieben sieht die Rechnung so aus (wobei der griechische Buchstabe ρ, Rho, die Dichte bezeichnet):

$$\rho = \frac{m}{V} = \frac{21{,}6\,\text{g}}{8\,\text{cm}^3} = 2{,}7\,\frac{\text{g}}{\text{cm}^3}.$$

Die Einheit $\frac{\text{g}}{\text{cm}^3}$ verhält sich wie ein ganz normaler Bruch. Insofern kann man in gewisser Weise also Gramm durch Kubikzentimeter teilen.

Dichten verschiedener Stoffe:

Gold: $19{,}3\,\frac{g}{cm^3}$

Wasser: $1\,\frac{g}{cm^3}$

Holz: etwa $0{,}8\,\frac{g}{cm^3}$

Luft: $0{,}0012\,\frac{g}{cm^3}$

Der Irrtum des Aristoteles

»Alle Körper streben nach dem Zustand der Ruhe.«
(Aristoteles, 384–22 v. Chr., Philosoph)

Es geht hier nicht um menschliche Körper, auch wenn diese sicherlich auch ab und zu nach Ruhe streben. Ein Körper im physikalischen Sinne könnte beispielsweise ein Wagen sein, der von einem Pferd gezogen wird. Kappt man das Seil zwischen Pferd und Wagen, dann rollt der Wagen aus und bleibt schließlich stehen. Aristoteles schloss daraus, dass der Wagen sozusagen stehen bleiben will, also nach Ruhe »strebt«, wenn keine äußeren Einflüsse auf ihn wirken. Erst Galileo Galilei (1564–1642) erkannte, dass das nicht stimmt. Der Wagen ist in

Trägheitsgesetz: Wirkt keine Kraft auf einen Körper, so bleibt er im Zustand gleichförmiger Bewegung (schließt auch Ruhe ein).

Wirklichkeit doch äußeren Einflüssen ausgesetzt, nämlich den **Reibungskräften**, die z. B. in den Lagern der Räder wirken. Könnte man die Reibung beseitigen, so Galilei, dann würde der Wagen gleichförmig weiterfahren, auch wenn das Pferd ihn nicht mehr zöge.

Im Alltag kann man von der Reibung zwar nie ganz absehen, aber sie so sehr verkleinern, dass Galileis Erkenntnisse beobachtet werden können: Ein Eishockey-Puck auf einer glatten Fläche kommt sehr viel weiter als der Wagen von Aristoteles, und ein einmal ins All geschossenes Raumfahrzeug fliegt sozusagen von allein immer weiter. Dieses *Beharrungsvermögen* der Körper nannte Galilei **Trägheit**.

Muskelkräfte und andere

Man erkennt eine Kraft daran, dass sie Körper verformt oder beschleunigt.

Diesen Satz haben Sie möglicherweise einmal auswendig gelernt. Aber was bedeutet er? Das kann man am besten an Beispielen erkennen: Zerdrücken Sie eine Kartoffel, **verformen** Sie sie, treten Sie gegen einen Fußball, **beschleunigen** Sie ihn. In beiden Fällen wirkt eine **Kraft**, nämlich Ihre Muskelkraft. (Genau genommen ist die verformende Wirkung eine Folge der beschleunigenden Wirkung.)

Maßeinheit der Kraft: Newton (N). 1 N entspricht in etwa der Gewichtskraft, die auf einen Körper der Masse 100 g wirkt.

Wie stark eine bestimmte Kraft einen Körper beschleunigt, hängt von dessen **Trägheit** und damit von seiner **Masse** ab: Wenn Sie gegen einen Tischtennisball treten, wird dieser viel stärker beschleunigt als ein Medizinball, auf den Sie mit derselben Kraft einwirken. Der berühmte englische Physiker Isaac Newton (1643–1712) fasste diesen Sachverhalt in der berühmten Formel *Kraft ist Masse mal Beschleunigung* zusammen. Neben der Muskelkraft gibt es noch andere Arten von Kräften, beispielsweise elektrische und magnetische Kräfte, Gravitationskräfte und Kernkräfte.

Wie du mir, so ich dir

Actio est reactio

Dieser Merkspruch hilft, das dritte und letzte grundlegende **Mechanikgesetz** (nach dem Trägheitsgesetz und nach *Kraft ist Masse mal Beschleunigung*) im Gedächtnis zu behalten. Worum es da geht? Stellen Sie sich bitte in Gedanken auf ein Skateboard und versuchen Sie, Ihren Partner, der ebenfalls auf einem Skateboard steht, wegzuschieben. Ihr Partner wird sich zwar tatsächlich ein wenig nach hinten bewegen, aber sie selbst auch!

Was Isaac Newton, der auch dieses Gesetz als Erster formuliert hat, sagen will, ist: Kräfte treten immer paarweise auf, niemals allein. Wenn Sie eine Kraft auf einen anderen Körper wirken lassen (actio), so wirkt auf Sie eine entgegengesetzt gleiche Kraft (reactio) zurück. Der Rückstoß eines Gewehres und der Antrieb einer Rakete (die nach hinten Gase ausstößt und daher von den Gasen nach vorn beschleunigt wird) sind weitere Beispiele für dieses Gesetz, das sogenannte **Wechselwirkungsgesetz**.

Mit seinem 1687 erschienenen Werk *Philosophiae Naturalis Principia Mathematica* (Mathematische Prinzipien der Naturphilosophie) legte Newton den Grundstein für die sogenannte **klassische Mechanik**.

Schokoriegel ...

... bringen verbrauchte Energie sofort zurück.

Zumindest geben sich diese Süßigkeiten den Anschein, das leisten zu können. Aber was ist **Energie** eigentlich? Ganz einfach (und vielleicht noch aus der Schule in Ihrem Gedächtnis): gespeicherte **Arbeit**. Schön und gut, werden Sie sagen, aber was ist Arbeit? Im Alltag kann Arbeit alles Mögliche sein, in der Physik bedeutet es immer **Kraft mal Weg**. Zu abstrakt? Dann stellen Sie sich bitte vor, dass Sie einen 10-Liter-Eimer mit Wasser vom Fußboden auf ein zwei Meter hohes Regal heben. Dazu brauchen Sie die Kraft 100 *N*, denn der Eimer hat die Masse 10 kg. Die von Ihnen verrichtete Arbeit (*W*, von engl. *work*) beträgt dann $W = 100\,N \cdot 2\,m = 200\,J$. (Das *J* steht für **Joule**.) Diese Arbeit ist tatsächlich in dem gehobenen Eimer gespeichert, denn Sie könnten ihn ja jetzt beispielsweise mit einem Seil über eine Rolle mit einem weiteren Eimer verbinden, der auf dem Fußboden steht. Ließe man den gehobenen Eimer jetzt herabsinken, so würde er an dem anderen Eimer Arbeit verrichten und dabei seine gespeicherte Arbeit, seine **Energie**, wieder abgeben.

Maßeinheit der Energie: 1 J (Joule), nach James Prescott Joule (1818–89)

Kommt die Energie, die der Eimer erhält, aus dem Nichts? Sicherlich nicht – sie stammt aus Ihrem Körper, und dieser hat sie vielleicht sogar von einem Schokoriegel bekommen!

Verwandlungskünstler Energie

Vielleicht fragen Sie sich, wofür es wichtig ist, die Energie eines hochgehobenen Eimers mit Wasser zu untersuchen (siehe vorherigen Abschnitt). Aber genau so etwas gibt es im großen Maßstab, und wir profitieren täglich davon: In sogenannten **Pumpspeicherwerken** wird Wasser in ein möglichst hoch gelegenes Speicherbecken gepumpt. Dort bleibt es, bis irgendwann einmal im Stromnetz besonders viel elektrische Energie benötigt wird. Dann lässt man das Wasser durch Rohre nach unten fließen, wobei es Stromgeneratoren antreibt. Die im hochgepumpten Wasser gespeicherte Energie wird also in elektrische Energie verwandelt, die uns dann allen nützt.

Energieerhaltungssatz: In einem abgeschlossenen System bleibt die Summe aller Energien stets erhalten.

Die Physiker sind aufgrund einer Vielzahl von Experimenten sogar zu der Ansicht gelangt, dass bei solchen Umwandlungen niemals Energie verschwindet. Dabei muss man aber auch diejenige Energie mit einbeziehen, die als Wärme frei wird (z. B. in den Lagern der Generatoren) und die man nicht mehr zurückgewinnen kann. Die Erfahrung, dass Energie niemals vernichtet wird, sondern nur von einer Form in die andere übergeht, bildet die Grundlage der gesamten Physik.

Wir stehen alle unter Druck

Ihr Blutdruck ist 120 zu 80.

Wenn Ihr Hausarzt das sagt, können Sie zufrieden sein, denn das sind gute Werte (übrigens gemessen in **Millimeter Quecksilbersäule**, einer schon etwas älteren Maßeinheit). Da unser Herz das Blut stoßweise durch die Adern pumpt, schwankt der Blutdruck zwischen einem Maximalwert (dem **systolischen Druck**, z. B. 120) und einem Minimalwert (dem **diastolischen Druck**, etwa 80).

Wie geht der Arzt eigentlich bei der Messung des Blutdrucks vor? Er legt eine Manschette um den Oberarm und pumpt sie zunächst so weit auf, dass das Blut nicht mehr fließen kann. Dann lässt er langsam die Luft aus der Manschette entweichen, bis mit dem **Stethoskop** der Puls gerade wieder zu hören ist. Jetzt wird auf einem **Manometer** (einem Druckmessgerät) der systolische Wert abgelesen. Nach weiterer Druckminderung fließt das Blut wieder gleichmäßig. Dann ist kein Pulsgeräusch mehr zu hören, und der Arzt kann den diastolischen Wert bestimmen.

Druck ist Kraft pro Fläche, Einheit: *Pa* (Pascal)
Ältere Einheiten: *mmHg* (Millimeter Quecksilbersäule), bar
Andere Arten von Druck: Reifendruck, Schweredruck im Wasser, Luftdruck in der Atmosphäre

Physik aus der Badewanne

Unbekleidet und laut »Heureka!« rufend soll der berühmte Archimedes (287–212 v. Chr.) durch Syrakus gelaufen sein, als er gerade die Entdeckung gemacht hatte, die ihm bis heute einen Platz in allen Physikbüchern garantiert: Er hatte das **Auftriebsgesetz** entdeckt, und zwar in der Badewanne (wodurch sich die fehlende Kleidung erklärt). »Die Auftriebskraft ist genauso groß wie das Gewicht der verdrängten Flüssigkeit«, lautet das Gesetz. Wir erinnern uns: Wenn man einen Körper in eine Flüssigkeit, etwa Wasser, eintaucht, erfährt er einen **Auftrieb**. Der Körper könnte beispielsweise ein leerer Eimer sein. Wenn wir ihn ins Wasser drücken und damit Wasser verdrängen, merken wir, wie er nach oben drängt, und wenn wir ein Loch in den Eimerboden stechen, dann sprudelt das Wasser springbrunnenartig nach oben in den Eimer. Die Ursache dafür ist der **Schweredruck** des den Eimer umgebenden Wassers. Lassen wir immer mehr Wasser in den Eimer sprudeln, so wird der Eimer genau dann nicht mehr nach oben gedrückt, wenn der Wasserstand außen und innen gleich ist, wenn also die Gewichtskraft des Wassers im Eimer, das man verdrängt hatte, die Auftriebskraft ausgeglichen hat – genau, wie Archimedes es herausgefunden hat!

Schwimmen, Schweben, Sinken:
Ein Körper schwebt, wenn seine mittlere Dichte gleich der der Flüssigkeit ist. Bei größerer Dichte sinkt er, bei kleinerer Dichte steigt er auf und kann auf der Oberfläche schwimmen.

Gravitation ist überall

»Ich kann zwar die Bahn der Gestirne auf Zentimeter und Sekunden berechnen, aber nicht, wohin eine verrückte Menge einen Börsenkurs treiben kann.«
(Isaac Newton)

Viele Wissenschaftler verzweifeln an den banalen Dingen des Alltags wie Geld und Politik – Isaac Newton ging es offenbar ähnlich. Den Zeitgenossen von Newton erschien es jedoch auch unglaublich, dass man den Lauf der Gestirne, also des Mondes und der Planeten, aufgrund eines einzigen Gesetzes – des **Gravitationsgesetzes** – berechnen können sollte. Newton nahm an, dass im Himmel dieselben Naturgesetze gelten wie auf der Erde. Die Kraft, die uns auf die Erde drückt, ist genau die gleiche wie diejenige, die den Mond in seiner Bahn hält. Das war damals, also vor etwa 300 Jahren, eine revolutionäre Idee, denn für den Himmel war nach landläufiger Auffassung Gott zuständig – warum also sollte der Himmel nach irdischen Gesetzen funktionieren? Doch der Mond und alle Planeten halten sich exakt an Newtons Gravitationsgesetz. Das tun natürlich auch künstliche Himmelskörper. Newton schuf daher auch die Grundlagen für die **Raumfahrt**, deren bisher größter Triumph die bemannte Mondlandung im Jahre 1969 war. Sie wäre ohne Newtons Entdeckung nicht möglich gewesen.

Gravitationsgesetz: $F = \gamma \cdot \frac{m \cdot M}{r^2}$
Dabei ist F die Gravitationskraft zwischen zwei Körpern der Massen m und M im Abstand r, und γ ist die Gravitationskonstante.

Vor oder zurück?

Spring forward, fall back

An jedem letzten Sonntag im März und dann wieder am letzten Sonntag im Oktober wiederholt sich dasselbe Spielchen: Wird die Uhr nun um eine Stunde vor- oder um eine Stunde zurückgestellt? Der Merkspruch beseitigt Ihre Zweifel ein für alle Mal, aber bevor wir ihn anwenden, halten wir fest, dass die halbjährliche Zeitumstellung nichts mit Physik zu tun hat, sondern nur mit einer **Verordnung der Bundesregierung** und ähnlichen Vorschriften in anderen

Der Abstand zwischen Erde und Sonne ist nicht immer gleich groß.

EU-Ländern. Physikalisch gesehen beruhen die Jahreszeiten ja auf der Neigung der Erdachse, die dazu führt, dass die Sonne im Laufe des Jahres mal die Nord- und mal die Südhalbkugel intensiver bescheint – die Regel ist Menschenwerk!

Und hier die Erklärung des Merkspruchs: *Spring* ist das englische Wort für Frühjahr, *fall* bedeutet Herbst (amerikanisches Englisch). Im Frühjahr *spring*en wir vorwärts (die Uhr wird eine Stunde vorgestellt), im Herbst *fall*en wir zurück (die Uhr wird eine Stunde zurückgestellt).

Der Mond und seine Phasen

(= Klammer auf, der Mond nimmt ab
) = Klammer zu, der Mond nimmt zu

Die Sonne bescheint immer genau eine Hälfte des Mondes, die andere liegt im Schatten. Das reflektierte Sonnenlicht erreicht die Erde, und dadurch können wir den Mond überhaupt erst sehen, denn er leuchtet nicht selbst. Dass wir verschiedene **Mondphasen** beobachten (Vollmond, Neumond, zu- und abnehmender Mond), liegt daran, dass wir den Mond im Verhältnis zur Sonne aus verschiedenen Perspektiven sehen. Steht der Mond beispielsweise gerade so, dass die Sonne von der Erde aus betrachtet genau seitlich auf ihn scheint, so entsteht eine helle und eine Schattenhälfte, und das nennen wir dann Halbmond. Der abnehmende Mond sieht aus wie eine *Klammer auf*, der zunehmende Mond wie eine *Klammer zu*. So kann man sich gut merken, wie sich gerade die Mondphasen ändern.

Daten zum Mond:
Mittlere Entfernung von der Erde: 384.000 km
Durchmesser: 3476 km
mittlere Dichte: $3{,}3\ \frac{g}{cm^3}$

Sonnenfinsternis – warum so selten?

»Im 21. Jahrhundert findet 68-mal eine totale Sonnenfinsternis statt.«

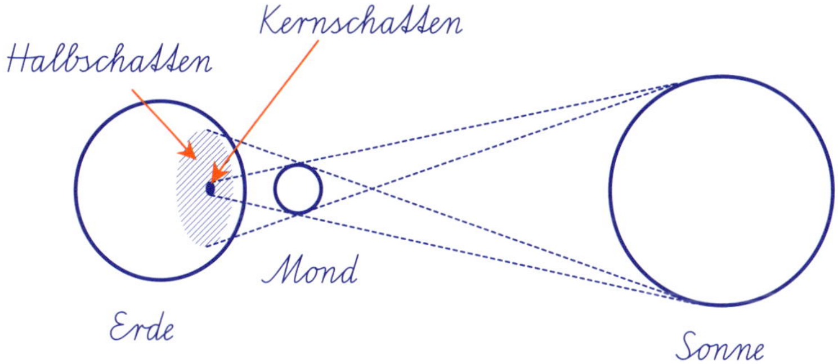

Mit einem solchen Bild wird in fast jedem Physikbuch die Entstehung einer Sonnenfinsternis erläutert: Der Mond schiebt sich zwischen Sonne und Erde und wirft einen Schatten auf die Erde. Im **Kernschattenbereich** beobachtet man eine **totale**, im **Halbschattenbereich** eine **partielle Sonnenfinsternis**. So weit, so gut – aber der Mond umkreist doch die Erde praktisch in monatlichem Rhythmus! Warum gibt es dann in einem ganzen Jahrhundert, das 1200 Monate enthält, nur 68-mal eine totale Sonnenfinsternis? Des Rätsels Lösung: Die Ebenen, auf denen sich der Mond um die Erde bzw. die Erde um die Sonne bewegen, sind nicht gleich, sondern gegeneinander geneigt. Meistens huscht der Mond (von der Sonne aus gesehen) über oder unter der Erde hinweg und sein Schatten fällt ins Leere!

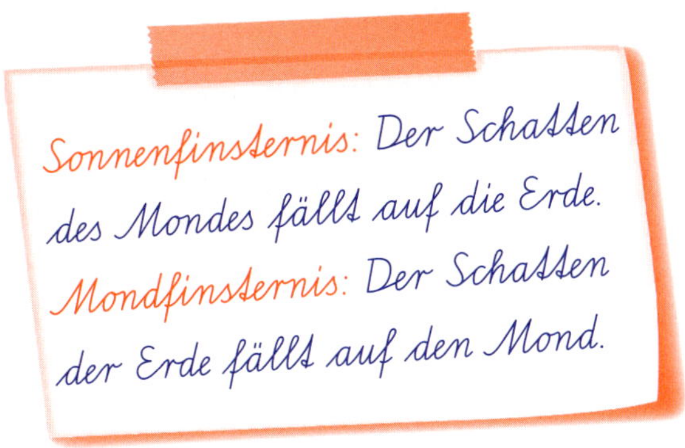

Die Degradierung eines Wandelsterns

Mein **V**ater **e**rklärt **m**ir **j**eden **S**onntag **u**nsere **n**eun **P**laneten.

Die **Planeten** hießen früher auch **Wandelsterne**, weil sich ihre Position am nächtlichen Himmel relativ schnell änderte, im Gegensatz zu derjenigen der **Fixsterne**. Heute wissen wir, woran das liegt: Die Fixsterne sind weit entfernt und scheinen daher fest am Himmel zu stehen, die Planeten aber befinden sich in unserer Nähe und bewegen sich von uns aus gesehen ziemlich schnell um die Sonne. Mit dem Spruch kann man sich die Planeten und ihre Reihenfolge merken: **M**erkur, **V**enus, **E**rde, **M**ars, **J**upiter, **S**aturn, **U**ranus, **N**eptun, **P**luto – doch halt! Leider stimmt das nicht mehr ganz: Pluto ist ein relativ kleiner Himmelskörper mit einer stark elliptischen Bahn, die teilweise im Inneren der Neptunbahn verläuft – und vor allem: Er ist nicht der Herrscher seines Reiches! Seit 2006 fordert man, dass ein die Sonne umlaufender Körper seine Umlaufbahn von anderen Himmelskörpern bereinigt haben muss, um als Planet durchgehen zu können. Man hat aber in Plutos Bahn noch andere Körper entdeckt, die auch die Sonne umlaufen und zum Teil noch größer sind. Darum wurde Pluto degradiert, er darf sich nicht mehr Planet nennen.

Fixsterne leuchten selbst, sie sind also weit entfernte Sonnen. Planeten leuchten nicht selbst.

Schwingen mit Hertz und Verstand

Ein **A**nfänger **D**er **G**itarre **H**at **E**ifer.

Jede Schallquelle, die Töne erzeugt, schwingt. Ein klassischer Schulversuch, an den Sie sich vielleicht erinnern, geht wie folgt: Eine mit einer sogenannten Schreibnase versehene Stimmgabel wird angeschlagen und dann über eine mit Kerzenruß geschwärzte Glasplatte gezogen. Die in den Ruß geritzte Spur zeigt deutlich die Schwingungen. Erzeugt die Stimmgabel den Kammerton a, so zählt man pro Sekunde 440 vollständige Hin- und Herbewegungen. Dies

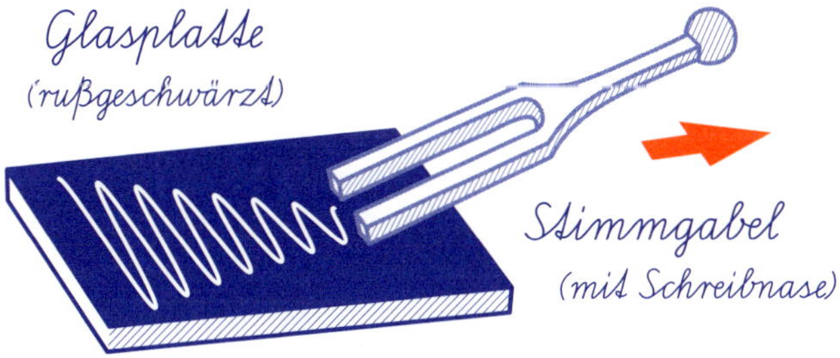

nennt man auch die **Frequenz** des Tones. Sie wird in **Hertz** (Hz) angegeben, benannt nach dem Physiker Heinrich Hertz (1857–94). 440 Hz bedeuten also 440 Schwingungen pro Sekunde. Hohe Töne haben eine größere Frequenz als tiefe Töne.
Mit der Stimmgabel lässt sich die A-Saite, die zweittiefste Saite einer Gitarre, stimmen. Welchen (musikalischen) Tönen die anderen Saiten entsprechen, kann man sich mit dem Einleitungsspruch merken. Jedem Ton ist eine ganz bestimmte Frequenz zugeordnet.

Junge Menschen hören Töne im Bereich von 20 Hz bis 20.000 Hz. Die Fähigkeit, hohe Töne wahrnehmen zu können, nimmt mit dem Alter ab.

Analog und digital

»plattenspieler plattenteller
fünfundvierzig dreht sich schneller
fader links nächste platte
weil ich die rechts schon hatte«
(Die Fantastischen Vier)

Scratchen kann man nur mit Schallplatten, mit CDs geht das nicht. Auf einer Schallplatte ist die Musik **analog** gespeichert. Wie das geht, zeigt der Stimmgabelversuch aus dem vorigen Abschnitt: Ritzt man statt in Ruß in ein Material, in dem die Verformung erhalten bleibt, so kann man die Spur anschließend mit einer Nadel wieder

Digitale Aufzeichnung: Das Schwingungsbild wird als Folge von Binärzahlen gespeichert und beim Abspielen wieder in ein analoges Signal verwandelt.

abtasten. Die Schwingung der Nadel verstärkt man und macht sie dadurch hörbar. Natürlich lässt sich so nicht nur die Schwingung einer Stimmgabel aufzeichnen, sondern jede Art von Schall: von Bachs *H-Moll-Messe* bis zur Reportage vom Endspiel der Fußball-WM 1954! (»Rahn müsste schießen …«) Als Material für Schallplatten benutzte man zunächst **Schellack**, später synthetische Kunststoffe.

Ein ungleicher Wettlauf

Teilt man die in Sekunden gemessene Zeit zwischen Blitz und Donner durch 3, so ergibt dies die Entfernung des Blitzes in Kilometern.

Wenn es blitzt, wird gleichzeitig Licht und Schall erzeugt: Die elektrische Entladung ist mit der **Aussendung von Licht** verbunden, und die stoßartige Erwärmung der Luft in der Umgebung des Blitzes führt zu einer heftigen Schwingung der Luftteilchen, die als **Schallwelle** weitergegeben wird und die wir als Donner wahrnehmen, wenn sie unser Ohr erreicht. Licht und Schall entstehen also zum exakt gleichen Zeitpunkt, aber ab dann kann von Chancengleichheit keine Rede mehr sein: Das **Licht** legt **300.000 Kilometer pro Sekunde** zurück, während der **Schall** im Schneckentempo hinterherläuft und es **in einer Sekunde** auf gerade mal **330 Meter** bringt. Das Licht ist also praktisch sofort bei uns, der Schall merklich später: Er benötigt etwa drei Sekunden für einen Kilometer. Vergehen also zwischen Blitz und Donner beispielsweise zwölf Sekunden, so hat es in einer Entfernung von vier Kilometern geblitzt.

Länge eines Blitzes zwischen den Wolken und der Erde: 1–2 km. Länge eines Blitzes zwischen Wolken: bis 10 km

Farbenlehre für Magnetpole

Nordpol: rot
Südpol: grün

Mit Magneten kann man herrlich herumspielen: Sie ziehen sich (je nach Orientierung) gegenseitig an oder stoßen sich ab, und man kann mit ihnen Büroklammern aufsammeln und Kompassnadeln ablenken. Meistens sind sie als **Stab-** oder als **Hufeisenmagnete** geformt. Als Erstes lernt man, dass sie **Pole** haben, nämlich je einen **Nord-** und einen **Südpol**, und dass sich ungleichnamige Pole (ein Nord- und ein Südpol) anziehen, während sich gleichnamige Pole (also z. B. zwei Nordpole) abstoßen. Wenn alles mit rechten Dingen zugeht und nicht irgendwann ein Scherzbold einen Magneten ummagnetisiert hat, dann kann man sich sogar darauf verlassen, dass der rote Pol immer der Nordpol ist und der grüne der Südpol. Falls man nicht sicher ist, muss man eine Kompassnadel zu Hilfe nehmen: Der Nordpol einer Kompassnadel wird vom Südpol eines Magneten angezogen.

Dass man mit einem Kompass die Himmelsrichtung bestimmen kann, liegt daran, dass die Erde selbst ein Riesenmagnet ist. Ihr magnetischer Südpol befindet sich nahe beim geografischen Nordpol.

Lange und kurze Pole

Für das Plus braucht man an der Tafel mehr Kreide (zwei Striche), das gilt auch für den Pluspol beim Schaltzeichen.

Was will uns diese Eselsbrücke sagen? Zunächst einmal Folgendes: Wir sind bei der **Elektrizitätslehre** angelangt, beim elektrischen Strom. Um Strom fließen zu lassen, benötigt man eine **elektrische Energiequelle**, also beispielsweise eine Batterie. Wir alle kennen das Problem: Es ist nicht egal, wie herum man die Batterie in die Taschenlampe oder in die Fernbedienung einsetzt: Nur auf eine Art

funktioniert es! Das liegt daran, dass elektrische Energiequellen zwei verschiedene **Pole** haben (einen **Plus-** und einen **Minuspol**), die die Stromrichtung bestimmen. Steht an den Polen nun deutlich + oder –, ist alles gut, aber leider findet man manchmal nur Symbole wie in der folgenden Schaltskizze, die einen Stromkreis mit Energiequelle und Lampe zeigt.

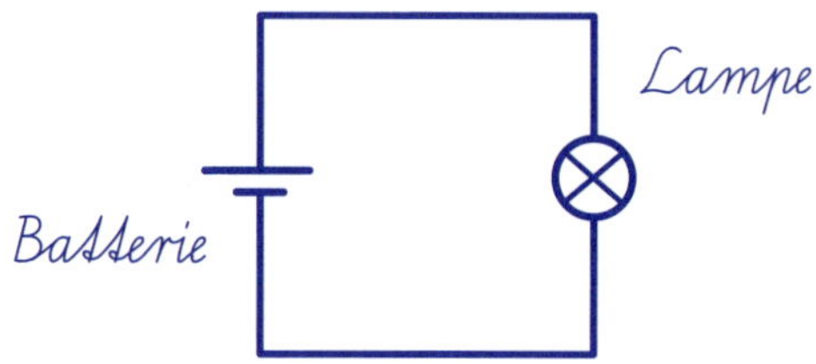

Nicht verwechseln:
Magnetische und elektrische Pole sind völlig verschiedene Dinge!

Welcher Pol ist nun der Plus- und welcher der Minuspol? Die Eselsbrücke sagt: Der lange Pol ist der Pluspol, denn wenn man das Pluszeichen in seine Bestandteile zerlegt (zwei Striche) und diese aneinanderhängt, wird der Strich länger als beim Minuszeichen.

Unterbrechung duch Kurzschluss

»Nach einem Kurzschluss in einer Trafostation ist am Mittwoch in Rüsselsheim in rund 500 Haushalten stundenlang der Strom ausgefallen.«
(Meldung in einer Zeitung)

Ein Kurzschluss kann auch durch einen Haushaltsunfall verursacht werden, wenn Sie beispielsweise versehentlich eine Leitung anbohren. Die Pole werden miteinander verbunden und die Sicherung fliegt raus, es steht Ihnen also überhaupt kein Strom mehr zur Verfügung. Da hilft nur, den Elektriker zu holen, der die Leitung reparieren muss.

Blitz und Donner

Weiden sollst du meiden, …

Diese Redewendung über das richtige Verhalten bei einem Gewitter kennen Sie bestimmt auch, und er geht noch weiter. Aber nicht alles, was der Volksmund spricht, ist korrekt. In diesem Fall ist der Spruch blanker Unsinn. Richtig ist, dass der Blitz oft in Bäume oder Gegenstände einschlägt, die weit aus dem Gelände herausragen. Also sollte man auf keinen Fall Zuflucht unter Bäumen, egal ob Weiden oder Buchen, suchen und auch selbst nicht wie ein Turm in die Höhe ragen. Am besten ist es, sich zusammenzukauern. Außerdem darf man sich nicht von der Stelle bewegen, denn beim Gehen könnten zwischen den Körperteilen, die den Boden berühren, gefährliche Spannungen entstehen. Am sichersten ist es, sich während eines Gewitters gar nicht im Freien aufzuhalten!

Faradayscher Käfig: Nach Michael Faraday (1791–1867) benannte Abschirmung aus Metalldraht. In einem Faradayschen Käfig, z. B. einem Auto, ist man vor Blitzen sicher.

Hält das die Sicherung aus?

URI

Wenn irgendetwas aus der Elektrizitätslehre im Gedächtnis haften bleibt, dann ist es meist der Name des Schweizer Kantons Uri. Er erinnert an die Formel $U = R \cdot I$, in der gleich drei wichtige Größen der Elektrizitätslehre auf einmal versammelt sind: die **Stromstärke** *I* gibt an, wie viele Ladungen pro Zeit durch einen elektrischen Leiter wandern. Die **Spannung** *U* drückt die Energie pro Ladung aus, und der **Widerstand** *R* bezeichnet das Verhältnis zwischen Spannung und Stromstärke. Dabei wird die Stromstärke in Ampere *A*, die Spannung in Volt *V* und der Widerstand in Ohm Ω gemessen.

Hier ein Beispiel: Darf man einen Heizofen mit dem (konstanten) Widerstand $R = 23\,\Omega$ an eine Steckdose anschließen, die mit $6\,A$ abgesichert ist? (Das heißt: Fließen mehr als $6\,A$, fliegt die Sicherung heraus.) Wir stellen die Formel nach I um:

$U = R \cdot I \Rightarrow I = \frac{U}{R} = \frac{230\,V}{23\,\Omega} = 10\,A$. Das sollte man also nicht tun, der Stromkreis wäre überlastet.

Umstellungen der *URI-Formel:* $U = R \cdot I$, $I = \frac{U}{R}$, $R = \frac{U}{I}$. Dies kann man sich mit dem abgebildeten Dreieck merken.

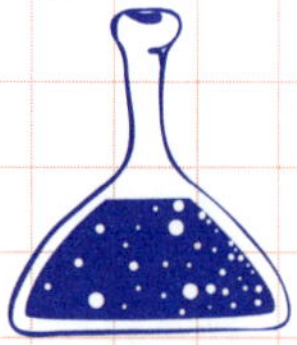

Wasser – ein interessantes Element

Wasser siedet genau bei 100,0° C. Ist das Zufall?

Es ist kein Zufall, genauso wenig wie die Tatsache, dass Eis genau bei 0° C schmilzt. Vielmehr wurde die bei uns gängige Temperaturskala, die **Celsius-Skala**, mithilfe des Siedepunktes und des Gefrierpunktes von Wasser festgelegt. Ihr Urheber, Anders Celsius (1701–44), wollte ein Messverfahren einführen, das leicht in jedem Labor rekonstruiert werden konnte. Celsius schlug vor, ein teilweise mit Quecksilber gefülltes Glasröhrchen in Wasser zu halten und das Wasser zu erhitzen. Durch die Erwärmung dehnt sich das Quecksilber aus und steigt höher. Ist der Siedepunkt des Wassers erreicht, so bleibt der Pegel stehen, da das Wasser jetzt anfängt, zu verdampfen. Die betreffende Pegelstelle markiert man und schreibt 100° C daneben. Durch Abkühlen bis zum Gefrierpunkt beschafft man sich auf entsprechende Weise den Wert 0° C.

Tiefste im Freien gemessene Lufttemperatur: –89,2° C
Schmelzpunkt von Eisen: 1535° C
Temperatur an der Oberfläche der Sonne: ca. 6.000° C

Schließlich teilt man die Strecke zwischen den beiden Markierungen in 100 gleiche Teile. Dieses selbst gebastelte Thermometer kann man nun beispielsweise in eine Tasse mit heißem Wasser halten, um die Temperatur zu prüfen.

Dampfmaschinen damals und heute

»Wat is en Dampfmaschin? Da stelle mer uns janz dumm. Und da sage mer so: En Dampfmaschin, dat is ene jroße, schwarze Raum, der hat hinten und vorn e Loch, dat eine Loch, dat ist de Feuerung. Und dat annere Loch, dat krieje mer später.«
(Aus dem Film *Feuerzangenbowle* von 1944)

Auf diese Weise versucht Lehrer Brömmel in dem berühmten Spielfilm mit Heinz Rühmann, seinen Schülern die Dampfmaschine zu erklären. Im Gegensatz zu heute waren Dampflokomotiven damals ein alltäglicher Anblick, und eigentlich musste jeder Schüler wissen, wie sie funktionierten. Mit dem Begriff Dampfmaschine verband man eher eine **Kolbendampfmaschine**, in der unter Druck stehender Wasserdampf auf einen **Kolben** in einem **Zylinder** wirkte, dessen Hin- und Herbewegung über eine **Kurbelwelle** in eine Drehung umgewandelt wurde. Auch heute gibt es Dampfmaschinen, allerdings ausschließlich als **Dampfturbinen** in Kraftwerken: Hier strömt der Dampf gegen Turbinenschaufeln, die auf einer Welle angebracht sind, und setzt diese in Bewegung.

Andere Beispiele für Wärmekraftmaschinen: Gasturbine, Verbrennungsmotor

Bilder ohne Linsen

In jeder handelsüblichen Kamera befindet sich eine **Linse**. Es reicht zum Fotografieren aber auch schon eine kleine **Öffnung**, statt der Linse. Das folgende Bild zeigt, wie eine **Lochkamera** funktioniert:

Von jedem Punkt des Blattes gelangt nur ein sehr enges Strahlenbündel durch das Loch in die Kamera und erzeugt dadurch auf ihrer Rückwand ein Bild des Punktes. Alle Bildpunkte zusammen ergeben ein umgekehrtes, farbiges Bild des Blattes.

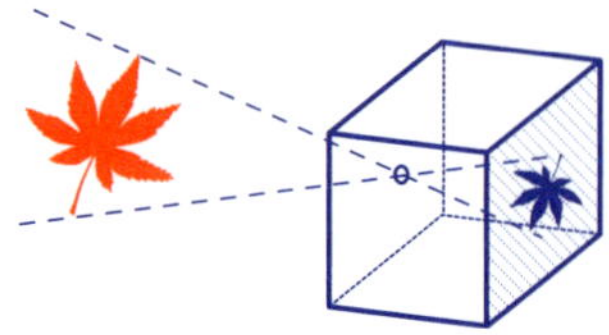

Eine solche Lochkamera kann man leicht aus einem Pappkasten bauen, als Bildschirm eignet sich Butterbrotpapier. Mit Lochkameras kann man besondere Bilder mit eigenem Charakter aufnehmen. Es gibt daher in der ganzen Welt treue Fans, die Fotos mit diesen simplen Kameras aufnehmen und sich an den entstehenden Bildern erfreuen.

Je kleiner das Loch, desto schärfer, aber leider auch dunkler ist das Bild. Man muss also einen Kompromiss zwischen Schärfe und Helligkeit eingehen.

Licht wird zurückgeworfen

Einfallswinkel gleich Ausfallswinkel

Fällt Licht auf eine glatte Fläche wie beispielsweise einen Spiegel, so wird es **reflektiert**. Dies geschieht nach einer einfachen Regel, die Ihnen noch in den Ohren klingen sollte: Einfallswinkel = Ausfallswinkel. Die Zeichnung zeigt, wie das gemeint ist: Der einfallende Strahl bildet mit dem **Lot**, der Senkrechten zur Spiegelfläche, einen bestimmten Winkel, eben den **Einfallswinkel** α. Der Strahl wird nun so reflektiert, dass der ausfallende Strahl mit dem Lot auf dessen anderer Seite einen Winkel bildet, der genauso groß ist:

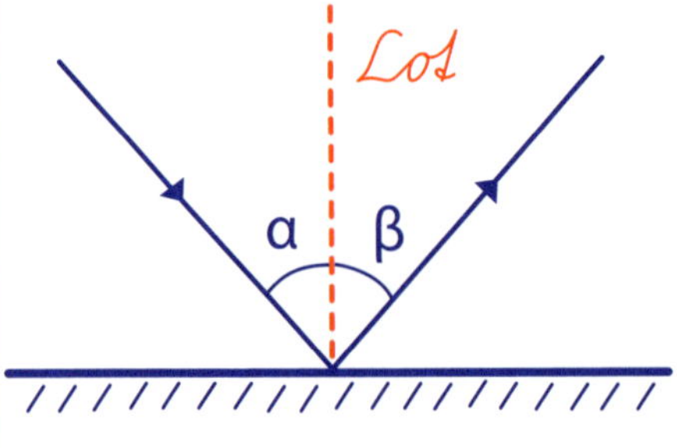

den **Ausfallswinkel** β, besser **Reflexionswinkel**. Sind es vor der Reflexion 30°, so sind es auch nach der Reflexion 30°.

Zaubern mit Licht

»Von dünn zu dicht – zum Lot sich bricht.«

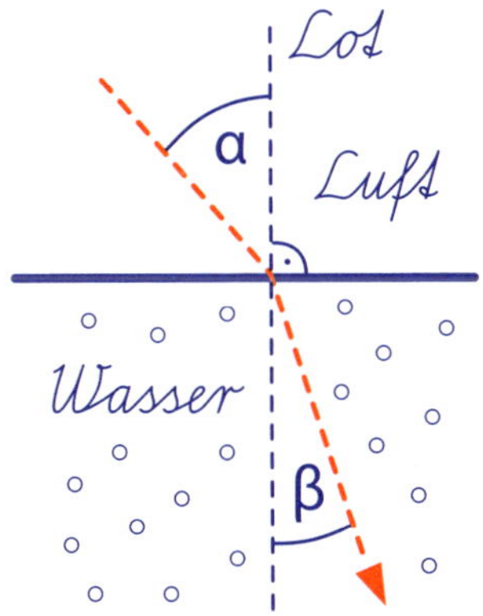

Ein Lichtstrahl kann in Stoffe wie Glas oder Wasser eindringen. Dabei ändert er seine Richtung, falls er nicht lotrecht, also senkrecht einfällt: Der Strahl wird **gebrochen**. Der Brechungswinkel β ist kleiner als der Einfallswinkel α, wenn die Brechung zum optisch dichteren Stoff hin erfolgt, also beispielsweise von Luft zu Wasser. (Die Winkel werden wie bei der Reflexion vom Lot aus gemessen.) Der Strahl wird dann also *zum Lot hin* gebrochen. Genau das will der Merksatz deutlich machen. Beim Übergang vom dichteren zum dünneren Stoff ergibt sich entsprechend eine Brechung *vom Lot weg*. Mit unserem Wissen über Lichtbrechung können wir nun bei Gelegenheit einen kleinen Zaubertrick vorführen: Wir legen auf den Boden einer leeren Tasse eine Münze und schauen dann schräg von oben so in die Tasse, dass die Münze gerade nicht zu sehen ist. Nun füllen wir Wasser nach, und siehe da: Plötzlich sehen wir die Münze! Die von ihr ausgehenden Lichtstrahlen werden nun *vom Lot weg* gebrochen, sodass einige davon das Auge erreichen.

Brechungsgesetz: $\frac{\sin \alpha}{\sin \beta} = n_{21}$

Dabei ist n_{21} die Brechzahl des Stoffes 2 in Bezug auf den Stoff 1.

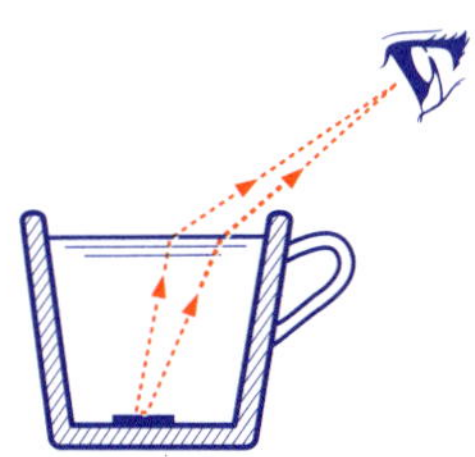

Von Löffeln und Linsen

Hältst du den Löffel konkav, bleibt die Suppe brav.
Hältst du ihn konvex, macht die Suppe einen Klecks.

Jedes optische Gerät enthält **Linsen**. Es gibt nur zwei verschiedene Linsentypen: Die **Konvex-** oder **Sammellinsen** und die **Konkav-** oder **Zerstreuungslinsen**. Eine Konvexlinse ist in der Mitte dicker als am Rand, bei der Konkavlinse ist es umgekehrt. Blickt man beim Essen von oben auf den Löffel, so erkennt man bei einem richtig herum gehaltenen Löffel eine konkave Krümmung; der um 180° gedrehte Löffel zeigt eine konvexe Krümmung. Die Eselsbrücke hilft dabei, konvex und konkav auseinanderzuhalten.

Optische Geräte:
Kamera, Projektor, Lupe, Fernrohr, Mikroskop

Stellt man eine angezündete Kerze vor eine Konvexlinse, so sieht man auf einem hinter die Linse gehaltenen Schirm ein umgekehrtes farbiges Bild der Kerze und ihrer Flamme, wenn man die Entfernung des Schirmes zur Linse richtig wählt. Dies ist das Grundprinzip jedes Projektors und auch unserer Augen: Unsere (konvexe) Augenlinse entwirft auf der Netzhaut ein umgekehrtes Bild der Welt. Damit wir nicht alles falsch herum sehen, dreht unser Gehirn das Bild um, ohne dass wir das bemerken.

Unsere Welt: Ein Atom-Baukasten?

»In Wirklichkeit gibt es nur die Atome und das Leere.«
(Demokrit, 460–400 v. Chr., Naturphilosoph)

Wenn man versucht, ein Stück Holz in immer kleinere Stücke zu zersägen, kommt man dann theoretisch irgendwann beim kleinsten Holzstück, das es gibt an, oder geht es immer weiter? Demokrit war der Meinung, dass es kleinste, unteilbare Teilchen gibt. Der Begriff **Atom** (griech. *átomos* = das Unteilbare) hat sich bis heute gehalten, aber das, was wir heute Atom nennen, ist ganz und gar nicht unteilbar: Es besteht aus einer Hülle aus **Elektronen** und einem Kern aus **Protonen** und **Neutronen**. Protonen und Neutronen sind wiederum Kombinationen von **Quarks**. Und woraus bestehen Quarks? Die Frage, ob es immer weiter geht, ist noch nicht wirklich beantwortet. Den Ideen von Demokrit kommen heute am ehesten die **Elementarteilchen** nahe, von denen man eine ganze Reihe entdeckt hat und immer noch entdeckt.

Elementarteilchen:
Elektronen, Neutrinos, Pionen, Kaonen, Protonen, Neutronen, Lambdateilchen

Die Entdeckung von Madame Curie

»Radioactivity is in the air for you and me
Radioactivity discovered by Madame Curie.«
(Liedtext der Band Kraftwerk, 1975)

Marie Curie entdeckte die **Radioaktivität** zusammen mit ihrem Ehemann, Pierre Curie, und Antoine Henri Becquerel im Jahre 1896. Sie stellten fest, dass bestimmte Stoffe eine durchdringende Strahlung aussenden, die man leider weder riechen, schmecken noch sehen kann. Später stellte sich heraus, dass die Strahlung aus den **Atomkernen** kommt. In der Schule verwendet man zum Nachweis der Radioaktivität meistens Geiger-Müller-Zählrohre (Geigerzähler), die in typischer Weise knattern, wenn man ein radioaktives Präparat vor ihre Öffnung hält. Radioaktive Strahlung ist sehr gefährlich!

Bei der **Kernspaltung** in Kernkraftwerken entstehen radioaktive Spaltprodukte, die man abschirmen und über viele Millionen Jahre sicher lagern muss. Die Frage der **Endlagerung** radioaktiver Abfälle ist noch nicht geklärt.

Eine Entdeckung und ihre Folgen

»Es gibt Risiken, die man nicht eingehen darf: Der Untergang der Menschheit ist ein solches.«
(Friedrich Dürrenmatt, *Die Physiker*)

Im Jahre 1938 entdeckten Otto Hahn und Lise Meitner die **Kernspaltung**. Nur sieben Jahre danach kam die erste Atombombe (besser: Kernspaltungsbombe) zum Einsatz, und in den Jahren nach dem Zweiten Weltkrieg wurden **Kernreaktoren** entwickelt, um Energie zu gewinnen. Das Prinzip ist immer das gleiche: Gewisse Kernarten, wie die des Urans, sind spaltbar. Werden sie von Neutronen getroffen, so zerfallen sie unter gewissen Bedingungen in zwei Bruchstücke und einige einzelne Neutronen. Zusätzlich wird Energie frei. Die neu entstandenen Neutronen spalten nun ihrerseits andere Kerne, wobei wieder Neutronen frei werden usw. Es kommt also zu einer lawinenartigen **Kettenreaktion**, die eine riesige Energiemenge freisetzt.

In einem Kernkraftwerk findet eine kontrollierte Kernspaltung statt. Es kann aus konstruktiven Gründen niemals explodieren wie eine Bombe, muss aber im Störfall dauernd gekühlt werden, weil die radioaktiven Zerfallsprodukte Wärme erzeugen, die man nicht abstellen kann.

Die Entdeckung und technische Nutzung der Kernspaltung ist ein Paradebeispiel dafür, wie eine zunächst wertfreie Laborforschung weitreichende politische und gesellschaftliche Folgen haben kann und tief in unser aller Leben eingreift.

Theater- und Filmtipps zum Thema Physik und Gesellschaft:

Bertolt Brechts *Leben des Galilei*

Friedrich Dürrenmatts *Die Physiker*

Wolfgang Menges *Ende der Unschuld*

Chemie

*»Ein jeder Aberglaube
versetzt uns in das Heidenthum.«*

*Justus von Liebig
(1803–73)*

Dem berühmten Chemie-Professor Liebig hätte es bestimmt die Zehennägel hochgerollt, wenn er solche Sätze wie »Das schmeckt nicht, da ist so viel Chemie drin!« gehört hätte. Und Sie, gehören Sie zu den Leuten, die so etwas sagen würden? Oder wissen Sie es besser, nämlich dass Chemie kein bitterer Inhaltsstoff für Lebensmittel ist, sondern ein spannendes Wissensgebiet? Das folgende Kapitel jedenfalls soll den Beweis darüber führen.

Alchemie und der Stein der Weisen

»Diese Alchemisten sind immer nur damit beschäftigt, irgendwelches Zeug zu mischen und sich zu fragen: ›He, was passiert, wenn wir einen Tropfen von diesem gelben Zeug hinzutun?‹ Und dann laufen sie zwei Wochen lang ohne Augenbrauen herum.«
*(Terry Pratchett, *1948, Fantasy-Schriftsteller)*

Unter Alchemisten stellen wir uns mittelalterlich und etwas mystisch angehauchte Menschen vor, die ihr Leben dem Ziel widmen, durch willkürliche und gefährliche Experimente den berühmten Stein der Weisen zu finden. Zur Zeit des Mittelalters wurden Alchemisten dabei weniger von edlen wissenschaftlichen Zielen als vom schnöden Mammon getrieben. Die Substanz des Steines der Weisen sollte ihnen nämlich dabei helfen, unedle Metalle in Gold zu verwandeln. Aber leider waren die Versuche zum Scheitern verurteilt, denn mit dem Zusammenbringen von Stoffen, die nicht Gold enthalten, kann man, wie wir heute wissen, prinzipiell kein Gold herstellen! Im Laufe der Neuzeit entstand aus der Alchemie die Naturwissenschaft **Chemie**, die die Eigenschaften von **Stoffen** und ihren Verbindungen systematisch untersucht.

Die Chemiker verstehen unter Stoff eine Substanz, die durch ihre Eigenschaften charakterisiert ist.

Künstlicher Harnstoff

»Ich […] muss Ihnen sagen, dass ich Harnstoff machen kann, ohne dazu Nieren oder überhaupt ein Tier, sei es Mensch oder Hund, nötig zu haben.«
(Friedrich Wöhler in einem Brief an J. J. Berzelius)

Zum Wohle der Wissenschaft spendet ein Forscher auch schon mal Urin. Das jedenfalls tat der Chemiker Friedrich Wöhler (1800–82) im

Jahre 1828. Sinn und Zweck war es, den im Urin enthaltenen **Harnstoff** mit einer Substanz vergleichen zu können, die er aus Cyan und Ammoniak hergestellt hatte. Es ergab sich, dass die beiden Substanzen chemisch identisch waren, dass Wöhler also Harnstoff künstlich erzeugt hatte. Dies versetzte der geltenden Lehrmeinung einen heftigen Schlag, denn man war davon überzeugt, dass Stoffe, die von Lebewesen erzeugt werden, einer besonderen Lebenskraft der Organismen bedürfen und deshalb nicht künstlich hergestellt werden können. Daher unterschied man zwischen **organischer** und **anorganischer Chemie**. Wöhlers Entdeckung (und andere zeitgleiche Forschungen) zeigten nun, dass diese Einteilung eigentlich willkürlich ist. Heute versteht man unter organischer Chemie die Chemie der Kohlenstoffverbindungen.

Fachrichtungen der Chemie:
Anorganische Chemie
Organische Chemie
Physikalische Chemie
Biochemie
Theoretische Chemie

Vorsicht, Flamme!

Feuer und Flamme

Für Experimente im Chemieunterricht werden bekanntlich **Bunsenbrenner** benötigt. Der Umgang damit folgt einer alten Tradition: Die Lehrkraft gibt Sicherheits- und Einstellhinweise, aber keiner hört zu. Dann wird aufgebaut, aber aufgrund der vielen Sicherheitsmechanismen strömt einfach kein Gas. Die Lehrkraft löst das Problem, die Experimente beginnen. Ein Schüler setzt sofort ein kleines Stück Papier in Brand, weil er anfangs nicht zugehört hat. Dann drückt ein anderer Schüler aus Versehen auf den roten Not-Aus-Knopf, das Gas strömt nicht mehr, das Spiel beginnt von vorn. Übertriebener Sicherheitswahn? Keineswegs! Das Experimentieren

Bunsenbrenner:
Einfacher Gasbrenner für viele chemische Experimente. In der Flamme herrschen bis zu 1200° C.

mit offenen Flammen ist nun einmal nicht ungefährlich. Die Grundregel lautet, beim Bunsenbrenner wie überhaupt bei allen chemischen Experimenten: Vorsicht ist besser als Nachsicht!

Bade-Salz

»Anders als sein Name verspricht, ist das Tote Meer [...] gar kein Meer, sondern der tiefstgelegene See der Erde, 417 Meter unter dem Meeresspiegel. Sein Wasser enthält zehnmal mehr Salz als jedes Meer, was es ölig und ein bisschen unheimlich macht.«
(Aus einer Zeitung)

Schüttet man Salz in Wasser, so verschwindet es scheinbar und ist auch mit dem besten Mikroskop nicht mehr zu erkennen: Es ist im Wasser **gelöst**. Das berühmte Tote Meer zwischen Israel und Jordanien ist eine konzentrierte Salzlösung: Pro 100 Gramm Wasser enthält es etwa 25 Gramm Salz. Die Dichte der Lösung ist so groß, dass man nicht untergeht und im Salzwasser liegend Zeitung lesen kann, wie entsprechende Fotos zeigen. Das Wasser könnte sogar noch mehr Salz aufnehmen, nämlich bis zu 36 Gramm pro 100 Gramm Wasser (bei 20° C). Darüber hinaus würde sich das Salz absetzen, die Lösung wäre **gesättigt**. Zucker ist noch besser löslich als Salz: In 100 Gramm Wasser lösen sich 204 Gramm Zucker!

Lösungen bestehen aus einem Lösungsmittel und dem gelösten Stoff.

Gold- und Salzgewinnung

Salz, das weiße Gold

Am **Klondike River** in Kanada wird auch heute noch nach Gold gesucht. Der sogenannte Goldrausch ist aber längst vorbei. Um 1900 zogen Leute aus aller Welt in die Gegend und suchten im Wasser des Flusses nach Gold. Ihre Methode war simpel (und oft leider nicht erfolgreich, sodass sie arm blieben): Sie versuchten, das Gold aus dem Wasser herauszusieben (wissenschaftlich gesprochen **filtrierten** sie das Flusswasser). Das funktioniert aber nur, weil Gold im Wasser nicht gelöst ist (es handelt sich um eine **Mischung**).

Weitere Trennverfahren:
Sedimentation
Destillation
Extraktion

Bei gelösten Stoffen muss man sich andere Tricks einfallen lassen. Den Salzgehalt des Toten Meeres kann man beispielsweise dadurch ermitteln, dass man das Meerwasser **eindampft**. Man erwärmt die Flüssigkeit so lange, bis das ganze Wasser verdampft ist. Zurück bleibt nur das Salz, das auch *weißes Gold* genannt wird, das man dann weiterverarbeiten kann.

Stoffe bekommen Zustände

Haben Sie etwa schon mal festes Wasser gesehen?

Natürlich haben Sie schon mal festes Wasser gesehen, Sie nennen es nur nicht so. Es handelt sich nämlich schlichtweg um Eis! Erwärmt man es, so wird daraus wieder (flüssiges) Wasser. Erhitzen Sie das Wasser weiter, so entsteht **Dampf**, also gasförmiges Wasser. Es ist aber immer noch Wasser, durch die Erwärmung wird kein anderer Stoff daraus!

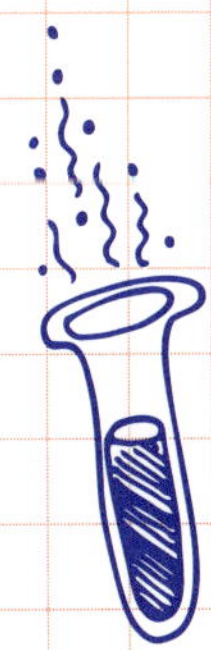

Dass wir für die **Zustandsformen** (auch: Aggregatzustände) des Wassers verschiedene Wörter haben, liegt natürlich an der großen Bedeutung des Wassers für unser Leben. Andere Stoffe müssen da mit weniger Bezeichnungen auskommen: Es gibt festes Eisen (bei Temperaturen bis 1535° C), flüssiges Eisen (bis 2750° C) und gasförmiges Eisen (darüber), aber es heißt immer Eisen. Die Temperaturen zeigen, dass man dem Eisen schon ordentlich einheizen muss, um es in andere Zustände zu bringen, unter normalen Bedingungen ist es immer fest.

Zustandsformen: fest, flüssig, gasförmig
Schmelzen: Übergang von fest zu flüssig
Sieden: Übergang von flüssig zu gasförmig
Sublimieren: direkter Übergang von fest zu gasförmig

Divide et impera!

»Teile und herrsche!« Dieser lateinische Spruch, der eigentlich ein Grundprinzip der Außenpolitik antiker Staaten kennzeichnet (»Spalte einen Gegner in kleinere Untergruppen auf, um ihn zu besiegen«), lässt sich in abgewandelter Form auch auf die Chemie anwenden: Teile die Stoffe in so kleine Teilchen wie möglich auf und untersuche diese. Dann hast du gewonnen! Die Vorstellung (oder: das Modell), dass es **atomare Teilchen** gibt, aus denen alle Materie aufgebaut ist, begegnete uns schon im Physik-Kapitel. Mithilfe des **Teilchenmodells** kann man sich beispielsweise leicht die drei Zustandsformen veranschaulichen, indem man sich vorstellt, dass ein- und dieselben Teilchen verschiedene Strukturen bilden können: In der festen Zustandsform sitzen sie in einem **Gitter** an bestimmten Orten, um die sie hin- und herschwingen. In der

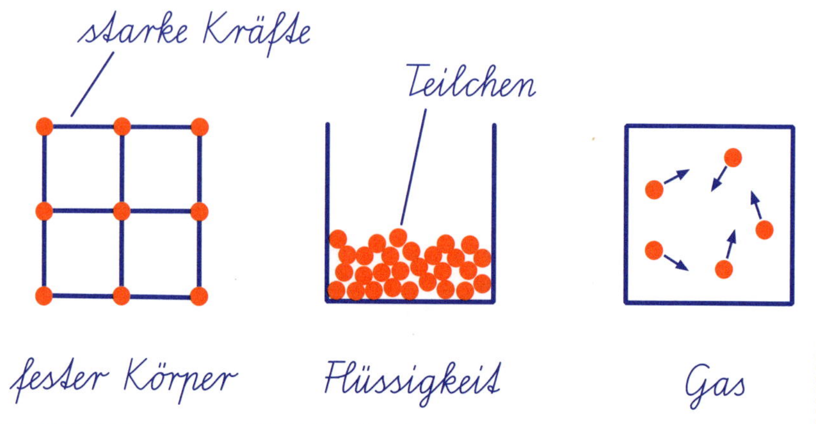

flüssigen Zustandsform liegen sie wie Murmeln in einem Glas nebeneinander und lassen sich verschieben. In der gasförmigen Zustandsform schließlich fliegen sie umher und nehmen den ganzen zur Verfügung stehenden Raum ein. Erwärmen bedeutet in diesem Bild, den Teilchen Energie zuzuführen.

Absoluter Nullpunkt der Temperatur: Bei –273,15° C haben die Teilchen keine Energie mehr. Tiefere Temperaturen kann es nicht geben.

Das große Zittern

Woher weiß man, dass es atomare Teilchen gibt, wenn man sie nicht sehen kann?

Hoffentlich haben Sie aus der Schule nicht ein lapidares »Das ist eben so!« in Erinnerung. Es ist zwar richtig, dass man die atomaren Teilchen nicht direkt sehen kann, aber es gibt viele indirekte Belege für ihre Existenz. Einige davon kann man auch im Experiment vorführen, beispielsweise mit dem **Rauchkammerversuch**: In eine kleine, seitlich beleuchtete Glaskammer, in die man mit einem Mikroskop hineinblicken kann, wird Zigarettenrauch geblasen. Beobachtet man die Rauchteilchen unter dem Mikroskop, so erkennt man, dass sie scheinbar ohne jeden Grund zittrige Zickzack-Bewegungen ausführen. Der Botaniker **Robert Brown** (1773–1858), der solche Bewegungen erstmals beobachtete, deutete das so: Die atomaren Teilchen, die wir nicht sehen können, weil sie viel zu klein sind, bleiben in ständiger Bewegung und stupsen dabei die Rauchteilchen hin und her. Die (sichtbaren) Rauchteilchen dienen also quasi als Anzeiger für die (nicht sichtbaren) atomaren Teilchen.

Robert Brown beobachtete nicht Rauchteilchen, sondern Pflanzenpollen in Wassertropfen.

Öl im Dienste der Wissenschaft

»Der Durchmesser eines Atoms beträgt etwa ein Zehntel eines Millionstel Millimeters.«
(Lexikoneintrag)

Um das herauszubekommen, bedarf es keiner aufwendigen, langjährigen und teuren Forschungen. Vielmehr kann man den ungefähren Durchmesser eines Atoms mit einfachen Mitteln in der Schule abschätzen. Vielleicht erinnern Sie sich? Man lässt einen Tropfen aus in **Heptan** (Kohlenwasserstoff) gelöster **Ölsäure** auf eine mit **Bärlappsporen** bedeckte Wasseroberfläche fallen. Das Heptan verdunstet sofort, die Ölsäure verdrängt die Sporen und bildet einen kreisrunden Fleck auf dem Wasser. Wenn man nun annimmt, dass sich die Ölsäure so weit wie möglich ausbreitet, dann ist der Fleck genau ein Ölteilchen hoch. Aus dem Flächeninhalt des Flecks und dem Volumen des Tropfens kann man jetzt die Höhe des Flecks und damit den Durchmesser der Ölteilchen bestimmen. Da man weiß, dass ein Ölsäure-Teilchen aus 54 Atomen besteht, lässt sich jetzt auch der Atom-Durchmesser abschätzen. Wenn man alles richtig macht, kommt dabei ziemlich genau der im Lexikon genannte Wert heraus.

Die **Auflösungsgrenze eines Lichtmikroskops** liegt bei etwa 0,5 tausendstel Millimeter. Es ist also nicht möglich, Atome mit einem Lichtmikroskop zu sehen – sie sind viel zu klein.

Fußball und Chemie

»Ich bin ein Kämpfer und mache das Ding weiter. Die Chemie stimmt intern.«
(Jürgen Klinsmann, *1964, Fußballtrainer)

Bei dieser Äußerung hat Jürgen Klinsmann ein Bild aus der Chemie auf den Fußball übertragen. Was er meint, ist klar: In der Mannschaft ist es zu keinen destruktiven Reaktionen, sozusagen Explosionen gekommen, alle vertragen sich! Umgekehrt kann man sich chemische Reaktionen folgendermaßen vorstellen: Teilchen verschiedener Stoffe begegnen sich wie die Spieler einer Mannschaft und (re-)agieren miteinander. Dabei entsteht dann etwas Neues. Lässt man beispielsweise **Kupfer** und **Schwefel** reagieren, so wird **Kupfersulfid** gebildet, das eine andere Farbe, eine andere Dichte und einen anderen Schmelzpunkt hat als die Zutaten Kupfer und Schwefel. Beim Fußball ist es ebenso: Manchmal leistet die Mannschaft mehr als die Summe ihrer Teile und wächst über sich hinaus, manchmal ist sie aber auch ein Schatten ihrer selbst und verliert haushoch. Es kommt eben oft nicht nur auf die einzelnen Spieler an, sondern darauf, wie sie zusammenwirken. Die Chemie muss einfach stimmen!

Bei chemischen Reaktionen ist die Masse des Produktes gleich der Masse der Ausgangsstoffe.

Chemie aus dem Atombaukasten

»Chemische Analyse und Synthese geht nicht weiter als bis zur Trennung von Teilchen und zu ihrer Wiedervereinigung.«
(John Dalton, 1766–1844, Naturforscher)

Vielleicht war Ihr Chemieunterricht an manchen Tagen wie ein Besuch beim Alchemisten: Irgendwelche Substanzen wurden zusammengemischt, irgendwelche anderen Substanzen kamen dabei heraus. Dabei gibt es seit John Dalton eine Idee, die alles Zufällige beseitigt und die Vielfalt der Stoffe und Reaktionen auf eine übergreifende Idee zurückführt: Die Eigenschaften der Stoffe werden in seinen Augen durch ihren **Aufbau aus Atomen** bestimmt, und chemische Reaktionen sind **Umgruppierungen von Atomen**. Ein Beispiel: Lässt man 4 Gramm Kupfer und 1 Gramm Schwefel reagieren, so entstehen

Das Kupfersulfid bildet einen Kristall.

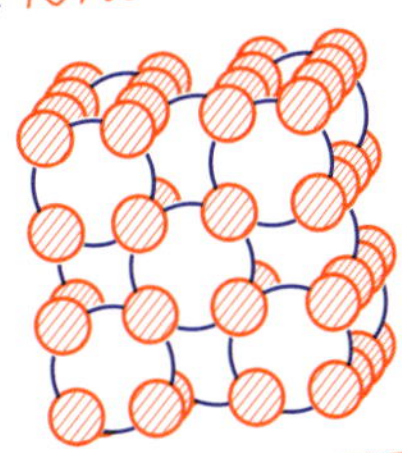

immer genau fünf Gramm Kupfersulfid. Daltons Überlegung war nun, dass die Kupfer- und Schwefelatome sich so zusammenschließen, dass sie im Kleinen das Massenverhältnis 4 : 1 bilden und sich gleichermaßen auch im Großen so verhalten. Die Kupfer- und Schwefelatome gehen eine **Verbindung** ein, die einen neuen Stoff ergibt, eben das Kupfersulfid.

Diamanten – warum so wertvoll?

»Im Grunde ist ein Diamant auch nur ein Stück Kohle, das die nötige Ausdauer hatte.«
(Sprichwort)

Was macht einen Diamanten wertvoll? Sicherlich spielt es eine Rolle, dass Diamanten sehr selten vorkommen. An der Substanz kann es kaum liegen, Diamanten bestehen nämlich ausschließlich aus **Kohlenstoff**, genau wie Grafit, das sehr häufig ist und beispielsweise für Bleistiftminen verwendet wird. (Der Name Bleistift ist irreführend, es sind Grafitstifte.)

Die Entstehung der Diamanten ist wissenschaftlich noch nicht ganz geklärt.

Was einen Diamanten von einem Stück Grafit unterscheidet, ist der Aufbau des Kristalls: Im Diamantkristall sind die Kohlenstoffatome dichter angeordnet und jedes Atom ist von vier anderen Atomen umgeben (beim Grafit sind es nur drei). Der Kristallaufbau bewirkt die begehrten Eigenschaften des Diamanten: sein Funkeln und seine Härte.

Dass Diamanten selten sind, liegt daran, dass sie unter speziellen Bedingungen in tieferen Erdschichten gebildet wurden und sich ihr Entstehungsprozess über Jahrmillionen hinzog. Insofern haben sie tatsächlich eine höhere Ausdauer gezeigt als ein normales Stück Kohle.

Tanz der Moleküle

»Mein Herz tanzt und jedes Molekül bewegt sich.«
(Songtext der Band Mia)

Was ein Molekül genau ist, wird für Mia nicht so wichtig sein, die Bandmitglieder wollten nur ausdrücken, dass ihre Körper bis ins Kleinste in Bewegung sind. Tatsächlich sind manchmal nicht die Atome, sondern die **Moleküle** chemisch betrachtet die kleinsten Einheiten eines Stoffes. Beispielsweise bilden sich bei der Verbrennung von Grafit lauter unabhängige dreiatomige Teilchen, die jeweils aus einem Kohlenstoff- und zwei Sauerstoffatomen bestehen. Solche Gebilde nennt man Moleküle. Der im Beispiel erzeugte Stoff heißt Kohlenstoffdioxid – das *di* soll auf die zwei Sauerstoffatome hinweisen. (Im Alltag sagt man meistens Kohlendioxid, fachlich präzise muss es aber Kohlenstoffdioxid heißen.)

Das unter normalen Bedingungen gasförmige **Kohlenstoffdioxid** ist an allen Lebens- und Verbrennungsvorgängen beteiligt. Eine zu große Konzentration von Kohlenstoffdioxid in der Atmosphäre verstärkt den **Treibhauseffekt** und beschleunigt den Klimawandel.

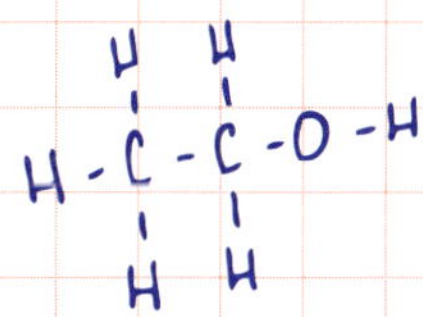

Stoffe in Kurzform

»Herr Ober: 5 Helle 2 Korn«

Keine Angst vor chemischen Formeln! Sie drücken nur kurz und übersichtlich aus, wie ein Stoff aufgebaut ist. Zunächst bekommt jedes **Element** ein Symbol. Beispielsweise bezeichnet *H* den Wasserstoff, *O* den Sauerstoff und *C* den Kohlenstoff. Und nun wird aus den Atomen des jeweiligen Elements beispielsweise ein Molekül zusammengestellt. Ein **Kohlenstoffdioxid-Molekül** besteht aus einem Kohlenstoff- und zwei Sauerstoffatomen, als Formel: CO_2. Der Merkspruch soll an den Aufbau eines **Ethanol-Moleküls** erinnern. Liest man ihn rückwärts und ersetzt dabei *K* durch *C*, so ergibt sich C_2H_5OH, die sogenannte **Halbstrukturformel** für Ethanol. (An der *OH*-Gruppe erkennt man, dass es sich um einen Alkohol handelt.)

Es gibt **Molekülformeln** (z. B. CO_2) und **Verhältnisformeln** (für gitterartige Anordnungen). Beispiel für eine Verhältnisformel: Cu_2S bezeichnet Kupfersulfid; *Cu* steht für Kupfer und *S* für Schwefel.

Bergwerks-Chemie

$CH_4 + 2O_2 \rightarrow CO_2 + 2H_2O$

Diese Reaktionsgleichung drückt eine chemische Reaktion kurz und elegant in Formelsprache aus. In Worte gefasst müsste man sie ungefähr so beschreiben: **Methan** reagiert mit **Sauerstoff**, dabei entstehen **Kohlenstoffdioxid** und **Wasser**. Leider verläuft diese Reaktion explosionsartig und ist im Bergbau gefürchtet. Methan ist nämlich Bestandteil des **Grubengases**. Wird die Konzentration dieses Gases in Bergwerksstollen zu hoch, kann es zu gefährlichen sogenannten **Schlagwetterexplosionen** kommen. Chemisch gesehen handelt es sich um einen **Verbrennungsvorgang**.

Grubengas besteht zu 90–95 % aus Methan. Weitere Bestandteile sind Kohlenstoffdioxid, Kohlenstoffmonoxid, Sauerstoff und Stickstoff.

Die Reaktionsgleichung formuliert den Prozess quasi auf Molekülebene: Ein Methan-Molekül reagiert mit 2 Sauerstoffmolekülen (die aus jeweils zwei Sauerstoff-Atomen bestehen) zu einem Kohlenstoffdioxid-Molekül und zwei Wasser-Molekülen. Damit die Gleichung richtig formuliert ist, müssen auf jeder Seite des Reaktionspfeils gleich viele Atome jeder Sorte aufgeführt sein. Das vorliegende Beispiel ist also korrekt, wie Sie leicht nachrechnen können.

Feuer und Flamme?

Kann Eisen brennen?

Die Frage klingt merkwürdig, denn schließlich enthalten Feuerschutztüren, Feuerlöscher und Kaminöfen Eisen, man sollte sie also nicht anzünden können! Aber was bedeutet eigentlich *brennen*? Seit Antoine de Lavoisier (1743–94) weiß man, dass eine Substanz, die verbrannt wird, eine chemische Verbindung mit Sauerstoff eingeht, der in der Luft reichlich vorhanden ist.

Oxidation
(vorläufige Festlegung):
Reaktion mit Sauerstoff, bei der ein Oxid entsteht

Verbrennt man Holz, so reagiert der Kohlenstoff des Holzes mit Sauerstoff: $C + O_2 \rightarrow CO_2$. Es entsteht also Kohlenstoffdioxid. Außerdem wird Energie frei, z. B. als angenehme Lagerfeuerwärme. Eisen kann auch verbrennen, nur muss es dazu fein verteilt vorliegen wie beispielsweise als **Eisenwolle**. Eisenwolle kann man leicht anzünden, sodass folgende Reaktion abläuft: $3\,Fe + 2\,O_2 \rightarrow Fe_3O_4$ (*Fe* ist das chemische Symbol für Eisen). Das Reaktionsprodukt heißt **Eisenoxid** und ist uns leider aus anderem Zusammenhang bekannt, nämlich als **Rost**. Rosten ist eine langsame Oxidation des Eisens, die ohne eine Flamme abläuft.
Eisen kann also brennen, aber Feuerschutztüren werden nicht Feuer fangen und auch nicht schnell rosten. Sie können also weiterhin verwendet werden.

Der Kuss des Chemikers

»Bei den Küssen seines Weibes denkt ein echter Chemiker nichts, als dass ihr Atem Stickgas und Kohlenstoffgas ist.«
(Heinrich von Kleist, 1777–1811)

Was würde wohl geschehen, wenn die geliebte Frau die Gedanken des Chemikers erraten könnte? Sehr romantisch wäre das nicht. Aber ist die Analyse des Chemikers rein sachlich betrachtet korrekt? Stickgas, also **Stickstoff**, ist in der Luft reichlich vorhanden (zu etwa vier Fünfteln) und wird deshalb sicherlich mit ein- und auch

Atmung:
Langsame Oxidation, bei der Energie frei wird

wieder ausgeatmet. Das letzte Fünftel ist **Sauerstoff**. Dieser löst sich nach dem Einatmen im Blut und reagiert in den Körperzellen mit den Nährstoffen, wobei am Ende **Kohlenstoffdioxid** erzeugt wird. Dieses gelangt wieder ins Blut und wird ausgeatmet. Aber zumindest sind die Gedanken des etwas verkopften Chemikers rein fachlich korrekt. Die Atmung ist also eine langsame Oxidation, auch wenn dieser Gedanke sicherlich nicht besonders erregend wirkt.

Gewinnen durch Reduzieren

»Die deutschen Hüttenwerke haben im Dezember 2009 2,28 Millionen Tonnen Roheisen [...] hergestellt.«
(Mitteilung des statistischen Bundesamtes)

2,28 Millionen Tonnen in einem Monat: Das ist eine unglaubliche Menge! Das Wort »herstellen« ist aber nicht gut gewählt, denn Eisen ist ja ein Element, es ist immer da und kann nicht erzeugt werden. Eigentlich gewinnt man das Eisen aus Eisenerz, beispielsweise aus **Eisenoxid** Fe_2O_3, von dem man Sauerstoff **abspaltet** (sogenannte **Reduktion**). Das ist aber gar nicht so einfach, denn man benötigt dazu einen **Hochofen**. In diesem wird durch Verbrennung von Koks **Kohlenstoffmonoxid** erzeugt, das mit dem Eisenoxid reagiert: $Fe_2O_3 + 3\,CO \rightarrow 2\,Fe + 3\,CO_2$. Im Hochofen läuft also gleichzeitig eine Oxidation und eine Reduktion ab, wobei das Kohlenstoffmonoxid als **Reduktionsmittel** dient. Nach etwa vier Stunden kann man das flüssige Roheisen abstechen.

Reduktion (vorläufige Festlegung):
Chemische Reaktion, bei der einem Oxid Sauerstoff entzogen wird
Redoxreaktion: Oxidation und Reduktion in ein- und derselben Reaktion

Mit Knallgas in den Weltraum

Knall auf Fall!

Ein Gemisch aus Wasserstoff und Luft ist explosiv, wenn es zwischen 4% und 75% Wasserstoff enthält.

Erinnern Sie sich an die berühmte Knallgasprobe? Wenn Wasserstoff verbrannt werden soll, muss man sicherstellen, dass kein Sauerstoff in der Nähe ist, denn diese beiden Elemente bilden ein explosives Gemisch! Also muss man ein bisschen Gas in einem Reagenzglas auffangen und anzünden. Wenn nichts passiert, ist alles gut (im Sinne der Lehrkraft). Wenn die Gasprobe mit einem pfeifenden Geräusch oder gar Knall verbrennt, ist auch alles gut, jetzt aber im Sinne der Schüler, die sich über jede Explosion freuen. Bei der Reaktion wird übrigens schlicht Wasser gebildet: $2\,H_2 + O_2 \rightarrow 2H_2O$. Damit ist auch gleich bewiesen, dass Wasser kein Element im chemischen Sinne ist, denn es besteht ja aus Wasser- und Sauerstoff! Genauer gesagt ist Wasser ein Oxid des Wasserstoffs und müsste streng wissenschaftlich eigentlich Wasserstoffoxid heißen.

Im Spaceshuttle werden Wasserstoff und Sauerstoff in riesigen Tanks in flüssiger Form getrennt gehalten und den Düsen reguliert zugeführt. Dort wird dann fortwährend Knallgas erzeugt. Der entstehende Schub befördert das Shuttle in den Weltraum.

Der Trick mit dem Mol

1 mol enthält $6 \cdot 10^{23}$ Teilchen.

Mussten auch Sie diese seltsame Definition auswendig können? Und haben Sie vielleicht nie recht verstanden, was **Mol** eigentlich bedeutet? Dabei handelt es sich eigentlich nur um eine Art Trick, mit dem man sehr große Teilchenzahlen und sehr kleine Massen in den Griff bekommt. So, wie man im Alltag von einem Dutzend Eiern oder Äpfeln spricht und damit immer zwölf Stück meint, so bezeichnet ein Mol immer $6 \cdot 10^{23}$ Teilchen. (10^{23} ist eine Eins mit 23 Nullen dahinter.) 2 Mol wären also $12 \cdot 10^{23}$ Teilchen, 0,5 Mol folglich $3 \cdot 10^{23}$ Teilchen. Mithilfe der Einheit Mol kann man auf einfache Art Stoffportionen vergleichen. Die Atome und Moleküle verschiedener Stoffe haben ja verschiedene Massen, beispielsweise wiegt ein Kohlenstoffatom zwölfmal so viel wie ein Wasserstoffatom. Also muss ein Mol Kohlenstoff auch die zwölffache Masse eines Mols Wasserstoff haben, da es sich ja um die gleiche Anzahl von Atomen handelt. Die Einheit Mol ist nun gerade so gewählt, dass ein Mol Kohlenstoff die Masse zwölf Gramm hat. Folglich hat ein Mol Wasserstoff die Masse ein Gramm.

> Das Mol ist die Einheit der Stoffmenge. 1 mol bedeutet $6 \cdot 10^{23}$ Teilchen. Beispiel: 1 mol Blei hat die Masse 207 g.

Element-Familien

H_2O

Fluor, Chlor, Brom und Iod – schon sind alle Mäuse tot.

Es gibt insgesamt 82 stabile Elemente, also Stoffe, die nicht radioaktiv sind und aus chemischer Sicht nicht weiter zerlegt werden können. Hier den Überblick zu behalten wäre schwierig, wenn nicht die Natur selbst uns beim Ordnen helfen würde: Gewisse Elemente sind sich chemisch ähnlich und bilden gewissermaßen Unterfamilien der großen chemischen Elemente-Sippe. Eine dieser Familien trägt den Namen **Halogene** (vom altgriechischen Wort für Salzbildner). Die Familienmitglieder sind **Fluor** *F*, **Chlor** *Cl*, **Brom** *Br* und **Iod** *I*, alles Stoffe, mit denen man desinfizieren kann und die ätzend und giftig sind. Als Salzbildner werden sie bezeichnet, weil sie mit Metallen reagieren, wobei **Salze** entstehen. So wird beispielsweise aus Chlor und dem Metall **Natrium** *Na* das Salz **Natriumchlorid**:

$2\,Na + Cl_2 \rightarrow 2\,NaCl$. (Chlorgas ist ein Zweier-Molekül.) Dieses Salz nennen wir aber meistens nicht Natriumchlorid – es ist normales Kochsalz.

> Weitere Elementgruppen:
> **Alkalimetalle**, z. B. Natrium *Na* und Lithium *Li*
> **Erdalkalimetalle**, z. B. Magnesium *Mg* und Calcium *Ca*
> **Edelgase**, z. B. Helium *He* und Neon *Ne*

Ordnung mit System

»**H**a **He** **Li**ebe **Be**rta **B**itte **C**omm **N**icht **O**hne **F**ahne **Ne**u **Na**ch **M**a**g**deburg **Al**le **Si**eben **P**ferde **S**aufen **C**h**l**or **Ar**gwöhnisch.«

Was sich liest wie ein dadaistisches Gedicht, ist in Wirklichkeit eine praktische Eselsbrücke. Mit ihr kann man sich die ersten 18 Elemente merken, sortiert von leicht nach schwer: *H*, *He*, *Li*, *Be*, *B*, *C*, *N*, *O*, *F*, *Ne*, *Na*, *Mg*, *Al*, *Si*, *P*, *S*, *Cl*, *Ar*. Der russische Chemiker Dmitri Mendelejew (1834–1907) und der deutsche Lothar Meyer (1830–95) entdeckten fast zeitgleich, dass es in dieser Aufzählung **Perioden** gibt: Entlang der Liste tauchen in regelmäßigen Abständen Elemente mit ähnlichen chemischen Eigenschaften auf, nämlich die Familien aus dem letzten Abschnitt. Startet man z. B. beim Edelgas Helium *He*, so trifft man immer nach jeweils acht Stationen auf weitere Edelgase: zunächst auf Neon *Ne*, dann auf Argon *Ar* usw. Mendelejew und Meyer kamen daher auf die Idee, die Liste auseinanderzuschneiden und so anzuordnen, dass Elemente einer Familie, also beispielsweise die Edelgase, untereinander stehen. Das war die Geburt des **Periodensystems der Elemente**, das

> Periodensystem der Elemente: Die Spalten sind die Gruppen (Elementfamilien), die Zeilen die Perioden.

	I	II											III	IV	V	VI	VII	VIII	
1	1,008 H 1																	4,00 He 2	1
2	6,941 Li 3	9,01 Be 4											10,81 B 5	12,01 C 6	14,00 N 7	16,00 O 8	19,00 F 9	20,18 Ne 10	2
3	22,98 Na 11	24,30 Mg 12											26,98 Al 13	28,09 Si 14	30,97 P 15	32,07 S 16	35,45 Cl 17	39,95 Ar 18	3
4	39,10 K 19	40,08 Ca 20	44,96 Sc 21	47,88 Ti 22	50,94 V 23	52,00 Cr 24	54,94 Mn 25	55,85 Fe 26	58,94 Co 27	58,69 Ni 28	63,55 Cu 29	65,39 Zn 30	69,72 Ga 31	72,61 Ge 32	74,92 As 33	78,96 Se 34	79,90 Br 35	83,80 Kr 36	4
5	85,47 Rb 37	87,62 Sr 38	88,91 Y 39	91,22 Zr 40	92,91 Nb 41	95,94 Mo 42	98,91 Tc 43	101,07 Ru 44	102,91 Rh 45	106,42 Pd 46	107,87 Ag 47	112,41 Cd 48	114,82 In 49	118,71 Sn 50	121,75 Sb 51	127,60 Te 52	126,90 I 53	131,29 Xe 54	5
6	132,91 Cs 55	137,33 Ba 56	57-71	178,49 Hf 72	180,95 Ta 73	183,85 W 74	186,21 Re 75	190,2 Os 76	192,22 Ir 77	195,08 Pt 78	196,97 Au 79	200,59 Hg 80	204,38 Tl 81	207,2 Pb 82	208,98 Bi 83	(208,98) Po 84	(209,99) At 85	(222,02) Rn 86	6
7	(223) Fr 87	(226,03) Ra 88	89-103	(261) Rf 104	(262) Db 105	(263) Sg 106	(262) Bh 107	(265) Hs 108	(269) Mt 109	(271) Ds 110	(272) Rg 111	(277) Cn 112							7

1,008 – Atommasse; H – Symbol des Elements; 1 – Ordnungszahl

ein für alle Mal Ordnung in die Elemente brachte. Eine Lücke in diesem System führte sogar zur Vorhersage der Existenz eines bis dahin unbekannten Elements, nämlich des Germaniums *Ge*.

Ionen – atomare Wanderer

Anion = negativ

Eine Kochsalzlösung kann den elektrischen Strom leiten – aber wieso eigentlich? Elektrischer Strom ist der Transport von elektrischen Ladungen. Also muss man sich fragen, inwiefern Ladungen in einer Salzlösung vorkommen. Die Antwort lautet: Die Atome, aus denen das Kochsalz besteht (also Natrium und Chlor), bilden **Ionen**, die elektrisch geladen sind. Im Wort *Ion* steckt das altgriechische Wort für *gehen* oder *wandern*, und das beschreibt sehr gut, was mit den Ionen geschieht: Sie bewegen sich in der Flüssigkeit und sorgen dadurch für den Stromfluss. Da es zwei Sorten von Ladung gibt, nämlich positive und negative, gibt es auch zwei Sorten von Ionen. Die **Anionen** sind negativ, die **Kationen** positiv geladen, was man sich mit der Eselsbrücke oben vergegenwärtigen kann.

Von Elektroden und Katzen

Die **Kat**ze macht **mi**au.

Wir sind jetzt nicht aus Versehen in der Biologie gelandet, sondern es geht immer noch um die Stromleitung in Flüssigkeiten. Vielleicht erinnern Sie sich ganz dunkel an folgenden Versuchsaufbau: Zwei **Elektroden** ragen in eine Kochsalzlösung hinein, die sich in einem Becherglas befindet. Die eine Elektrode ist mit dem Plus-, die andere mit dem Minuspol einer elektrischen Energiequelle, also z. B. einem Netzgerät, verbunden. Mit einem Strommessgerät (einem Amperemeter) misst man nun den elektrischen Strom durch die Flüssigkeit. Dies ist der Grundversuch der sogenannten **Elektrolyse**, die nicht nur für den Chemieunterricht wichtig ist, sondern weitreichende Bedeutung hat und beispielsweise bei der Metallgewinnung eingesetzt wird. Die mit dem **Mi**nus-Pol der elektrischen Energiequelle verbundene Elektrode heißt **Kat**hode. Das kann man sich ganz leicht mit der **mi**auenden **Kat**ze merken. Die mit dem Pluspol verbundene Elektrode heißt **Anode**.

Kathode: negative Elektrode
Anode: positive Elektrode

Woher die Ionen kommen

»Das Innere des Atoms ist so leer wie das Weltall.«
(Philipp Lenard, 1862–1947, Physiker)

Um herauszufinden, woher die Ionen in einer den Strom leitenden Flüssigkeit eigentlich kommen, müssen wir einen Blick in das Innere eines Atoms werfen. Der Physiker Ernest Rutherford (1871–1937) beschoss dünne Goldfolien mit radioaktiven Teilchen und fand dadurch heraus, dass ein Atom aus einem sehr kleinen, positiv geladenen **Kern** sowie einer **Hülle** besteht, in der sich die **Elektronen** befinden. Wie klein der Kern im Verhältnis zur Hülle ist, zeigt folgender Vergleich: Wenn Sie auf den Anstoßpunkt des Münchner Olympiastadions ein Reiskorn legen und dieses als Atomkern betrachten, dann stellt in diesem Maßstab das Zeltdach des Stadions die Atomhülle dar – so winzig klein ist der Kern!

Beispiele für Ionen:
Na^+ = Einfach positiv geladenes Natrium-Ion
S^{--} oder S^{2-} = Zweifach negativ geladenes Sulfid-Ion

Atome sind elektrisch neutral, weil die positive Ladung des Kerns die negative Ladung der Elektronen in der Hülle genau ausgleicht. Entfernt man aber Elektronen aus der Hülle oder fügt man umgekehrt der Hülle zusätzliche Elektronen hinzu, dann werden aus den Atomen geladene Teilchen, eben **Ionen**. Auch Moleküle können Ionen bilden.

In einer Lösung werden Ionen also nicht auf irgendeine Art neu erschaffen, sondern sie entstehen aus den Atomen und Molekülen des gelösten Stoffes.

Im Chemie-Experimentierkasten

Wenn das Salz in der Suppe fehlt …

Fade, oder? Falls Sie früher einmal stolzer Besitzer eines Chemie-Experimentierkastens waren, haben Sie sich bestimmt auch darüber geärgert, dass gerade die interessantesten Chemikalien nicht von vornherein dabei waren, sondern dass man sie nachträglich in der Apotheke kaufen musste. Die **Salzsäure** (in Wasser gelöster Kohlenwasserstoff, *HCl*) gehört zu diesen fehlenden Chemikalien. Nicht ganz zu Unrecht. Sie ist (auch in verdünnter Form) nicht ungefährlich, weil sie das stark ätzende Chlor enthält. In Wasser zerfällt (dissoziiert) das *HCl*-Molekül in die Ionen H^+ und Cl^-. Durch Elektrolyse kann man sowohl den Wasserstoff als auch das Chlor freisetzen: Die H^+-Ionen wandern zur Kathode, nehmen dort Elektronen auf und steigen als H_2 nach oben, die Cl^--Ionen bewegen sich zur Anode, geben dort Elektronen ab und bilden Cl_2, also reines Chlor in Gasform, das man nach kurzer Zeit deutlich durch den entstehenden Schwimmbadgeruch identifizieren kann. In Schwimmbädern dient das Chlor zur Desinfektion.

Zehnprozentige Salzsäure enthält etwa 100 g HCl pro Liter.

Ein Bauplan für Atome

Hier eine kurze Auffrischung zum **Bohrschen Atommodell**!

Der Kern eines Atoms ist aus **Protonen** und **Neutronen** aufgebaut. Protonen sind **positiv** elektrisch geladen, Neutronen (wie der Name schon andeutet) **neutral**. In der Hülle befinden sich die **Elektronen**. Diese sind in Schalen angeordnet, wobei jede Schale nur eine bestimmte maximale Zahl von Elektronen aufnehmen kann: In der innersten Schale (K-Schale) können maximal zwei Elektronen Platz nehmen, in der nächsten Schale (L-Schale) acht, in der dritten Schale (M-Schale) 18 – und so geht es dann weiter. Wofür das wichtig ist? Aus diesem Modell ergibt sich direkt der Aufbau des Periodensystems der Elemente. Die Perioden entstehen nämlich dadurch, dass man Stück für Stück die Elektronenschalen auffüllt. Und aus dieser atomaren Struktur kann man wieder wichtige chemische Eigenschaften folgern. Beispielsweise zeigt es sich, dass Atome mit voll besetzten Schalen besonders stabil sind und ungern mit anderen Atomen reagieren. Genau das trifft auf die Edelgase zu, die am Ende jeder Periode stehen und somit über aufgefüllte Schalen verfügen.

Niels Bohr (1885–1962) ist der bekannteste dänische Physiker.

Moleküle halten zusammen

»Dass ich erkenne, was die Welt
Im Innersten zusammenhält.«
(Aus Goethes *Faust*)

Was hält die Welt im Innersten zusammen? Aus Sicht der Chemie lautet die Antwort: Das kommt darauf an! Und zwar darauf, was zusammengehalten werden soll, ob es beispielsweise um **Moleküle**, **Kristalle** oder **Metalle** geht. Dabei gibt es eine Grundidee, mit der man oft sehr weit kommt, nämlich die Vorstellung, dass atomare Teilchen zusammenhalten, wenn sie eine **stabile Atomhülle** erreichen können, also voll besetzte Elektronenschalen. Dies geschieht

Elektronenpaarbindung:
Bindung von Molekülen durch gemeinsame Elektronenpaare

$H + H \rightarrow H_2$

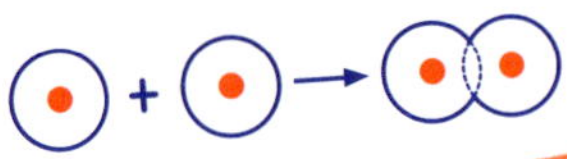

mitunter nach dem Prinzip »Leih' dir was, dann hast du was Eigenes«. Beispielsweise besitzt ein Wasserstoffatom nur ein Elektron in der einzig vorhandenen (K-)Schale. Wenn sich zwei Wasserstoffatome verbinden, so durchdringen sich ihre Elektronenhüllen auf solche Weise, dass eine einzige Schale entsteht, in der sich nun zwei Elektronen bewegen. Somit ist jetzt quasi die Atomhülle des Heliums entstanden, die ja besonders stabil ist. Bei der Vereinigung der beiden Wasserstoffatome wird Energie frei. Dadurch ist das Molekül als Gebilde stabiler als die beiden einzelnen Atome.

Gegensätze ziehen sich an

»Drum prüfe, wer sich ewig bindet«
(Aus Schillers *Lied von der Glocke*)

Die Elemente Natrium und Chlor gehen in Form des Kochsalzes eine sehr stabile Bindung ein, die durchaus ewig hält, sofern man nicht auf die Idee kommt, das Salz in Wasser aufzulösen. Im Trockenen bilden Natrium und Chlor einen **Kristall**, und der Aufbau dieses Kristalls gelingt wieder mithilfe der voll besetzten Elektronenschale. Natrium besitzt in der äußeren Schale nur ein Elektron, dem Chlor fehlt in der äußeren Schale ein Elektron. Das ergänzt sich optimal: Die Natrium-Atome geben jeweils ein Elektron an die Chlor-Atome ab. Dadurch entstehen stabile Ionen (Na^+ und Cl^-) mit vollständigen Elektronenschalen. Diese ordnen sich nun in einem Kristallgitter an, welches durch die anziehenden elektrischen Kräfte zwischen den Ionen zusammengehalten wird.

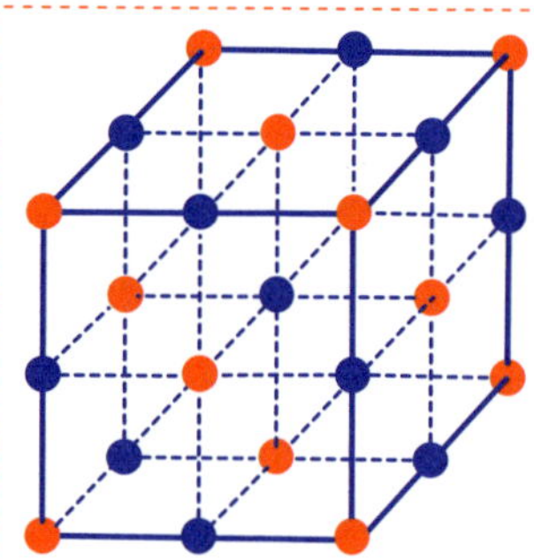

Raumgitter des Kochsalzes

Was Metalle stabil macht

Gleich und gleich gesellt sich gern.

Sollte der Fall eintreten, dass keine anderen Elemente in der Nähe sind, so müssen gleichartige Atome eine Bindung eingehen. Wieder klappt das am besten, wenn vollständige Schalen, also **Edelgaskonfigurationen** erreicht werden können. Das Metall Natrium erreicht diesen Zustand dadurch, dass jedes Atom ein Elektron abgibt. Die Elektronen umgeben die positiv geladenen Atomrümpfe wie ein Gas und halten sie durch elektrische Kräfte zusammen. So entsteht ein Gitter aus ortsfesten Natrium-Ionen und beweglichen Elektronen – ein **Metallgitter**. Die freien Elektronen sind auch die Ursache dafür, dass Metalle den elektrischen Strom gut leiten können. Legt man von außen eine elektrische Spannung an, so setzen sich die Elektronen in Bewegung: Es fließt Strom!

Metallbindung: Bindung durch den Zusammenhalt positiv geladener Rümpfe und den von den Metallatomen abgegebenen Elektronen, wodurch ein Gitter entsteht

Redox – auf neue Art

Oxidation = **Ab**gabe (2 Buchstaben)
Reduktion = **Auf**nahme (3 Buchstaben)

Moment mal – Oxidation war doch eine **Aufnahme** von Sauerstoff! Das schon, wird Ihnen der Chemiker sagen, aber die Begriffe Oxidation und Reduktion werden heute allgemeiner gefasst als früher – und das kommt so: Metalle wie Magnesium können nicht nur in Sauerstoff, sondern auch in Chlor oder Stickstoff verbrennen, jedenfalls ähneln sich die Reaktionen sehr. Wenn man sich nun genauer ansieht, was bei diesen Reaktionen eigentlich geschieht, so erkennt man, dass das Magnesium immer Elektronen abgibt: $2\,Mg \rightarrow 2\,Mg^{++} + 4 \cdot e$. Gleichzeitig nimmt der

Moderne Festlegung

Oxidation: Elektronenabgabe

Reduktion: Elektronenaufnahme

Reaktionspartner, also beispielsweise der Sauerstoff, Elektronen auf: $O_2 + 4 \cdot e \rightarrow 2O^{--}$. Insgesamt ergibt sich daraus die Reaktion $2\,Mg + O_2 \rightarrow 2\,MgO$. Dies würde mit Chlor oder Stickstoff auf gleiche Weise ablaufen. Der Kern der Reaktion ist also eine **Elektronenabgabe** (eine Oxidation im neuen Sinne), die gleichzeitig mit einer **Elektronenaufnahme** (einer Reduktion im neuen Sinne) abläuft.

Woran man eine Säure erkennt

Bei Säuren rot, bei Laugen blau

Dieser Merkspruch bezieht sich auf **Lackmuspapier**. Erinnern Sie sich? Das sind schmale Papierstreifen, die man in Flüssigkeiten hält und beobachtet. Nimmt das Papier eine rötliche Färbung an, so ist die Flüssigkeit eine **Säure**, bei blauer Färbung handelt es sich um eine **Lauge** (oder, was dasselbe ist: eine Base). Übrigens enthält auch Rotkohl einen Farbstoff, der entsprechend reagiert, abhängig von den Zubereitungsbedingungen kann er also durchaus Blaukraut werden. Beispiele für Säuren sind Salzsäure, Essigsäure, Schwefelsäure und Zitronensäure. Soweit man ihren Geschmack testen kann (das darf man natürlich nur an Säuren, die auch in Lebensmitteln vorkommen, denn Säuren können stark ätzend sein!), schmecken sie sauer, was ihnen auch den Namen gegeben hat. Aber was macht die Stoffe chemisch gesehen zu einer Säure? Betrachten wir zur Klärung dieser Frage die **Salzsäure**. Sie ist chemisch gesprochen Chlorwasserstoff *HCl*. Löst man Chlorwasserstoff in Wasser, so bilden sich Chlor-Ionen und sogenannte *Hydronium*-Ionen: $HCl + H_2O \rightarrow Cl^- + H_3O^+$. Der Chlorwasserstoff hat also ein H^+-Ion abgegeben. Ein H^+-Ion ist aber nichts anderes als ein **Proton**, die Salzsäure spendet also ein Proton. Die Eigenschaft, Protonen abgeben zu können, kennzeichnet in der Chemie die Säuren.

Säuren können Protonen abgeben, **Laugen** können Protonen aufnehmen. Beispiel für eine Lauge: In Wasser gelöstes Natriumhydroxid *NaOH* heißt **Natronlauge**.

Die Mischung macht's

Erst das Wasser, dann die Säure, sonst geschieht das Ungeheure!

Zur Herstellung eines Radlers (in Norddeutschland auch Alsterwasser genannt) muss man Bier und Limonade mischen. In welcher Reihenfolge das geschieht, ist mehr oder weniger unerheblich (obwohl Radler-Fans sicherlich spezielle Vorstellungen haben). Will man aber konzentrierte Säure, beispielsweise **Schwefelsäure** H_2SO_4, mit Wasser verdünnen, so ist die Reihenfolge ganz und gar nicht egal: Gießt man Wasser auf Säure, so binden die Schwefelsäuremoleküle zunächst die Wassermoleküle, bevor sie Protonen an sie abgeben. Dabei wird sehr viel Wärme frei, die das Wasser explosionsartig verdunsten lässt und dadurch gefährliche Säurespritzer verursachen kann. Man muss deshalb Säure in Wasser gießen, nie umgekehrt!

Schwefelsäure wird zur Herstellung von Düngemitteln verwendet und befindet sich in Autobatterien. Sie ist stark ätzend.

Ätzend plus ätzend gleich neutral

Säure + Lauge = Salz + Wasser

Sowohl Salzsäure als auch Natronlauge sind für sich genommen ätzende und gesundheitsschädliche Substanzen. Vermischt man sie jedoch, so reagieren sie miteinander und bilden ganz harmlose Stoffe, nämlich Kochsalz und Wasser: $HCl + NaOH \rightarrow NaCl + H_2O$. Diesen Vorgang nennt man **Neutralisation**. Er ist besonders hilfreich, wenn Sie bei Sodbrennen ein Mittel dagegen einnehmen: Sodbrennen entsteht dadurch, dass im Magensaft zu viel

Umkehrung der Reaktion: Natronlauge wird meistens durch Elektrolyse aus Natriumchlorid gewonnen (zu etwa 65 % der Weltproduktion). Dabei wird auch Chlor produziert.

Salzsäure enthalten ist. Diese Säure wird durch das Mittel, das beispielsweise Magnesiumhydroxid oder Aluminiumhydroxid enthält, teilweise neutralisiert – und schon geht es Ihnen wieder besser!

Aquarien-Chemie

Wie ein Fisch im Wasser

Das Wasser in einem Aquarium darf weder zu sauer noch zu alkalisch sein, damit es den Fischen gut geht. (Alkalisch ist eine Flüssigkeit, wenn der Laugenanteil überwiegt.) Der **pH-Wert** gibt die Konzentration der Wasserstoff-Ionen (die das Wasser sauer machen) bzw. der Hydroxid-(*OH-*)Ionen (die das Wasser alkalisch machen) an. Neutrale Lösungen haben den pH-Wert 7, darunter ist das Wasser sauer, darüber alkalisch. Von Stufe zu Stufe steigt die Konzentration der Ionen um den Faktor 10. Eine Lösung mit dem pH-Wert 3 enthält also zehnmal so viele Ionen wie eine mit dem pH-Wert 2. Ein Süßwasseraquarium muss leicht sauer sein (pH = 6,5), in einem Meerwasseraquarium geht es alkalischer zu (pH = 8,5).

pH-Werte

Magensäure: 1,4
Regen: 5,5
Trinkmilch: 6,8
Wasser: 7
Backpulverlösung: 8,2
Seifenlösung: 10,6

Biologie

»Die meisten von uns – dessen müssen wir uns bewusst sein – lieben ihre Hypothesen, und es ist, wie ich einmal sagte, eine zwar schmerzhafte, aber jung und gesund erhaltende Turnübung, täglich, gewissermaßen als Frühsport, seine Lieblingshypothese über Bord zu werfen.«

Konrad Lorenz
(1903–89)

Der berühmte Zoologe und Graugänsepapa trifft eine Aussage über das einzige Säugetier, das Bücher lesen kann. Eine Möglichkeit für diese wundersame Spezies, die oben beschriebene geistige Turnübung zu machen, ist es, das, was man zu wissen meint, sorgfältig zu überprüfen. Das geht wunderbar, indem man sich in die nächsten Seiten vertieft.

Womit Biologen sich befassen

»Manchmal glaube ich, wir sind keine Familie, sondern ein biologisches Experiment.«
(Al Bundy, *Eine schrecklich nette Familie*)

Biologie: Naturwissenschaft, die sich mit allgemeinen Gesetzmäßigkeiten des Lebendigen und mit den speziellen Besonderheiten der Lebewesen, ihrer Organisation und Entwicklung befasst.

Die Physik und Chemie beschäftigen sich mit Vorgängen der unbelebten Natur. In der dritten Naturwissenschaft, der **Biologie**, geht es um uns selbst, das Lebewesen Mensch. Das heißt: eigentlich um alle **Lebewesen**, aber schließlich gehören wir Menschen ja auch zur belebten Natur. Damit sind wir – wie Al Bundy auf seine Art andeutet – gleichzeitig Beobachter und Beobachtete.

Wie soll man Ordnung in die überwältigende Vielfalt lebender Organismen bringen? Wir versuchen es, indem wir mit den kleinsten Einheiten (den **Zellen**) anfangen und dann zu immer komplexeren Strukturen voranschreiten. Schließlich landen wir bei der selbsternannten Krone der Schöpfung, dem **Menschen**.

Von Plastikbausteinen und Zellen

Alle Lebewesen sind aus Zellen aufgebaut.

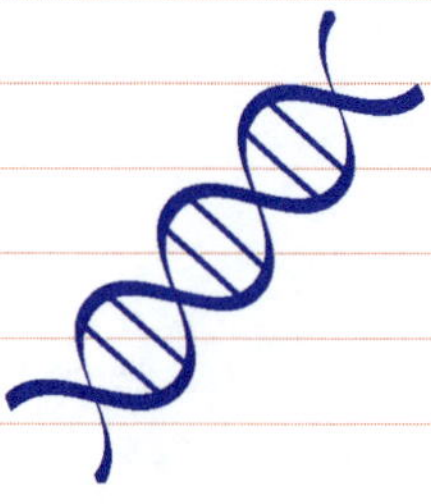

Praktisch jedes Kind (und so mancher Erwachsene) spielt gern mit dem Plastik-Baustein-System eines bekannten dänischen Herstellers. Mit den Steinen lassen sich alle denkbaren Kreationen verwirklichen: Gebäude, Schiffe, Autos, Kräne, Raumfahrzeuge und vieles mehr. Bei aller Verschiedenheit haben die Modelle immer eines gemeinsam: Sie sind aus genormten Grundbausteinen zusammengesetzt. Diese Steine können normal dick oder flach, starr oder beweglich sein oder auch verschiedene Farben besitzen, sie sind aber immer so gestaltet, dass sie sich mit den anderen Steinen zusammensetzen lassen. Genau nach diesem Prinzip funktionieren auch alle Lebewesen: So verschiedenartig sie uns auch erscheinen mögen, alle sind aus Grundbausteinen zusammengesetzt – den **Zellen**. Jeder Mensch hat etwa 40 Billionen Zellen. Es gibt unter anderem Blutzellen, Haarzellen, Muskelzellen und Eizellen, aber immer sind es Zellen! Andere Lebewesen wie beispielsweise Bakterien bestehen nur aus einer einzigen Zelle.

Lebensdauer von Zellen: Von wenigen Tagen (Darmepithelzellen) über etwa 120 Tage (rote Blutkörperchen) bis zum Tod des Individuums (ein Teil der Nervenzellen)
Größe von Zellen: Rotes Blutkörperchen = 8 µm; menschliche Eizelle = 200 µm. Dabei ist 1 µm = 0,001 mm (1 µm = 1 Mikrometer).

Körpereigene Fabriken

Zytoplasma, Vakuole, Membran, Mitochondrium, Ribosom

Was haben all diese Begriffe gemeinsam? Erstens: Sie kamen mit an Sicherheit grenzender Wahrscheinlichkeit in einem der Biologietests vor, die Sie mal geschrieben haben. Zweitens: Sie bezeichnen allesamt Dinge, die in einer (pflanzlichen) Zelle zu finden sind, daher auch ihre Eignung für den Test. Wir rufen jetzt die Bedeutung der Begriffe ins Gedächtnis zurück!

Tierzellen haben im Gegensatz zu Pflanzenzellen keine Zellwand.

Betrachtet man eine pflanzliche Zelle durch ein Mikroskop, so sieht man, dass sie von einer festen Hülle, der **Zellwand**, umgeben ist. Im Innern findet man zum einen die von einer Membran umgebene **Vakuole**, die in Wasser gelöste Stoffe enthält. Der nicht von der Vakuole ausgefüllte Raum ist dem gallertartigen **Zytoplasma** vorbehalten, das wiederum alle **Organellen** enthält, unter anderem den **Zellkern**, der die Vorgänge in der Zelle steuert und die Erbinformation enthält, die **Mitochondrien**, in denen die Zellatmung stattfindet, und die **Ribosomen**, die Eiweiß herstellen. Alles in allem funktioniert die Zelle wie eine Fabrik, in der verschiedene Abteilungen unter der Leitung des Zellkerns Rohstoffe entgegennehmen, sie passend umwandeln und nicht Brauchbares als Abfall wieder nach draußen befördern.

Pantoffel-Held

»Im Mai 2007 hat die Deutsche Gesellschaft für Protozoologie auf einer Tagung in Salzburg einen Einzeller des Jahres gewählt.«
(Meldung der Deutschen Gesellschaft für Protozoologie)

Diese Meldung ist wahrscheinlich nicht auf den Titelseiten der Zeitungen gelandet, aber immerhin verhalf sie dem **Pantoffeltierchen** zu begrenztem Ruhm – es hat nämlich die begehrte Auszeichnung erhalten. Dieses Tierchen besteht wirklich nur aus einer einzigen Zelle, die aber alle Aufgaben übernimmt: Die Zellhaut ist mit mehr als 10.000 Wimpern bestückt, die dem Tierchen, also der Zelle, durch rhythmisches Schlagen die Fortbewegung ermöglichen.

Das Pantoffeltierchen
Länge: zwischen 0,05 und 0,32 mm
Vorkommen: nur in Süßwasser (Seen, Tümpel, Pfützen)

Unter der Zellhaut lagern kleine spitze Stäbchen aus Eiweiß, mit denen bei Bedarf Gegner unter Beschuss genommen werden können. Nahrungspartikel, die über den **Zellmund** ins Innere gelangen, werden in besonderen Vakuolen eingeschlossen, die durch die Zelle wandern, während die Nahrung in ihnen verdaut wird. Schließlich werden die unverdaulichen Reste am **Zellafter** wieder nach draußen befördert. Fortpflanzen kann das Tierchen sich natürlich auch, und zwar wahlweise sogar auf zwei Arten: Geschlechtlich (zwei Tiere legen sich aneinander und verschmelzen an den Mundregionen) oder – wesentlich häufiger – ungeschlechtlich (durch Zellteilung).

Forschung an Embryonen?

»Die Aussicht auf Heilung bisher unheilbarer Krankheiten rechtfertigt es, Zellen von einem Embryo sehr frühen Stadiums zu nehmen.«
(Ian Wilmut, *1944, Embryologe am Roslin-Institut)

»Die Liebe Gottes macht keinen Unterschied zwischen dem neu empfangenen Kind, das sich noch im Leib seiner Mutter befindet, und dem Kleinkind.«
(Papst Benedikt XVI., *1927)

In den Zitaten geht es um das Für und Wider der **embryonalen Stammzellenforschung**. Forscher hoffen, mithilfe von **Stammzellen** aus frühen menschlichen Embryos Therapien für schwere Krankheiten wie Krebs, Alzheimer und Diabetes entwickeln zu können. Verschiedene gesellschaftliche Gruppierungen wie beispielsweise die katholische und die evangelische Kirche sind aus ethischen Gründen gegen solche Forschungen.
Was aber ist eine Stammzelle? Zellen wachsen, indem sie sich teilen. Gleichartige Zellen bilden zusammen sogenanntes **Gewebe**, beispielsweise Muskelgewebe. Die **Organe**, wie die Lunge oder das Herz, sind aus mehreren Geweben aufgebaut. Um Gewebe bilden zu können, die verschiedenen Zwecken dienen, müssen Zellen die Fähigkeit besitzen, sich zu **spezialisieren**. Mit zunehmender Spezialisierung verlieren die Zellen jedoch ihre Teilungsfähigkeit. Es gibt aber auch in vielzelligen Organismen unspezialisierte Zellen, die ihre Teilungsfähigkeit nicht verlieren. Solche Zellen sind die Stammzellen. Für die Forschung sind sie ideal, weil man ihnen Aufgaben zuweisen und dann entsprechendes Gewebe produzieren und weiterverwenden kann.

> *Stammzellen findet man nicht nur in Embryos, sondern auch in geborenen Menschen. Die Entwicklungsmöglichkeiten embryonaler Stammzellen sind jedoch größer.*

Geklonte Frösche und Schafe

1966: Der britische Biologe John Gurdon stellt Klone des afrikanischen Krallenfrosches her, indem er Kerne von Darmwandzellen in entkernte Eizellen einschleust.

Wie macht man aus einem Albino-Krallenfrosch ganz viele? John Gurdon fand heraus, wie es geht: Man entferne aus den Eizellen normaler Krallenfrösche die Zellkerne und setze stattdessen neue Zellkerne ein, die aus den Darmzellen des Albino-Frosches stammen. Aus diesen manipulierten Eizellen entwickeln sich dann lauter Albinos, die ansonsten aber ganz normale Frösche sind. Man nennt sie **Klone**. Das Albino-Experiment wirkt auf den ersten Blick wie eine unsinnige Gen-Spielerei, aber man kann zwei sehr wichtige Dinge daraus lernen. Erstens: Der Zellkern muss Informationen über den Aufbau des Lebewesens enthalten. Und zweitens: Irgendeine beliebige Darmzelle enthält die gesamte Information über den Aufbau eines Krallenfrosches! Heute weiß man, dass jede spezialisierte Zelle den Bauplan für das gesamte Lebewesen enthält.

Erstes geklontes Säugetier: Schaf Dolly (1996–2003)

Pflanze oder Tier?

Was ist der Unterschied zwischen einer Pflanze und einem Tier?

Leicht zu beantwortende Frage, werden Sie sagen: Eine Pflanze ist so etwas wie eine Rose oder ein Baum und ein Tier ist so etwas wie ein Hund oder ein Frosch! Aber die Biologen wollen es genau wissen, und leider zeigt sich: Je genauer man hinschaut, desto weniger klar ist die Antwort. Im Biologie-Unterricht haben Sie wahrscheinlich Folgendes gelernt: **Tiere** können im Unterschied zu **Pflanzen** ihre Energie nicht durch **Fotosynthese** gewinnen, sie ernähren sich stattdessen von anderen tierischen oder pflanzlichen Organismen und benötigen **Sauerstoff** zur Atmung; die meisten Tiere sind **ortsbeweglich** und mit **Sinnesorganen** ausgestattet. Dies ist eine gängige, aber wissenschaftlich unbefriedigende Einteilung, weil sie schwammig ist. Eine sachlich einwandfreie Einteilung gelingt nur mithilfe genauer Untersuchungen des **Zellaufbaus**, auf die wir hier nicht eingehen können. Die Gemeinsamkeiten überwiegen aber: Sowohl die Pflanzen als auch die Tiere besitzen Zellen mit Zellkern – sie sind sogenannte **Eukaryoten**.

Zu den Eukaryoten (Lebewesen mit Zellkern) gehören folgende vier Bereiche: **Protisten** (Protozoen, Algen, Schleimpilze, Eipilze), **Pilze**, **Pflanzen** und **Tiere**.

Von Blüten und Bienen

»Ein Gänseblümchen liebte sehr ein zweites gegenüber, drum rief's: ›Ich schicke mit 'nem Gruß dir eine Biene rüber!‹ Da rief das andere: ›Du weißt, ich liebe dich nicht minder, doch mit der Biene, das lass' sein, sonst kriegen wir noch Kinder!‹«
(Heinz Erhardt, 1909–79, Komiker)

Alle **Blütenpflanzen** sind vom Prinzip her gleich aufgebaut, nur hat die Natur, um die Schüler und Schülerinnen zu verwirren, unzählige Variationen geschaffen. Die **Kirschblüte** ist besonders übersichtlich und dient uns jetzt als Beispiel.

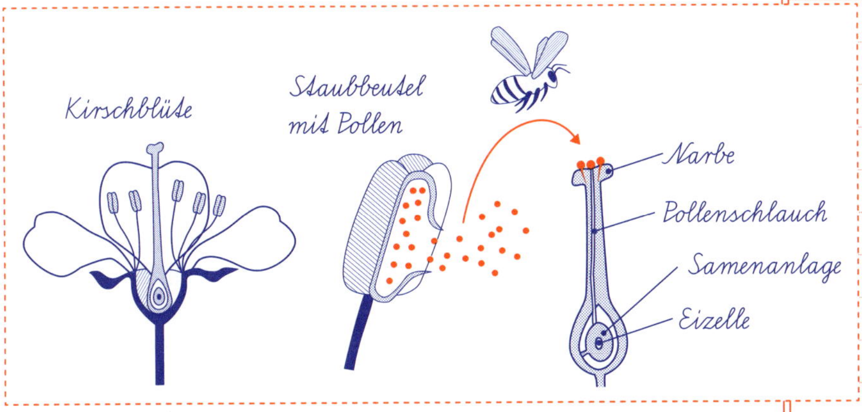

Die Akteure des Schauspiels Fortpflanzung sind: Kirschbaum 1, Kirschbaum 2 und eine Biene. Am Kirschbaum 1 finden wir **Staubbeutel mit Pollen** (die männlichen Geschlechtsorgane), die gerade reif sind und platzen. Die Biene landet auf einer Blüte des Kirschbaumes 1 und saugt Nektar. In ihrem Haarpelz bleiben dabei Pollen hängen. Diese nimmt sie mit zu Kirschbaum 2, bei dem gerade die **Narbe** empfangsbereit ist (sie ist klebrig). An der Narbe streift die Biene zufällig entlang, die Pollen bleiben daran haften. Aus jedem Pollenkorn wächst nun ein **Pollenschlauch** heraus. Einer dieser Schläuche dringt als erster in die Samenanlage (das weibliche Geschlechtsorgan) der Blüte ein, zerplatzt und befruchtet die dort liegende **Eizelle**. Aus dieser befruchteten Eizelle wird dann die leckere Kirschfrucht, in deren Stein sich der **Samen** befindet. Falls die reife Kirsche zu Boden fällt und wir sie nicht vorher aufessen, kann aus dem Samen ein neuer Kirschbaum werden!

Die Kirsche (und auch das Gänseblümchen) sind Zwitter: Jede Blüte hat sowohl männliche als auch weibliche Geschlechtsorgane. Die **Fremdbestäubung** überwiegt aber bei Weitem die **Selbstbestäubung**.

Der kleine Unterschied

Das weibliche Symbol sieht aus wie ein Spiegel, den Frauen immer bei sich tragen. Das männliche Symbol hingegen erinnert an Speer und Schild für den jagenden Mann.

Die Sexualität, also die geschlechtliche Fortpflanzung, ist bei vielen Pflanzen- und Tierarten und nicht zuletzt natürlich auch beim Menschen offenbar ein Erfolgsmodell, und mit der Eselsbrücke kann man sich die Symbole gut merken: ♀ steht für weiblich, ♂ für männlich. Aber warum muss Fortpflanzung aus biologischer Sicht so umständlich sein? Warum gibt es beispielsweise den Menschen in zwei Versionen, als Mann und als Frau? Und warum müssen die meisten Männer und Frauen einen beträchtlichen Teil ihres Lebens damit verbringen, zueinander zu finden? Die Antwort der Biologie lautet: Nur so können die Gene von Generation zu Generation immer wieder neu gemischt werden. Dadurch steigen die Überlebenschancen der **Art** (nicht des einzelnen Individuums), wenn sich die Lebensbedingungen ändern. Sexualität vergrößert die Variationsbreite der Nachkommen!

Das klingt jetzt natürlich ziemlich sachlich und ernüchternd. Daran, dass die Sexualität eine für uns Menschen sehr schöne Erfindung ist, werden aber auch noch so wissenschaftlich fundierte Aussagen nichts ändern können.

Die Sexualität gibt es vermutlich seit ca. 600 Mio. Jahren. Sie entstand wahrscheinlich im Neoproterozoikum.

Fichte oder Tanne?

Die Fichte sticht, die Tanne tut es nicht.

Können Sie – auch ohne den Stechtest – eine Fichte von einer Tanne unterscheiden? Oder denken sie einfach nur an einen Weihnachtsbaum, egal welcher Art Nadelbaum sie begegnen? Hier ein paar weitere Unterscheidungsmerkmale: Die Tannennadeln sind nur seitlich angeordnet, die der Fichte gehen um den ganzen Ast herum; die Tanne hat eine eher runde Krone, die Fichte läuft nach oben spitzer zu; die Zapfen der Tanne stehen aufrecht, die der Fichte hängen nach unten; die Tanne (wie sie in unseren Breiten vorkommt) hat eine eher glatte Rinde, die der Fichte ist schuppig. Zugegeben: Die Bäume sind sich sehr ähnlich und eine hundertprozentige Trefferquote ist kaum zu erreichen, aber es handelt sich definitiv um verschiedene Pflanzengattungen.

Wichtige Nadelbaumarten:
Eibe, Kiefer, Fichte, Lärche, Lebensbaum, Mammutbaum, Tanne, Wacholder, Zeder, Zypresse

Wachstums-Spuren

Erfahrungen sind die Jahresringe der Menschen.
(Paul Hörbiger, 1894–1981, österr. Schauspieler)

Die bekannten **Jahresringe** der Bäume, die dieses Sprichwort bildlich verwendet, entstehen dadurch, dass ein Baum nicht nur in die Höhe, sondern auf eine ganz spezielle Art auch in die Breite wächst. Dafür ist das **Kambium** zuständig, eine dünne Wachstumsschicht, die nach innen Holz und nach außen **Bast** bildet. Bast und **Borke** ergeben zusammen die **Rinde** des Baumes.

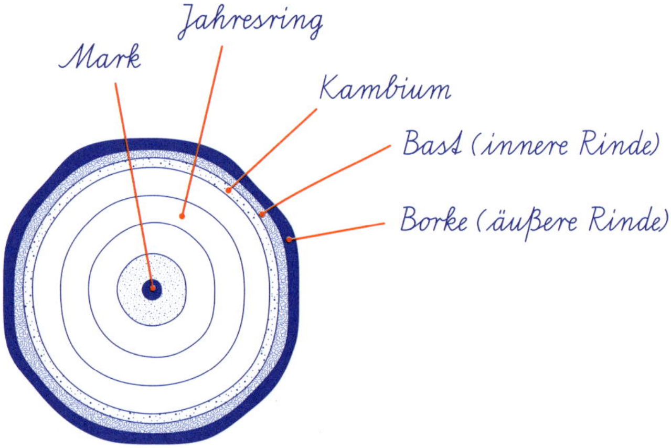

Die Holzproduktion des Kambiums unterliegt jahreszeitlichen Schwankungen: Im Frühjahr werden größere und heller erscheinende **Wasserleitgefäße** angelegt, im Spätsommer entstehen mehr dunkle Festigungselemente. So ist das Holz im jährlichen Rhythmus mal dunkler und mal heller und der Stamm zeigt im Querschnitt die schönen Jahresringe.

Baumrekorde
Höchster Baum der Welt: ein **Mammutbaum** im Redwood-Nationalpark in Kalifornien (115,5 m)
Älteste Bäume der Welt: **Langlebige Kiefern** in den White Mountains, ebenfalls in Kalifornien (4800 Jahre)

Was wäre, wenn?

Stellen Sie sich einmal vor, es gäbe von jetzt auf nachher keine Pflanzen mehr.

Wovon würden wir uns ernähren, wenn es keine Pflanzen gäbe? Vielleicht sagen Sie: Dann essen wir eben nur Tiere, beispielsweise Rinder, und die Vegetarier haben Pech gehabt. Aber wovon leben Rinder? Genau: Sie fressen Gras, und das gibt es ja nicht mehr. Wenn wir uns nun aber nur von Tieren ernähren, die selbst Tiere fressen? Sie sehen schon, worauf es hinausläuft: Weiter vorn in der **Nahrungskette** tauchen zwangsläufig die Pflanzen auf. Menschen und Tiere können Nährstoffe nicht selbst herstellen, das können nur Pflanzen! Ohne die Pflanzen müssten wir früher oder später verhungern. Und es kommt noch dicker: Bevor es auf der Erde Pflanzen gab, existierte in der Atmosphäre auch kein Sauerstoff, denn dieser wird von den Pflanzen produziert. Mit anderen Worten: Wir würden nicht nur verhungern, sondern auch ersticken.
Ohne die Pflanzen könnte die Welt zwar vielleicht irgendwie funktionieren, aber Tiere und Menschen gäbe es auf keinen Fall.

Seit etwa 2,7 Mrd. Jahren gibt es in der Atmosphäre Sauerstoff. Zum Vergleich: Das Alter der Erde beträgt ca. 4,5 Mrd. Jahre. Den Menschen in heutiger Form (als Homo sapiens sapiens) gibt es seit etwa 160.000 Jahren.

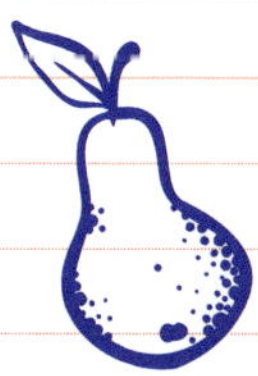

Die Pflanze: Eine biochemische Fabrik

»... am 17. August 1771 brachte ich einen Minzezweig in eine Luftmenge, in der eine Wachskerze erloschen war, und fand, dass am 27. desselben Monats eine neue Kerze gut darin brannte.«
(Joseph Priestley, 1733–1804, Naturforscher)

Sie haben beim Lesen des letzten Abschnitts bestimmt schon erraten, auf welchen fundamentalen biochemischen Prozess wir zusteuern: die **Fotosynthese**. Sicherlich erinnern Sie sich noch, dass diese etwas mit den grünen Blättern der Pflanzen zu tun hat, aber was? Tatsächlich steckt im **Chlorophyll**, dem grünen Blattfarbstoff, das Geheimnis der Fotosynthese. Chlorophyll kommt in den **Chloroplasten** vor, die Bestandteil jeder Pflanzenzelle sind.

Fotosynthese als chemische Formel: $6H_2O + 6CO_2 \rightarrow C_6H_{12}O_6 + 6O_2$ (Wasser und Kohlenstoffdioxid reagiert zu Zucker und Sauerstoff.)

Die Chloroplasten funktionieren wie kleine Fabriken, in denen durch Stoffumwandlung Produkte hergestellt werden: Die Rohstoffe, also die Produktionsmittel, sind **Wasser** (aus dem Boden) und **Kohlenstoffdioxid** CO_2 aus der Atmosphäre. Die für die Produktion benötigte **Energie** liefert das Sonnenlicht (daher Fotosynthese, *photo* stammt aus dem Altgriechischen und bedeutet *Licht*). Aus diesen Zutaten stellt die Pflanze nun folgende Produkte her: **Zucker** bzw. **Stärke** (Stärke besteht aus Zuckermolekül-Ketten) sowie **Sauerstoff** – also genau die Dinge, die wir zum Essen und vor allem zum Atmen brauchen! Dabei ist der Sauerstoff für die Pflanze so etwas wie Abgas, denn sie benötigt ihn nicht – aber wir Menschen (und auch Wachskerzen) sind darauf angewiesen!

Über Regenwürmer

Populäre Annahmen:

1. Es gibt kein Vorn und Hinten.
2. Zerschneidet man aus Versehen bei der Gartenarbeit einen Wurm, so entstehen daraus zwei komplette neue Würmer.
3. Bei Regen kriechen die Regenwürmer aus dem Boden, um zu trinken.

Alle drei Behauptungen sind falsch! Erstens: Wenn vorn dort ist, wo die Nahrung hineingeht, und hinten dort, wo die Reste wieder herauskommen, dann gibt es Vorn und Hinten: Das eine Körperende ist der (von einem Lappen überdeckte) **Mund**, das andere der **After**. Zweitens: Nur der vordere Teil ist überlebensfähig, und auch nur, wenn er lang genug ist (genügend Segmente besitzt); der hintere

Teil stirbt ab. Und drittens: Warum Regenwürmer bei Regen ins Freie kriechen, hat die Wissenschaft noch nicht zweifelsfrei aufklären können. Lange Zeit vermutete man, dass sie vor dem Erstickungstod im versickernden Regenwasser flüchten, aber in letzter Zeit ist man sich da nicht mehr ganz sicher. Jedenfalls kommen die Würmer ganz bestimmt nicht zum Trinken nach oben und müssen auch, so bald es geht, wieder im Boden verschwinden, weil sie sonst austrocknen.

Daten zum Regenwurm

Länge: je nach Art zwischen 6 und 30 cm

Lebenszeit: 3 bis 8 Jahre (!)

Was Insekten sehen

Warum ist es so schwer, eine Fliege zu fangen?

Ein Grund dafür ist, dass Fliegen optische Reize wie beispielsweise die sich nähernde Menschenhand sehr schnell verarbeiten können. Sie verfügen wie alle Insekten über **Facettenaugen**. Diese bestehen aus sehr vielen zusammenhängenden länglichen Einzelaugen, die jeweils mithilfe von starren Chitinlinsen das Licht auf Sehzellen bündeln. Wie gut die **räumliche Auflösung** ist, hängt von der Zahl der Einzelaugen ab. Wir können uns schlecht in ein Insekt hineindenken, aber das Bild, das das Insekt sieht, wird wohl am ehesten einem grob gerasterten Zeitungsfoto ähneln. In dieser Hinsicht liefert das menschliche Linsenauge bessere Ergebnisse. Auf der anderen Seite ist die **zeitliche Auflösung** des Facettenauges besser als die des Linsenauges: Es gibt Insekten, die bis zu 300 Bilder pro Sekunde verarbeiten können – der Mensch schafft nur etwa 60 Bilder pro Sekunde. Wir müssen uns also vorstellen, dass die Fliege aufgrund der höheren Verarbeitungsgeschwindigkeit die Menschenhand gewissermaßen in Zeitlupe auf sich zukommen sieht und sich wundert, wieso jemand, der sich so langsam bewegt, glaubt, sie erwischen zu können!

Das Facettenauge des (im Dunkeln lebenden) Ohrwurms hat 270 Einzelaugen, das der Libelle (die im Fluge Beute fangen kann) bis zu 28.000.

Zirpen gehört zum Handwerk

»Wenn die Nachtigallen aufhören zu schlagen, fangen die Grillen an zu zirpen.«
(Marie von Ebner-Eschenbach, 1830–1916, Schriftstellerin)

Manche Menschen (wohl die meisten) finden das Zirpen der Grillen schön, weil es an laue Sommerabende denken lässt. Andere Menschen nervt es eher. Kleiner Trost: Nur die Männchen zirpen. Man wird sie aber nicht zum Schweigen bringen können, denn das Zirpen dient der Fortpflanzung: Damit sollen die Weibchen angelockt und beeindruckt sowie männliche Konkurrenten ferngehalten werden. Die Zirplaute sind bis zu 50 Meter weit zu hören und werden dadurch erzeugt, dass die Flügel aneinander reiben – genauer gesagt befindet sich an der Unterseite des einen Vorderflügels eine gezähnte Ader, die über die Kante des anderen Vorderflügels rasch hin- und herbewegt wird. Das klingt dann so, als würde man einen Kamm mit groben Zinken schnell über eine Tischkante ziehen – nur viel lauter!

Andere Partnersuchmethoden im Tierreich: Absonderung von **Duftstoffen** (z. B. bei Schmetterlingen); Aussendung von Licht durch **Leuchtorgane** (z. B. bei Leuchtkäfern)

Tierische Verwandlungskünstler

Wie lange lebt eine Eintagsfliege?

Die Antwort »einen Tag lang« ist natürlich falsch! Das liegt daran, dass Insekten mehrere Verwandlungsstufen durchlaufen, von denen wir bei der Eintagsfliege nur die letzte wahrnehmen. Wir durchforsten unser schulbiologisches Gedächtnis und erinnern uns: Aus den **Eiern** schlüpfen **Larven**, aus den Larven werden nach mehreren Häutungen **Puppen** und aus diesen wiederum das fertige Insekt, die **Imago**. Schmetterlinge durchlaufen alle Stufen vollständig, wobei die **Raupen**, die man auf Blättern finden kann, die Larven sind. Jeder Schmetterling war in seiner Jugend eine Raupe! Andere Insekten durchlaufen die Stufen nur unvollständig und verpuppen sich nicht. Zu diesen gehören auch die Eintagsfliegen: Ihr Larvenstadium dauert ein bis zwei Jahre, und in dieser Zeit halten sie sich unauffällig an Fließgewässern auf und ernähren sich von abgestorbenen Pflanzenteilen oder Tieren. Nach der letzten Häutung leben sie tatsächlich nur noch wenige Tage oder sogar nur Stunden. Nun sehen wir sie, weil sie herumfliegen und auf Partnersuche sind. Ihre einzige Aufgabe besteht jetzt bloß noch darin, sich zu paaren. Dann sterben sie.

Innerhalb der Ordnung der Eintagsfliegen gibt es weltweit etwa 3000 Arten. Etwa 300 davon kommen in Europa vor.

Welche Ameisen haben Flügel?

An einem bestimmten Tag im Frühjahr sieht man plötzlich Ameisen mit Flügeln. Woher kommen sie?

Ameisen leben in **Staaten** mit einem genau festgelegten sozialen Gefüge und einer strikten Arbeitsteilung. Es kommen immer folgende **Kasten** vor: **Königinnen** (geschlechtlich aktive Weibchen), **Arbeiterinnen** (geschlechtlich inaktive Weibchen) und **Männchen**. Die Arbeiterinnen sind zahlenmäßig am stärksten vertreten und haben keine Flügel. Sie gehen auf Futtersuche und versorgen die Königin bzw. die Königinnen (es kann je nach Art mehrere geben) sowie die Brut des Staates.
Die Ameisen mit Flügeln sind also die Männchen und Jungköniginnen. Sind sie geschlüpft (bei heimischen Arten Anfang Mai), so findet an einem ganz bestimmten Tag der **Hochzeitsflug** statt: Begleitet von den Arbeiterinnen verlassen die geflügelten Tiere den Bau, anschließend

Ameisen gehören zu den am häufigsten vorkommenden Tieren überhaupt: Es gibt etwa 10 Billiarden Ameisen.

fliegen sie los und begatten sich in der Luft. Für die Männchen war es das dann auch schon: Sie sterben kurz nach dem Flug. Die befruchteten Jungköniginnen gründen entweder einen neuen Staat oder kehren zu ihrem Bau zurück. Einige Ameisenarten akzeptieren mehrere Königinnen, bei anderen setzt dann ein Verdrängungswettbewerb ein, an dessen Ende eine einzige Königin übrig bleibt.

Die Scholle: ein ganz besonderer Fisch?

»Das Pflanzenfett dazugeben und die Schollen darin zuerst auf der weißen Seite und anschließend auf der dunklen Seite braten.«
(Aus einem Rezept für Schollen nach Finkenwerder Art)

Haben Fische denn nicht zwei gleiche Seiten? Doch, im Prinzip schon, aber die **Scholle** ist ein Ausnahmefisch: Junge Schollen sehen zunächst aus, wie man es erwartet: Sie schwimmen aufrecht im Wasser und besitzen zwei gleiche Körperhälften. Haben sie aber eine bestimmte Größe erreicht, geschieht etwas Merkwürdiges: Ein Knorpel zwischen den Augen bildet sich zurück und das linke Auge wandert langsam auf die rechte Hälfte; Nase und Mund wandern ebenfalls. Die (nun augenlose) linke Hälfte nimmt eine blasse Farbe an und wird zur Unterseite, die rechte Hälfte verdunkelt sich und ist jetzt die Oberseite.

Die Flunder ist ebenfalls ein Plattfisch und wird auch Butt genannt.

Die Vielfalt des Lebens

Klasse Ordnung herrscht in der **Familie**, wenn der **Gatt**e **art**ig ist.

In jeder Biologie-Sammlung kann man präparierte Vögel bewundern. Welche ausgestopften Exemplare gab es in Ihrer Schule? Vielleicht Schleiereule, Waldkauz, Fasan, Stockente oder Saatkrähe? Insgesamt existieren weltweit etwa knapp 10.000 Vogelarten, sodass die Sammlung nur einen winzigen Ausschnitt der Vogelwelt veranschaulichen kann. In dieser Vielfalt den Überblick zu behalten, ist nicht leicht. Die Biologen haben sich daher ein System aus Ober- und Unterbegriffen ausgedacht, das für Ordnung sorgen soll. Mit dem Spruch kann man sich die Reihenfolge der Begriffe merken, wobei es von Stufe zu Stufe immer spezieller wird. Beispielsweise gibt es in der **Klasse** der Vögel die **Ordnung** der Hühnervögel (Galliformes), innerhalb dieser die **Familie** der Fasanenartigen (Phasianidae) und in dieser die **Gattung** der Edelfasanen (Phasianus), von der schließlich der Fasan eine **Art** ist.

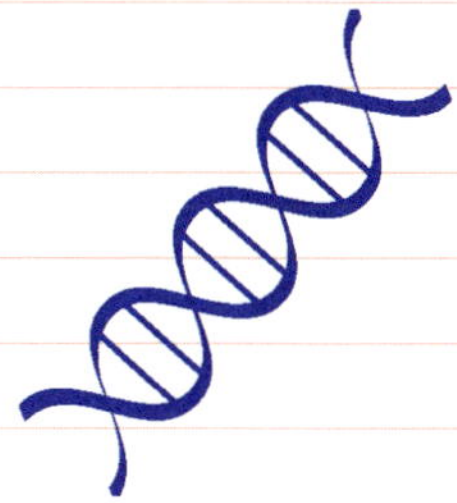

Diese Systematik ist nicht auf Vögel beschränkt, sondern ordnet die gesamte Tierwelt. Dabei ist die Klasse selbst ein Unterbegriff des ***Stammes*** *und dieser wiederum des* ***Reiches****.*

Unauffällige Überlebenskünstler

Ein Spatz in der Hand ist besser als eine Taube auf dem Dach.

Wir empfinden den **Spatz** (eigentlich: Haussperling) als nichts Besonderes. Das mag daran liegen, dass er relativ klein und unauffällig ist. Früher kam er auch in sehr großen Zahlen vor, allerdings sind die Bestände in der zweiten Hälfte des 20. Jahrhunderts stark zurückgegangen. Erst seit der Spatz vor einigen Jahren in die **Vorwarnliste bedrohter Arten** aufgenommen wurde, ist eine gewisse Erholung eingetreten.

Verbreitungsgebiet des Spatzes: fast weltweit, kommt nicht in Nordsibirien, China, Japan und Westaustralien vor

Spatzen sind gesellige Tiere, und zwar in mehrfacher Hinsicht: Als **Kulturfolger** halten sie sich dort auf, wo auch Menschen sind, und es kümmert sie offenbar nicht, dass die Menschen sie nicht sonderlich beachten. Auf Nahrungssuche gehen sie auch gemeinsam: Findet ein Spatz eine Futterquelle, ruft er die Artgenossen herbei und frisst auch selbst erst, wenn alle anderen da sind. Aber wenn Spatzen auch gern gemeinsam durch die Bäume ziehen: Ihr Lebenswandel ist ansonsten ganz und gar nicht flatterhaft. Die meisten Spatzen sind monogam und gehen eine lebenslange Partnerschaft ein. In jedem Frühjahr findet das Paar wieder zusammen und zieht neue hungrige und lärmende Jungspatzen groß.

Woher die Säugetiere kommen

»Rückgratthiere mit rothem, warmen Blute, die Lungen athmen, vier Füße, und fleischig muskulöse Bedeckungen der Mundhöhle, Lippen, haben, lebendige Junge gebären, und diese in der ersten Lebensperiode aus ihren Brüsten mit Milch säugen.«
(Aus einem Lehrbuch der Naturgeschichte und Zoologie aus dem Jahr 1842)

Die Tierklasse der Säugetiere wird auf altertümliche, aber immer noch gültige Weise beschrieben. Wir Menschen hören es ja nicht ganz so gern, aber zoologisch betrachtet sind auch wir Säugetiere und es stellt sich die Frage: Woher kommen wir? Das herauszufinden ist wiederum nicht leicht, denn wir können nur auf lückenhafte Fossilienfunde zurückgreifen.

Es gilt aber als gesichert, dass die **Reptilien** die Ahnen der Säugetiere sind, und dass eine frühe Verzweigung stattfand, an der sich **Synapsiden** (säugerähnliche Reptilien) entwickelten. Schrittweise wurden daraus die heutigen Säugetiere und der Mensch. Man nimmt an, dass es Säugetiere seit etwa 200 Millionen Jahren gibt. Das kommt einem wie ein sehr langer Zeitraum vor, aber gemessen am Alter der Erde (4,5 Milliarden Jahre) handelt es sich um eine ziemlich aktuelle Entwicklung.

Man unterscheidet heute etwa 5500 Säugetierarten.

Was Hänschen nicht lernt

»In Altglienicke ist gestern ein zehn Monate altes Baby vom Schäferhund der Familie angefallen und gebissen worden.«
(Aus der Berliner Zeitung)

Wie kommt es bloß, dass ein ruhiger und pflegeleichter Hund plötzlich ein Familienmitglied beißt? Wenn wir das herausfinden wollen, dürfen wir den Hund nicht mit menschlichen Normen messen. Wir müssen zur Kenntnis nehmen, dass ein Hund sich so verhält, wie er sich aus biologischen Gründen verhalten muss: Er ist ein **Rudeltier**, und in einem Rudel gibt es eine klare Hierarchie. Wenn wir uns einen Hund anschaffen, ist die Familie das Rudel, und der Hund muss lernen, dass er nicht das Oberhaupt ist, sondern dass alle anderen Familienmitglieder über ihm stehen. Dieser Lernprozess gelingt am besten im Welpenalter: Der Hund wird ausgeglichen und sozial, wenn ihm von klein auf gezeigt wird, was er darf und was nicht. Jeder Hundehalter muss diese biologischen Gesetze berücksichtigen – ein Hund ist einfach von Natur aus nicht demokratiefähig!

Stammvater des Hundes ist der **Wolf**. Durch gezielte Züchtung entstand nach und nach der **Haushund**. Heute gibt es mehr als 400 Hunderassen.

Ohren-Sausen

Afrikanische Elefanten haben lange Ohren,
Indische Elefanten haben winzige Ohren.

Wir alle haben im Biologie-Unterricht gelernt, dass man afrikanische und indische Elefanten anhand der Größe ihrer Ohren unterscheiden kann. Übrigens gibt es außer den indischen (eigentlich: asiatischen) und den **afrikanischen Elefanten** noch die **Waldelefanten**, die in den Regenwäldern Westafrikas leben und kleine Ohren haben.

Die großen Ohren des afrikanischen Elefanten haben nichts mit seinem Hörvermögen zu tun. Sie sind eine Anpassung an die Lebensbedingungen: In der **Savanne**, seiner Heimat, ist es sehr heiß. Da er nicht schwitzt, hat er wenig Chancen, die aufgestaute Wärme loszuwerden. Und nun kommen die Ohren ins Spiel: Sie sind auf der schattigen Innenseite von einem dichten Aderngeflecht durchzogen und nehmen die Wärme des dort hineingepumpten Blutes auf. Durch Wedeln mit den Ohren wird die Wärme schneller an die Luft abgegeben. Die Ohren sind also so etwas wie große bewegliche Kühlrippen. Die beiden anderen Elefantenarten benötigen so große Ohren nicht, da sie in (kühleren) Waldgebieten leben.

Der Elefant
Größe: bis 4 Meter
Gewicht: zwischen 2 und 5 Tonnen

Die Krone der Schöpfung

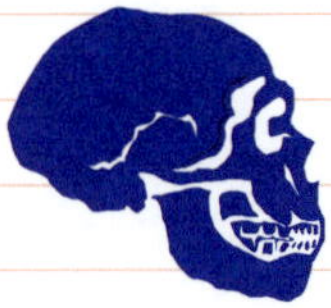

Der Mensch stammt vom Affen ab.

So formuliert ist die Aussage ungenau. Leider hört man sie allzu häufig. Richtig ist: Schimpansen, Orang-Utans, Gorillas, Bonobos und Menschen haben **gemeinsame Vorfahren**. Andere Behauptungen über die ersten Menschen mussten inzwischen jedoch revidiert werden. Beispielsweise stimmt es nicht, dass es Menschen seit 600.000 Jahren gibt. Die Wissenschaftler meinen heute, dass der biologisch moderne Mensch erst seit 160.000 Jahren existiert. Es ist auch falsch, dass es Neandertaler vor dem Menschen gab. Denn der Mensch (Homo sapiens) und der Neandertaler koexistierten, nur in verschiedenen Gegenden: Menschen in Afrika, Neandertaler in Europa. Ob sich die beiden Arten begegneten, ist umstritten.

Mensch in der biologischen Systematik: *Höheres Säugetier*
Ordnung: *Primaten*
Unterordnung: *Trockennasenaffen*
Familie: *Menschenaffen*

Tragende Teile

Zum Bücken und Heben die Knie bewegen.

Wenn man schwere Gegenstände falsch hebt, kann das zu Rückenschäden bis hin zum Bandscheibenvorfall führen. Doch was ist eine Bandscheibe und was ein Bandscheibenvorfall? Wir rufen uns kurz den prinzipiellen Aufbau der **Wirbelsäule**, dem zentralen tragenden Teil unseres **Skeletts**, ins Gedächtnis: Sie besteht aus 24 freien Wirbeln und – nach unten anschließend – dem Kreuz- und dem Steißbein. Die **Wirbelbögen** umschließen einen Kanal, in dem das **Rückenmark** verläuft, unsere zentrale Nervenbahn. Zwischen den Wirbeln befinden sich die **Bandscheiben**: Faserknorpel mit einem relativ festen äußeren Ring aus Bindegewebe und einem weichen, gallertigen Kern, die die Wirbel verbinden und Stöße abfedern. Beugt man sich nach vorn, werden die Bandscheiben gequetscht. Die Belastung ist besonders groß, wenn man etwas aus dem Kreuz hebt. Wenn man Pech hat, wird dabei die Bandscheibe so stark in Mitleidenschaft gezogen, dass die weiche Kernmasse in den Wirbelkanal quillt und dort auf die Nerven drückt. Dann hat man einen Bandscheibenvorfall erlitten. Um die Wirbelsäule zu schonen, sollte man immer aufrecht gehen, gerade sitzen und aus den Knien heben!

Querschnittslähmung: Unterbrechung der Nervenleitung im Rückenmark

Fotosynthese umgekehrt

Man isst, um zu leben, und lebt nicht, um zu essen.

Wie dem auch sei: Wir alle brauchen **Nährstoffe**. Unser Körper kann drei Arten von Nährstoffen verwerten: **Kohlehydrate**, **Fette** und **Eiweiße**. Dabei sind die Eiweiße **Baustoffe**, während die Kohlehydrate und Fette **Brennstoffe** sind. Die Verbrennung darf man sich natürlich nicht wie ein loderndes Feuer vorstellen, aber chemisch gesehen findet tatsächlich ein Verbrennungsprozess statt, nämlich eine Reaktion mit Sauerstoff. Diesen atmen wir über die Lunge ein

Chemische Formel für die Glukose-Verbrennung:
$C_6H_{12}O_6 + 6O_2 \rightarrow 6CO_2 + 6H_2O$

und er gelangt mit dem Blut zu den Zellen. Die Verbrennung der Kohlehydrate funktioniert nun beispielsweise so: Sie werden im Darm in ihre Bausteine, **Glukose**-Moleküle, zerlegt. Die Glukose reagiert in den Körperzellen mit dem **Sauerstoff** zu **Kohlenstoffdioxid** und **Wasser**, wobei **Energie** frei wird, die wir zur Aufrechterhaltung unserer Körperfunktionen benötigen. Das Kohlenstoffdioxid gelangt über den Blutkreislauf in die Lunge und wir atmen es aus.

Der beschriebene Prozess (ein Teil der Zellatmung) ist also ein Energiebeschaffer. Er kehrt die Fotosynthese der Pflanzen genau um.

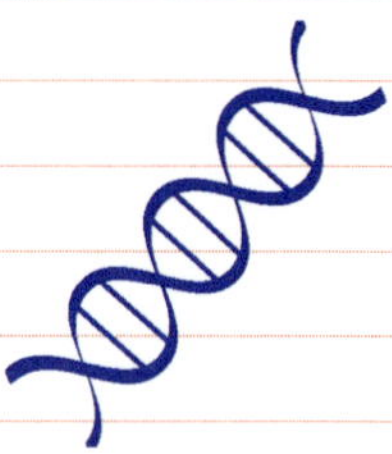

Die schönste Nebensache

»Sind die Organe im Körper wirklich so gelb und grün?«
(Grundschüler zu den Abbildungen im Sexualkunde-Atlas)

Der berühmte, 1969 herausgegebene *Sexualkunde-Atlas* mit seinen knallbunten Abbildungen markiert einen Meilenstein der Bildungspolitik: Mit ihm hielt das Thema Sexualität erstmals Einzug in die bundesdeutschen Klassenzimmer. Das rief in vielen Kreisen Empörung hervor, denn »darüber redet man nicht«. Heute ist der Sexualkundeunterricht etabliert und es gibt wohl keine Jugendlichen mehr, die völlig unaufgeklärt aufwachsen. Hier eine kleine Auffrischung der rein biologischen Fakten: Bei ihrer Geburt besitzt eine Frau etwa 200.000 nicht ausgereifte **Eizellen**, nach der Geburt kommen keine neuen mehr hinzu. Nur etwa 400 von ihnen reifen im Laufe des Lebens der Frau heran. Jeden Monat verlässt ein **Follikel** den Eierstock (Eisprung). Beim männlichen Geschlecht sieht es so aus: Der Körper des Mannes erzeugt laufend neue **Spermien**. Bei jedem Samenerguss werden etwa 40 bis 600 Millionen nach außen geschleudert. Meist nur ein einziges Spermium schafft den Hauptgewinn in dieser sehr chancenarmen Lotterie, findet die Eizelle und befruchtet sie.

Follikel: Einheit aus Eizelle und umgebenden Hilfszellen

Bakterien: Freunde und Feinde

»Ein Kuss ist der Austausch von Bakterienkulturen, allerdings nicht zu Forschungszwecken.«
(Karl Farkas, 1893–1971, Schauspieler und Kabarettist)

Bakterien nützen und schaden uns. **Darmbakterien** helfen bei der Verdauung und verhindern die Ansiedlung von Fremdkeimen, **Hautbakterien** schützen vor Infektionen. Andere Bakterien machen uns krank, verursachen **Diphtherie**, **Tuberkulose** oder **Tetanus**. Sie vermehren sich explosionsartig in unserem Körper und besiegeln damit auch ihr eigenes Schicksal: Entweder besiegt der Kranke die Bakterien, oder er stirbt. In beiden Fällen berauben sich die Bakterien aber ihrer eigenen Lebensgrundlage. Schlauer sind da die nützlichen Bakterien, die mit unserem Körper im Gleichgewicht sind. Ein Neugeborenes besitzt zunächst kaum Bakterien und erhält eine Grundausstattung von der Mutter. Später finden weitere Bakterienaustausche statt. Bakterien sind einzellige Lebewesen ohne Zellkern. Im Gegensatz zu den meistens viel kleineren **Viren** können Bakterien sich selbst fortpflanzen. Viren dringen in Körperzellen ein und programmieren diese so um, dass sie neue Viren produzieren.

Durchmesser
Bakterien: ca. 0,5–20 µm
Viren: ca. 0,02–0,7 µm

Wissenschaftliches Erbsenzählen

UNI – SPA – UNA

Klingelt es bei Ihnen? Wenn Sie in Ihrem Schulgedächtnis graben, müsste Ihnen bei diesem Merkspruch Folgendes in den Sinn kommen: Mendel, Erbsen, Vererbungsregeln. Es geht hier also um Vererbung, genauer um **klassische Genetik**. Gregor Mendel (1822–84) untersuchte systematisch, wie bestimmte Merkmale von Erbsen, beispielsweise die Blütenfarbe, von Generation zu Generation weitergegeben werden.

Die drei Mendelschen Regeln:
Uni-formitätsregel
Spa-ltungsregel
Una-bhängigkeitsregel

Dabei stellte er fest, dass gewisse Merkmale unterdrückt werden (rezessiv) und andere sich durchsetzen (dominant). Kreuzt man beispielsweise Erbsen mit roten und weißen Blüten, so setzt sich die rote Blütenfarbe durch. Die weiße Farbe ist aber nicht verschwunden, sondern taucht zu einem bestimmten Prozentsatz in der darauffolgenden Generation wieder auf. Seine Ergebnisse fasste Mendel in den drei Vererbungsregeln zusammen, an die der Merkspruch erinnert.

Biologie im Dienste der Polizei

»Die Polizei hat den vollständigen genetischen Fingerabdruck des Mörders der 12-jährigen Ulrike ermittelt. Damit ist eine Überführung des Täters durch einen DNA-Abgleich zweifelsfrei möglich, sobald ein Verdächtiger ermittelt wird.«
(Aus einem Magazin)

Was genau ist eigentlich der sogenannte genetische Fingerabdruck? Hier eine kurze Erinnerung an Grundlagen aus der Genetik: In jeder Körperzelle befinden sich die fadenartigen **Chromosomen**. Sie bestehen aus langen **DNA-Molekülen**, die mit verschiedenen Proteinen verwickelt sind. Die DNA (Desoxyribonukleinsäure, das *A* kommt vom englischen Wort *acid* für Säure) ist der Träger der Erbinformation. Ihr Molekül hat die Gestalt einer sehr langen Strickleiter, deren Sprossen von den vier Basen **Adenin**, **Thymin**, **Cytosin** und **Guanin** gebildet werden. Die Zusammensetzung und Reihenfolge dieser Sprossen bestimmt die Erbinformation.

Die DNA einer menschlichen Zelle ist etwa 1,80 m lang.

Die Gene nehmen nur etwa 10 % des DNA-Moleküls ein. Der weitaus größte Teil trägt keine Gene, weist aber ein von Mensch zu Mensch variierendes Muster auf. Dieses Muster charakterisiert einen Menschen eindeutig und ist sein sogenannter genetischer Fingerabdruck. Nur bei eineiigen Zwillingen wird es schwierig. Diese besitzen die gleiche DNA, sodass sie nicht eindeutig zugeordnet werden kann.

Schmetterlinge und die Evolution

»Nichts in der Biologie macht Sinn außer im Licht der Evolution.«
(Theodosius Dobzhansky, 1900–75, Genetiker)

Wie kommt es zu der unglaublichen Vielfalt der Arten auf unserem Planeten? Die Biologie liefert eine durch wissenschaftliche Belege gesicherte Antwort: Es gab die Arten nicht »von Anfang an«, sondern sie sind im Laufe der Zeit durch eine Anpassung, die auf **Mutation** und **Selektion** beruht, entstanden. Das ist der Kern der **Evolutionstheorie**, die auf Charles Darwin (1809–82) zurückgeht. Wie funktioniert eine solche Anpassung? Betrachten wir als Beispiel eine bestimmte Art von Schmetterlingen, die sich in eine überwiegend braune Gegend verirrt. Die Nachkommen werden durch zufällige Variationen der Gene immer etwas verschieden gefärbt sein (Mutation). Diejenigen Tiere, die zufällig den Braunton der Umgebung am besten treffen, überleben eher als die anderen: Sie pflanzen sich fort, während die ungünstig gefärbten Schmetterlinge auffallen und eher gefressen werden, also nicht so viel Nachwuchs haben (Selektion). Nach einigen Generationen bleiben auf diese Weise genau die Schmetterlinge übrig, die der Umgebung am besten angepasst sind. Eine neue Art ist entstanden!

Die **Kreationisten** bekämpfen die Evolutionstheorie. Sie glauben, dass nach der Schöpfung der Welt durch Gott keine neuen Arten mehr entstanden sind.

Explosion des Wissens

»Die Menge an publizierter Information verdoppelt sich seit dem 17. Jahrhundert alle 10 bis 20 Jahre.«
(Derek de Solla Price, 1922–83, Professor für Wissenschaftsgeschichte)

Die biologische Evolution hat uns Menschen mit einem leistungsfähigen Gehirn ausgestattet. Mit diesem Gehirn haben wir die **Sprache** und die **Schrift** entdeckt, das **Feuer** nutzbar gemacht sowie

Ackerbau und **Viehzucht** erfunden. Das entsprechende Wissen geben wir von Generation zu Generation weiter, weshalb ja auch jeder von uns zur Schule gehen muss. Durch diese **kulturelle Evolution** ist unser Leben im Vergleich zu dem unserer nicht sesshaften Vorfahren planbar und sicher geworden, und teilweise überlisten wir auch die biologische Evolution. Wer z. B. nicht gut sehen kann, bekommt – jedenfalls in unseren Breiten – eine Brille. Die Sehfähigkeit ist kein Kriterium für das Überleben der Art Mensch mehr. Misst man das Wissen der Menschheit an der Zahl der veröffentlichten Informationen, so wächst es explosionsartig, aber wie viel nützliches Wissen in den Publikationen steckt und welches Wissen überhaupt nützlich ist, ist schwer zu klären. Sicherlich ist auch viel heiße Luft dabei.

Der Mensch – ein Teil der Natur

»Alles, was gegen die Natur ist, hat auf die Dauer keinen Bestand.«
(Charles Darwin, 1809–82, Begründer der Evolutionstheorie)

Die Forschungsergebnisse der Biologie zeigen, dass wir Menschen nicht über der Natur stehen. Wir sind wie alle anderen Lebewesen aus einer lang andauernden Evolution hervorgegangen und müssen uns als Teile eines großen Systems begreifen, in dem es nicht aufhebbare Abhängigkeiten gibt. Wenn wir mehr Rohstoffe verbrauchen, als nachwachsen können, mehr Treibhausgase in die Atmosphäre blasen, als diese verträgt, mehr Müll (auch Atommüll) produzieren, als wir beseitigen können, und mehr Menschen in die Welt setzen, als auf einem begrenzten Planeten Platz haben, dann sägen wir den Ast ab, auf dem wir sitzen. Die Biologie kann diese Probleme nicht lösen, aber sie führt uns – zusammen mit den anderen Naturwissenschaften – klar vor Augen, wo die Schwierigkeiten liegen. Die Natur kommt ohne die Menschheit aus, die Menschheit aber nicht ohne die Natur.

Größe der Weltbevölkerung
Um Christi Geburt: 300 Mio.
Um 1800: 1 Mrd.
Oktober 2011: 7 Mrd.

Erdkunde

*»Die gefährlichste Weltanschauung ist
die Weltanschauung derer,
die die Welt nie angeschaut haben.«*

*Alexander von Humboldt
(1769–1859)*

Der Begründer der modernen Geografie deutet an, warum es so wichtig ist, etwas über den Planeten zu lernen, auf dem wir alle leben. Da aber nicht jeder über die Möglichkeiten verfügt, so ausgedehnte Forschungsreisen zu unternehmen wie der Naturforscher Humboldt, sind im folgenden Kapitel die wichtigsten Grundlagen des Schulfachs Erdkunde zusammengefasst.

Werden und Vergehen

In einem Land vor unserer Zeit

Am Anfang war der **Urknall**. Aber wissen Sie noch, wann der stattfand und wie alt unsere Erde damit ist? Etwa 4,55 Milliarden Jahre. Von den ersten vier Milliarden werden Sie aber in der Schule wenig gehört haben, da man kaum etwas darüber weiß. Diese Zeit wird als **Präkambrium** bezeichnet. Auch Ihr Erdkundeunterricht wurde vermutlich erst beim **Kambrium** ausführlich, dessen Beginn die Wissenschaftler vor 542 Millionen Jahren ansetzen. Es ist die Zeit, in der die ersten Tiere auftraten: beispielsweise Schwämme mit Kalkskelett oder Trilobiten, kleine Meeresbewohner, die ein bisschen wanzenähnlich aussahen. Das Kambrium bildet zusammen mit Ordovizium, Silur, Devon, Karbon und Perm das **Erdaltertum**, das 291 Millionen Jahre dauerte.

Die Erde ist 4,55 Mrd. Jahre alt.

Im Silur traten die ersten Landpflanzen auf, im Devon die ersten Amphibien. Im Karbon war die Erde von tropischen Wäldern bewachsen, aus denen später Kohle wurde, und von riesigen Insekten und anderen Gliederfüßern bewohnt. Im Perm gab es dann das wohl allergrößte Massensterben der Erdgeschichte. Wahrscheinlich war eine Klimaverschlechterung der Grund.

Das Ende der Dinos

»So klagte der Ichthyosaurus, da ward es ihm kreidig zu Mut, sein letzter Seufzer verhallte, im Qualmen und Zischen der Flut. Es starb zu derselbigen Stunde die ganze Saurierei, sie kamen zu tief in die Kreide, da war es natürlich vorbei.«

Bedenklich, bedenklich, dieses Lied! Da hat sein Autor Joseph Victor Scheffel (1826–86) leider im Unterricht nicht aufgepasst. Denn die Saurier starben nicht zu Beginn der Kreidezeit, sondern an deren Ende. Da lag Steven Spielberg (*1946), der seinen Saurierthriller *Jurassic Park* nannte, richtiger, denn der **Jura** war die Blütezeit der Saurier. Allerdings ließ Spielberg auch Exemplare auftreten, die erst in der Kreidezeit lebten. Der Beginn der Saurierzeit liegt allerdings bereits 235 Millionen Jahre zurück und ist damit in der **Trias** anzusetzen, der ersten Epoche des Erdmittelalters. Das Sauriersterben am Ende der Kreidezeit vor etwa 65,5 Millionen Jahren markiert auch den Übergang vom Erdmittelalter zur Erdneuzeit.

Das Erdmittelalter setzt sich aus Trias, Jura und Kreidezeit zusammen.

Der Wandel der Kontinente

Haben Sie schon von Gondwanaland gehört, der riesigen, neuen Halle im Leipziger Zoo?

Dort werden auf 16.500 Quadratmetern **tropische Pflanzen und Tiere** beherbergt. Namensgeber ist ein **Urkontinent**, der vor ca. 750 Millionen Jahren entstanden sein soll. Er umfasste die Landmasse der heutigen Kontinente Südamerika, Afrika, Australien und Antarktika und dazu Indien. Seinen Namen erhielt er von der indischen Region Gondwana, weil dort erstmals Felsformationen untersucht wurden, die sich in der Epoche des Urkontinents gebildet hatten. Gondwana, davon gehen die Wissenschaftler aus, verschmolz vor etwa 300 Millionen Jahren durch einen Zusammenprall mit dem zweiten Großkontinent **Laurasia** zum Superkontinent **Pangäa** (griech. *Gesamterde*), in dem alle heutigen Kontinente miteinander verbunden waren. Westafrika befand sich im Golf von Mexiko, südlich von Afrika befand sich die Antarktis, während Indien einen keilförmigen Spalt zwischen diesen beiden Landmassen füllte. Den allersüdlichsten Abschluss bildete ein noch längliches Australien, während Eurasien an Nordostamerika anschloss. Vor etwa 150 Millionen Jahren zerbrach Pangäa wieder. Die heutigen Kontinente begaben sich sozusagen auf Wanderschaft über die Erdoberfläche und fanden zu einer neuen Formation zusammen.

Prognosen gehen davon aus, dass sich Ostafrika von Afrika und die iberische Halbinsel von Europa abspalten werden – in etwa 20 Mio. Jahren.

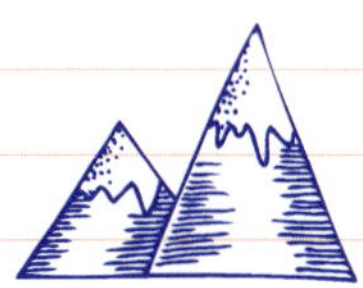

Unter vor Ober

Lies **do**ch **mal** die Epochen des Jura nach!

Alexander von Humboldt untersuchte das Juragebirge und gab der ganzen Epoche diesen Namen.

So heißt ein alter Merkreim, der sich auf die drei Jura-Epochen **Li**as, **Dog**ger und **Mal**m bezieht. Ob man die wirklich kennen muss, wenn man kein Geologe ist, darüber kann man sich natürlich streiten. Zudem spricht man heute eher von **Unter-**, **Mittel-** und **Oberjura**, wobei man beachten sollte, dass der Unterjura (Lias) die älteste und der Oberjura (Malm) die jüngste der drei Epochen ist. Ebenso ist die vorausgehende Trias in **Unter-**, **Mittel-** und **Obertrias** aufgeteilt, die nachfolgende Kreidezeit dagegen nur in **Unter-** und **Oberkreide**. Insgesamt dauerte das Erdmittelalter von etwa 251 bis 65,5 Millionen Jahren vor der Jetztzeit.

Feuer im Inneren

Haben Sie als Jugendlicher auch begeistert Jules Vernes Reise zum Mittelpunkt der Erde gelesen und das viel spannender als alle geologischen Fakten über das Erdinnere gefunden?

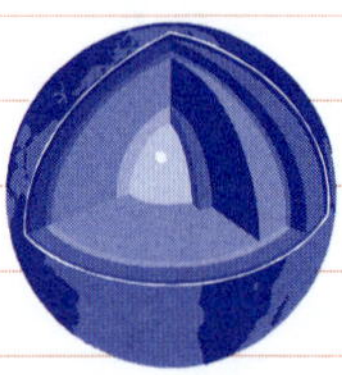

Wenn ja, dann kann ein bisschen Auffrischung über das wahre Innere der Erde nicht schaden. Bis zum Mittelpunkt der Erde sind es vom Meeresspiegel aus 6371 Kilometer. Der innere **Erdkern** hat einen Durchmesser von 2600 Kilometern, ist rund 6700° C heiß, aber trotzdem fest. Da er zu fast 80 Prozent aus **Eisen** besteht, ist er extrem schwer. Der äußere Erdkern ist zusätzliche 2200 Kilometer dick und flüssig. Um den Kern ist der **Erdmantel** gehüllt. Er ist rund 2850 Kilometer dick und ebenfalls vorwiegend fest, obwohl die Temperaturen von bis zu 3500° C eigentlich über dem Schmelzpunkt der Gesteine liegen. Ursache ist der gewaltige Druck, der kein Schmelzen zulässt. Allerdings ist das Gestein plastisch verformbar, in etwa wie Knete. Es wird auch immer wieder verformt, da im Erdmantel ziemlich viel los ist: Kühles Gestein sinkt ab, während heißes nach oben steigt. Diese Bewegung ist Ursache für den **Vulkanismus** und die **Kontinentalverschiebung**. Schließlich ist um das Ganze eine **Kruste** von nur 40 Kilometern Dicke gehüllt. Im Gegensatz zu allen anderen bisher bekannten Planeten weist die Erde zwei verschiedene Krustentypen auf: die **ozeanische** und die leichtere **kontinentale Kruste**. Ozeanische Kruste wird immer wieder durch aufsteigendes Magma am Ozeanboden gebildet.

Wie kann flüssiges Magma entstehen, wenn Erdkruste und Erdmantel fest sind? Durch geologische Anomalien im Erdmantel!

Hart und bunt

Feldspat, Quarz und Glimmer hat der Granit immer.

Granit ist vor allem als besonders **harter Stein** bekannt. Sein Name kommt vom lateinischen Wort *granum* (Korn), weil Granit aus mehreren anderen Gesteinen besteht und eine **körnige Maserung** aufweist. Granit entsteht, wenn in der Erdkruste aufgestiegene Schmelzen verschiedener Gesteine wieder erstarren. Durch Erdbewegung und Abtragung höherer Schichten ist im Lauf der Erdgeschichte Granit an die Oberfläche gelangt. Je nach Anteil der enthaltenen **Minerale** kann Granit gleichmäßig oder ungleichmäßig gemustert sein, eine grob- oder feinkörnigere Maserung haben, eher bläulich oder rötlich gefärbt oder auch sehr kontrastreich gemustert sein.

Granit findet sich in Deutschland z. B. im Bayerischen Wald, im Erzgebirge, im Harz, im Schwarzwald, im Thüringer Wald und in der Lausitz.

Das Geheimnis der Tropfsteine

Stalaktiten hängen runter, Stalagmiten stehen munter!

Mit diesem Spruch kann man sich prima merken, welche Tropfsteine sich von der Decke nach unten bilden und welche vom Boden empor wachsen. Stalaktiten und Stalagmiten findet man oft zusammen. Denn Tropfsteine bilden sich, indem kohlensäurehaltiges Wasser **Kalkstein auflöst**. Es bildet sich Kalkwasser, das bei nachlassender Fließgeschwindigkeit wieder Tropfen bildet, die Kalziumkarbonat (kohlensauren Kalk) ausscheiden. Manche Tropfen bleiben schon an der Decke hängen und **versteinern** dort, andere fallen zu Boden und werden erst dort zu Kalk. Wenn es lange genug tropft, wachsen Stalagmiten und Stalaktiten oft zusammen. Dann spricht man von **Stalagnaten**.

Britisches Sprichwort:
Stalagmites grow from the ground, stalactites come from the ceiling.

Die Grenzen des Eises

Günz, Mindel, Riß und Zwirn, die vierte Kaltzeit ist die Würm.

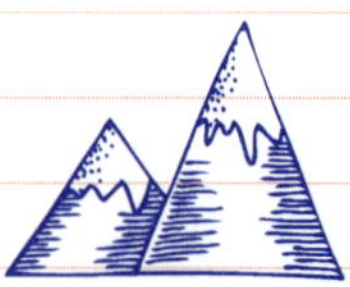

Dies sind, etwas frei nach dem Kabarettisten Hanns Dieter Hüsch (1925–2005) die letzten vier **Kaltzeiten** – im Alpenraum. Konkret heißt das: Die **Alpengletscher** breiteten sich jeweils bis zu den vier **Flüssen** Günz, Mindel, Riß und Würm aus. Parallel dazu stießen die skandinavischen Gletscher in die nordostdeutsche Tiefebene vor. Die letzten drei Kaltzeiten tragen deshalb auf den Norden gemünzt die Namen **Elster**, **Saale** und **Weichsel**. Die letzte dieser Kaltzeiten, die **Würm-Weichsel-Kaltzeit** begann etwa vor 117.000 Jahren und endete vor 12.000 Jahren. Warum spricht man aber von Kaltzeit oder **Glazial** und nicht von Eiszeit? **Eiszeiten** sind Zeiten, in denen die Pole vereist sind, was bedeutet, dass wir immer noch in einer Eiszeit leben. Innerhalb dieser Eiszeit-Epochen aber gibt es Warm-

und Kaltzeiten, und seit 12.000 Jahren genießen wir eine **eiszeitliche Warmphase**.

Über den nicht vereisten Teil Europas erstreckte sich Tundra. Seine Bewohner zogen als Nomaden den Rentierherden nach.

Die Macht des Eises

Moränenhügellandschaft, Grundmoränen, Seitenmoränen, Endmoränenketten, Urstromtäler, Gletscherrandseen, und, und, und ...

Viele Lehrer waren entnervend gründlich, wenn es um die Bildung der deutschen **Gletscherlandschaften** ging. Aber spannend ist die Sache eigentlich schon und lohnt einer Auffrischung, vor allem da man seit der Wiedervereinigung ohne Probleme beides studieren kann: das Alpenvorland und den Nordosten. Da die Gletscher viel Geröll mit sich brachten, formten sie dort abwechslungsreiche, hügelige Moränenlandschaften. Außerdem verdanken die Regionen den Gletschern viel von ihrem Seenreichtum. **Urstromtäler** bildeten sich vor allem im Norden: Sie entstanden immer parallel zum Gletscherrand, da sie vom abfließenden **Schmelzwasser** gebildet wurden. In verschiedenen Stadien der Vergletscherung entstanden so halbwegs parallele Urstromtäler. Das lässt sich besonders gut in Brandenburg beobachten. Dort gibt es das **Berliner Urstromtal**, das von Warschau bis zur Elbe reicht, nördlich davon das **Thorn-Eberswalder Urstromtal**, südlich das **Glogau-Baruther Tal** und das **Breslau-Magdeburger Tal**, das als einziges nicht während der Weichsel-, sondern schon zur Saale-Kaltzeit entstand. Zwischen den Tälern befinden sich Höhenrücken, **Barnim** und **Fläming**, die sich aus Moränenschotter bildeten.

In den Voralpen entstanden keine derart großen Urstromtäler, da die Donau entwässerte.

Der Mantel der Erde

Fünf Schichten der Erdatmosphäre wollen wir uns merken. Direkt über uns befindet sich die **Troposphäre**. Es folgen **Stratosphäre, Mesosphäre, Thermosphäre** und **Exosphäre**. Getrennt sind die Schichten durch deutliche Grenzschichten: Tropopause, Stratopause und Mesopause. Während die Troposphäre über dem Äquator nur 18, über den Polen sogar nur sechs bis acht Kilometer dick ist, sind Stratosphäre und Mesosphäre etwa 35 Kilometer mächtig. Ab der **Mesopause** die im Sommer gut 80, im Winter etwa 100 Kilometer über dem Erdboden liegt, wird die Luft schon extrem dünn. Für die Raumfahrtorganisationen beginnt hier das **Weltall**. Etwa 10.000 Kilometer über dem Erdboden, in der **Exopause**, setzt man dann den endgültigen Übergang zwischen Erdatmosphäre und **interplanetarem Raum** an. Allerdings gibt es keine wirklich klare Trennschicht wie in tieferen Regionen. Die Dichte der Gasteilchen nimmt einfach immer weiter ab.

Verkehrsflugzeuge fliegen gewöhnlich in der Tropopause oder der niedrigen Stratosphäre, da dort recht stabile, ruhige Verhältnisse herrschen.

Die richtige Richtung finden

Im Osten geht die Sonne auf,
im Süden ist ihr Mittagslauf,
im Westen wird sie untergehen,
im Norden ist sie nie zu sehen.

Niemals **o**hne **S**eife **w**aschen!

Verwechseln Sie auch gelegentlich die Himmelsrichtungen? Da das nicht nur Ihnen so geht, hat sich obiger Spruch etabliert, der wie das Ziffernblatt einer Uhr gelesen wird, also oben beginnend und dann über rechts nach links. Also: **N**orden, **O**sten, **S**üden, **W**esten! Da meist aber nur Ost und West das Problem sind, behelfen sich manche auch mit der Frage ***Wo** sind **W**est und **O**st?*, denn im Wort *Wo* stehen die beiden in der richtigen Reihenfolge. Das *W* links und das *O* rechts, also östlich davon.

Längs der Sonne entgegen

Längengrade sind alle gleich lang, zeichnen Längsstreifen auf den Globus und sind auf Karten so senkrecht eingezeichnet wie ein kleines l.

Aber im Grunde ist es wirklich nicht schwer, Längen- und Breitengrade zu unterscheiden. Denn die Namen beziehen sich auf die üblichen, genordeten Karten und auf denen verlaufen Längengrade nun mal längs und Breitengrade quer. Während alle **Längengrade** am **Nordpol** beginnen und am **Südpol** enden und damit gleich lang sind, werden die Breitengrade umso kürzer, je weiter sie vom Äquator entfernt sind. **Längengrade oder Meridiane** spielen vor allem für die Tageszeiten eine Rolle. An allen Orten, die auf demselben Meridian (lat. *circulus meridianus* = Mittagskreis) liegen, ist zur gleichen Zeit Mittag, also Sonnenhöchststand. Ausgangspunkt des Längennetzes ist der Null- oder **Greenwich-Meridian**, der durch das britische Greenwich verläuft. Von diesem aus werden jeweils 179 Grade in westlicher und östlicher Länge gezählt. West- und Ostrichtung treffen sich am 180. Meridian, der dem **Nullmeridian** gegenüberliegt und die **Datumsgrenze** markiert.

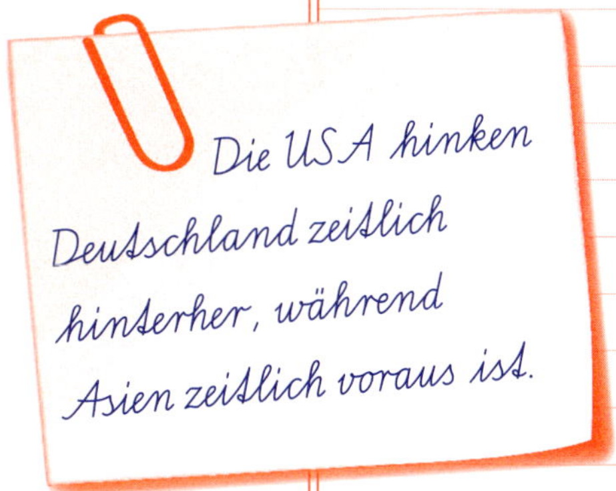

Komplizierte Koordinaten

48° 8' 13,94" N, 11° 34' 31,98" O

Können Sie noch Ortskoordinaten lesen? War da nicht was mit **Minuten** und **Sekunden**? Stimmt! Aber der Reihe nach: Das **N** bedeutet **Nördliche Breite** und verrät, dass der Ort auf der **Nordhalbkugel**

liegt. Auf jeder Halbkugel gibt es **90 Breitenkreise**. Gezählt wird ab dem **Äquator**. Der Ort liegt also etwas weiter nördlich als der 48. Breitenkreis, und zwar um 8 Minuten und 13,94 Sekunden. Dabei sind eine Minute 1/60 Grad und eine Sekunde 1/60 Minute – wie bei der Zeitmessung auch. Eine **Breitenminute** entspricht der Länge einer **Seemeile** (1,852 km). Zur Orientierung: Deutschland liegt zwischen 47° 16' N (Haldenwanger Eck in der Gemeinde Oberstdorf) und 55° 2' N (List-Ellenbogen auf Sylt). Der gesuchte Punkt befindet sich also gut 96 Kilometer nördlicher als Deutschlands Südgrenze. Weiter zur Länge: **O** steht für **Östliche Länge**, also östlich des **Greenwich-Meridians**, und zwar 34 Minuten und 34 Sekunden östlich des 11. Längengrads. Wieder die Orientierung: Deutschland reicht von 5° 52' O (Selfkant, Kreis Heinsberg) bis 14° 59' O (Neißeaue, Kreis Görlitz). Hier kann man Minuten jedoch nicht in Kilometerangaben umrechnen, da die Abstände zwischen den Längengraden zu den Polen hin immer kleiner werden. Trotzdem lässt sich erkennen, dass es sich oben um einen in Deutschland eher östlich gelegenen Ort handelt. Die Lösung: Es ist München, genauer gesagt, der Marienplatz.

Zuerst steht die Breite, dann die Länge. So wie im Alphabet B vor L kommt.

Der Lauf der Sonne

Kommen Sie spontan darauf, was die Wendekreise und die Polarkreise miteinander zu tun haben?

Nun, zum einen sind beides natürlich Breitenkreise der Erde. Die beiden Wendekreise liegen auf 23° 26' N bzw. S, die Polarkreise auf 66° 34'. Alle vier haben aber auch mit der Sonneneinstrahlung zu tun. Am **nördlichen Wendekreis** erlangt die Sonne zur Zeit der **Sommersonnwende** ihren **höchsten**, zur Zeit der **Wintersonnwende** ihren **niedrigsten Stand** im Jahr. Am südlichen Wendekreis ist es genau umgekehrt. Die Polarkreise markieren den Bereich, an dem die Sonne im Sommer gerade für diese eine Sonnwendnacht

Und? Wissen Sie noch, wie dieser Jahresrhythmus entsteht? Die Ursache ist die schiefe Erdachse.

nicht mehr unter bzw. im Winter nicht mehr aufgeht. Zu den Polarkreisen hin nähern sich die Phasen der permanenten Helligkeit oder eben Dunkelheit an. Es wird also in Finnland im Sommer nur ganz kurz dunkel.

Zwischen Regenwald und Wüste

Beschreiben Sie das Wetter der Tropen!

Vorsicht bei der Antwort! Wenn man von tropischem Wetter spricht, dann meint man in der Regel heißes und feuchtes Wetter. Die Tropen aber sind die **Zonen zwischen den Wendekreisen**. Durch die starke Sonneneinstrahlung ist es hier natürlich besonders heiß, doch extrem unterschiedliche Niederschlagsmengen führen zu ebenso **unterschiedlichen Vegetationsformen**, die vom tropischen Regenwald über Feuchtsavanne, Trockensavanne und Dornstrauchsavanne bis zur Wüste reichen. An die Tropen schließen sich die Subtropen an, die in den Sommermonaten Wüstenklima haben, während es im Winter oft regnet. Um die 40. Breitengrade gehen sie in die gemäßigten Zonen mit ausgeprägten Jahreszeiten über, und um die 60. Breitengrade beginnen die Kaltzonen, die man noch mal in Subpolargebiete diesseits der Polarkreise und Polargebiete jenseits unterteilen kann.

Berggebiete stellen immer klimatische Inseln dar. So liegt auf dem Kilimandscharo, der sich fast am Äquator befindet, Schnee.

Das System der Winde

Wind und **W**etter kommen meist aus **W**est.

Wenn man sich in der **W**estwindzone befindet, schon. Aber war da nicht irgendetwas mit Passatwinden, Rossbreiten usw.? Stimmt! Um die Erde gibt es einen Wind- und **Druckgürtel** mit verschiedenen Zonen. Das liegt an der unterschiedlichen Sonneneinstrahlung. Am

Äquator steigt die heiße Luft nach oben und bildet damit eine stabile **Tiefdruckrinne**, während die kalte Luft an den Polen am Boden liegen bleibt und ein ebenso stabiles Hoch bildet. Dazwischen tut sich eine Menge. Die **Passatzone** deckt sich ungefähr mit den **Tropen**. Durch die Drehung der Erde wird die bodennahe Luft abgelenkt. Es entsteht ein gleichmäßiger aus Nordosten bzw. Südosten wehender Wind, den die portugiesischen Seefahrer Passat nannten (*passar* = vorbeiziehen), da er einen wunderbaren, verlässlichen Rückenwind für ihre Entdeckungsfahrten nach Westen abgab. Tückisch dagegen waren die **Rossbreiten**, die um die **30. Breitengrade** liegen. Hier sinkt die am Äquator nach oben gestiegene Luft wieder ab. Es entstehen stabile **Hochdruckgebiete**, in denen kaum Wind herrscht. Zwischen den Hochgürteln der Rossbreiten und den polaren Hochdruckgebieten entsteht jedoch in den gemäßigten Breiten, also etwa zwischen dem 40. und 60. Grad, ein Tiefdruckgürtel, in dem vorwiegend Westwinde herrschen. Da sich hier subtropische und polare Luftmassen treffen, ist das Wetter besonders unbeständig und wechselhaft.

Die Rossbreiten heißen so, weil die Seefahrer früher oft ihre Pferde schlachteten, wenn sie zu lange in der Flaute dümpelten.

Im Jetstream

Wissen Sie, in welcher Richtung ein Flug zwischen Europa und Amerika kürzer ist?

Wer es noch nicht selbst erlebt hat, könnte leicht auf den Gedanken kommen, es sei der Hinflug. Schließlich dreht sich die Erde von Westen nach Osten. Amerika kommt dem Fliegenden also entgegen. Doch vielleicht erinnern Sie sich noch, in der Schule etwas von Jetstreams gehört zu haben. Jetstreams sind **Windbänder** in der **Tropo- und Stratosphäre**, die durch das Wechselspiel der verschiedenen Hoch- und Tiefdruckgürtel entstehen. Sie sind mit bis zu

540 Stundenkilometern die schnellsten natürlichen Winde, die es überhaupt gibt, und wehen ziemlich verlässlich. Die vier wichtigsten und größten Jetstreams sind Westwinde, die zwischen dem 20. und 30. oder zwischen dem 40. und 60. Breitengrad wehen. Sie werden für Flüge von West nach Ost genutzt und verleihen den Flugzeugen einen Schub, der das »Entgegendrehen« der Erde bei den Ost-West-Flügen mehr als wettmacht.

Jetstream und Jetlag sind beide nach den Jumbojets benannt.

Schwierige Voraussage

Fallendes Barometer schlechtes Wetter, steigendes Barometer gutes Wetter

Das stimmt zwar oft, aber korrekt müsste es heißen: Fallendes Barometer, fallender Luftdruck, also naht ein Tiefdruckgebiet. Steigendes Barometer, steigender Luftdruck, also naht ein Hochdruckgebiet. Zwar gehen **Tiefdruckgebiete** mit **veränderlichem** und damit oft schlechtem **Wetter** einher, während **Hochdruckgebiete** für **stabile** und gute **Wetterlagen** sorgen, trotzdem kann auch steigender Luftdruck unerfreuliches Wetter bringen, bzw. ein Tief zu schönem Wetter führen. Wenn bereits gutes Wetter herrscht und das Barometer keine Reaktion zeigt, dann kann man getrost davon ausgehen, dass der aktuelle Zustand bestehen bleibt.

Um ein Hochdruckgebiet strömt der Wind im Uhrzeigersinn, um ein Tiefdruckgebiet gegen den Uhrzeigersinn.

Westwind zwischen den Fronten

Azorenhoch und Islandtief ...

... bestimmen unser Wetter. Aber wie genau? Nun, sowohl das Hoch südlich der Azoren als auch das Tief bei Island gibt es eigentlich ständig. Das **Azorenhoch** bildet sich am Rand des **Jetstreams** und

Siebenschläferregel: Hat sich Ende Juni/Anfang Juli ein stabiles Hoch gebildet, dann bleibt es meist mehrere Wochen bestehen.

das Islandtief entsteht durch das Zusammentreffen der kontinentalen Kaltluft aus **Grönland** und der wärmeren Luft über dem **Golfstrom**. Doch je nach Jahreszeit und anderen Begleitumständen sind sie verschieden stark und damit beeinflussen sie die Westwinde, die zwischen ihnen hindurchmüssen, auf ganz unterschiedliche Weise. Je größer die Druckunterschiede zwischen beiden sind, desto eher kann feuchte Luft aus dem Westen nach Europa strömen. Sind die Druckunterschiede dagegen gering, dann hat das kontinentale Russlandhoch eine gute Chance, sich bis nach Westeuropa auszubreiten und für stabile, trockene Wetterlagen zu sorgen.

Im Bann des Russlandhochs

Moskau liegt ungefähr auf demselben Breitengrad wie Glasgow. Aber warum ist es dort so viel kälter?

See- und Kontinentalklima sind des Rätsels Lösung. Erinnern Sie sich? Wasser erwärmt sich langsam und gibt auch nur langsam wieder Wärme ab, sodass die Luft, die über den Atlantik zu uns kommt, erstens feucht und zweitens im Winter eher mild und im Sommer eher kühl ist. Je länger sie aber über Land streicht, desto mehr Kälte nimmt sie im Winter auf, bis es schließlich in Sibirien ganz bitterlich kalt wird. Außerdem wird die Luft immer trockener. Die Sommer können dafür dank Kontinentalklima sehr heiß werden.

Die kälteste je in bewohntem Gebiet gemessene Temperatur waren –72,0° C in Oimjakon in der Republik Jakutien in Nordostsibirien.

Regentröpfchen

Hat man auch Ihnen den Wasserkreislauf der Erde anhand des kleinen Regentropfens nahegebracht, der vom Himmel fällt, ins Meer gerät und dank der Verdunstung wieder in den Himmel aufsteigt?

So weit, so klar. Aber was muss noch mal geschehen, damit er wieder als Regen herunterfällt? Wahrscheinlich wissen Sie auch das noch. In der Höhe **kondensiert** der **Wasserdampf** dank der dort herrschenden Kälte wieder zu Wasser oder gar zu Eis. Aber warum fällt er dann nicht sofort wieder runter? Das liegt daran, dass die sich bildenden **Wolkentröpfchen** zunächst mal so klein und leicht sind, dass sie **schweben**. Gibt es aber sehr viele dicht auf dicht, dann knallen sie ständig zusammen, **verschmelzen** und werden schwer genug, um **abzuregnen**. Wo es sehr feucht und heiß ist und große Mengen Wasser verdunsten, regnet es tatsächlich sofort wieder. Etwa am Äquator, wo Sie fast täglich nachmittags oder abends mit Regen rechnen können. Auch in feuchten, heißen Sommern bei uns erlebt man dieses Wechselspiel. Tagsüber verdunstet das Wasser, abends gibt es Gewitter, am nächsten Tag beginnt das Spielchen von vorn.

Wenn sich viel feuchte Luft im Bergvorland staut, kommt es oft zu Stau- oder Steigungsregen.

Launisches Wetter

Bei Frauen und Zirren
kann man sich manchmal irren.

Zirruswolken sind zerfranste **Federwolken**, die malerische Bilder an den Himmel zaubern. Sie können sich zu **Zirrocumuluswolken** aufhäufen oder zu **Zirrostratusschleiern** verdichten. Zirren bilden sich, wenn **Warmluft** aufsteigt und in der Höhe **zu Eis** wird. Das kann ganz harmlos sein. Wenn aber eine ganze Warmfront auf kältere Luftmassen trifft und dabei dichte Zirren bildet, dann kann es zu lang anhaltendem **Landregen** kommen, im Sommer

Im 19. Jh. wurden Zirruswolken noch genutzt, um einen Hurrikan vorauszusagen.

auch zu **Gewittern**. Gewaltig schlechtes Wetter verheißen Zirren vor allem dann, wenn sie schnell immer dichter werden und die Sonne milchig verhängen, aus Südwest aufziehen, sich gegen den Uhrzeigersinn drehen oder kommaartige Häkchen bilden. Aber wie gesagt: Ganz sicher ist das nie!

Saison des Schreckens

June – too soon, July – be shy, August – must,
September – remember, October – over.

Dass dieser Spruch auf Englisch ist, hat seinen Sinn, denn er bezieht sich auf **Hurrikans** und die entstehen nun mal in der Regel in der **Passatwindzone** des Atlantiks und suchen dann **Mittelamerika** und die **USA** heim. Hurrikans haben Saison, da sie nur über Wasserflächen entstehen, die 26,5 Grad warm sind. Im Juni ist es deshalb noch zu früh, ab Juli muss man misstrauisch sein, im August treten garantiert welche auf, im September sollte man immer noch damit rechnen und im Oktober ist es dann vorbei. In der Regel! Doch das Erdklima unterliegt Veränderungen. Im Hurrikanrekordjahr 2005 gab es mit Stan, Vince, Wilma und Beta gleich vier Hurrikans im Oktober und einen (Epsilon) sogar im November. Wilma war zudem der stärkste Wirbelsturm, der je im Atlantik gemessen wurde. Neben einer großen, **warmen Wasserfläche** brauchen Hurrikans für ihre Entstehung noch einen **Kern**, etwa ein **Tiefdruckgebiet**, und einen gleichmäßigen, aber starken **Temperaturabfall** von der Wasserfläche nach oben. Dadurch werden große Massen feuchtwarmer Luft in die Höhe gesaugt und dort verwirbelt.

2005 bildeten sich auch erstmalig seit 1842 wieder zwei Hurrikans vor der europäischen Küste.

Auf allen sieben Kontinenten

Südamerika, Nordamerika, Afrika, Antarktis, Europa, Asien, Australien, das sind nach gängiger Definition die sieben Kontinente der Erde, und vor allem die **Antarktis** wird leicht vergessen. Möglicherweise hat man in Ihrer Schulzeit Nord- und Südamerika noch zusammengefasst, das gilt aber als veraltet, da sie geologisch gesehen getrennt sind. Mittelamerika und die Karibik werden dabei Nordamerika zugerechnet. Dafür gelten Europa und Asien aufgrund der verschiedenen kulturellen Traditionen weiterhin als zwei Kontinente, obwohl sie geologisch eigentlich zusammengehören.

Warum ist die Antarktis ein Kontinent, die Arktis aber nicht? Weil sich nur unter dem arktischen Eis ein Landsockel befindet.

Die Weltmeere

Über alle sieben Meere …

Die sieben Weltmeere sind die amerikanische Karibik, das arktische Nordpolarmeer, der Pazifische Ozean, der Indische Ozean, der Atlantische Ozean, das australasiatische Meer zwischen Australien und Südchina und das europäische Mittelmeer. Allerdings ist diese Einteilung aus der Piratenzeit etwas veraltet. Überhaupt stammt die Einteilung in sieben Meere aus der Antike und bezog sich da vor allem auf verschiedene Regionen des Mittelmeeres, später gehörten dann etwa das Kaspische Meer, die Ostsee oder das Chinesische Meer dazu, weil sie für die zeitgenössische Schifffahrt relevant waren. Irgendwann – vielleicht auch in Ihrer Schulzeit – hat man dann nur noch Atlantik, Pazifik

Das Südpolarmeer ist nur durch den 60. Breitengrad von Atlantik, Pazifik und Indik getrennt, aber ein eigenes Ökosystem.

und den Indischen Ozean als Weltmeere gelten lassen. Heute neigt man dazu, auch das Nordpolar- und das Südpolarmeer als eigenständig anzusehen. Manchmal werden Atlantik und Pazifik auch in einen nördlichen und einen südlichen Teil geteilt, um wieder auf sieben zu kommen. Aber das ist im Grunde Nostalgie und macht vom wissenschaftlichen Standpunkt aus wenig Sinn.

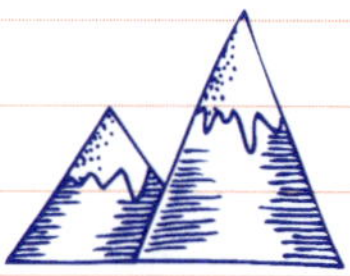

Grenzenlos

Wo endet Europa?

Was hat man Ihnen beigebracht? Im Norden, Westen und Süden ist die Sache unstrittig. Aber wie ist es um den Osten bestellt? Wahrscheinlich fällt Ihnen der **Ural** ein. Das stimmt. Der nicht ganz 2000 Meter hohe und etwas über 2000 Kilometer lange Gebirgszug in Russland gilt traditionell als **Grenze zwischen Europa und Asien**. Und natürlich bilden **Bosporus** und **Dardanellen** ebenfalls einen Teil dieser Grenze. **Istanbul** ist damit die einzige Stadt, die **auf zwei Kontinenten** liegt. Aber was ist dazwischen? Die Antwort: Es gibt keine offiziell festgelegte Grenze zwischen Asien und Europa. Manche sehen die Wasserscheide des Kaukasus als Grenze an, andere eher die Niederung des Flusses Manytsch nördlich des Kaukasus. In der Praxis spielt es keine Rolle. Wenn man etwa die Kaukasusländer, auch jene, die südlich der Wasserscheide liegen, wie Armenien und Aserbaidschan, in europäische Gremien einbindet, dann ist das eine rein politische Entscheidung. An der OSZE (Organisation für Sicherheit und Zusammenarbeit in Europa) nehmen sogar noch Kirgisistan, Tadschikistan, Turkmenistan und Usbekistan teil, die geografisch nun wirklich nichts mehr mit Europa zu tun haben.

Rechnet man den Kaukasus zu Europa, ist Europas höchster Berg nicht der Mont Blanc (4810 m), sondern der Elbrus (5642 m).

Wo Europa regiert wird

Bukarest ist die Hauptstadt Rumäniens, Budapest die des Pusztalandes Ungarn.

Das wäre schon mal eine Eselsbrücke für zwei Städte, die manche gerne verwechseln. Was ist noch schwierig? Die Schweiz etwa mit **Bern**, das nicht einmal offiziell, sondern nur **de facto Hauptstadt** ist. Oder das kleine **Liechtenstein** mit **Vaduz**. Und dann die vielen Länder, die seit der Schulzeit der Älteren zu Europa dazugekommen sind: Serbien mit Belgrad, die Slowakei mit Bratislava (Pressburg), Moldawien mit Chișinău, die Ukraine mit Kiew, Slowenien mit Ljubljana (Laibach), Weißrussland mit Minsk, Montenegro mit Podgorica, der Kosovo mit Priština, Lettland mit Riga, Bosnien und Herzegowina mit Sarajewo, Mazedonien mit Skopje, Estland mit Tallin (Reval), Albanien mit Tirana, Litauen mit Vilnius und Kroatien mit Zagreb. Nicht neu, aber ebenfalls oft aus dem Blickfeld: Zypern mit Nikosia und Malta mit Valetta.

In Andorra, San Marino, Monaco, Luxemburg und dem Vatikan heißen die Hauptstädte wie die Länder selbst.

Verwirrende Metropolen

Wie halten Sie es mit den Hauptstädten der Welt?

Sind Sie ein Hauptstadt-Fan, dessen Ehrgeiz es ist, möglichst viele der gegenwärtig **194 Hauptstädte** dieser Erde zu kennen, oder tun Sie sich eher schwer? Leider kann man sich unter Hauptstadt-Fans mit Fehlern leicht blamieren. Dabei ist es mit manchen Ländern tatsächlich nicht einfach, da nicht die größte und bekannteste Stadt Hauptstadt ist: Die Hauptstadt von Australien beispielsweise ist Canberra, nicht Sydney, Brasilien wird von Brasilia aus regiert, Indien von Neu-Delhi, Kanada von Ottawa. Die Hauptstadt von Marokko ist Rabat, nicht Casablanca, die von Neuseeland Wellington, nicht Auckland, die von Nigeria Abuja, nicht Lagos und die von Bolivien Sucre, obwohl La Paz Regierungssitz ist. Die Regierung von Pakistan sitzt in Islamabad, nicht in Karatchi, die von Tansania in Dodoma, nicht in Daressalam, die türkische in Ankara, nicht in Istanbul und – das sollte man aber wirklich wissen – der Regierungssitz der Vereinigten Staaten von Amerika befindet sich natürlich in Washington, nicht etwa in New York. Dort ist nur der Hauptsitz der UN.

Seit 2005 ist nicht mehr Yangon (früher Rangun) Hauptstadt von Myanmar (früher Birma), sondern das neu erbaute Pyinmana Naypyidaw.

Die große Verbindungsachse

Brigach und Breg bringen die Donau zu Weg. Iller, Lech, Isar, Inn fließen rechts zur Donau hin. Wörnitz, Altmühl, Naab und Regen kommen ihr von links entgegen.

Ein Fluss wie die Donau hat natürlich noch viel mehr **Nebenflüsse**. Dies sind nur die wichtigsten innerhalb von Deutschland. Kleinere wie Riß, Blau oder Ilz wurden unterschlagen, ebenso die ausländischen. Der längste Donau-Nebenfluss ist die Theiß, die in der Ukraine beginnt und bei Novi Sad in Serbien in die Donau mündet. Es folgen Pruth, Save und Drau. Wichtig ist vor allem zu wissen, dass die **Donau** mit 2811 Kilometern (ab Donaueschingen) der **zweitgrößte Strom Europas** ist und **ins Schwarze Meer** mündet. Die Donauquelle liegt offiziell bei **Donaueschingen**, besteht streng genommen aber aus dem Zusammenfluss von Brigach und Breg. Der Fluss hatte in der frühen Geschichte eine enorme Bedeutung, da entlang der Donau immer wieder Völker von Südosten nach Nordwesten zogen und oft auch wertvolle Kulturgüter und Techniken mitbrachten. Außerdem haben sich entlang der Donau große Tiefebenen gebildet, die in der Frühzeit wertvoller **Siedlungsraum** waren, vor allem das rumänische Tiefland, die pannonische Tiefebene in Ungarn und das Wiener Becken.

Die Donauländer:
Deutschland, Österreich, Slowakei, Ungarn, Kroatien, Serbien, Bulgarien, Moldawien, Ukraine und Rumänien

Ein Fluss oder drei?

Wo Fulda sich und Werra küssen, sie ihren Namen büßen müssen. So entsteht – ohne Verdruss – der schöne Weserfluss.

Tja, dass die **Weser** erst ab **Hann. Münden**, wo Fulda und Werra zusammenfließen, Weser heißt, ist unumstritten. Aber kann man davon sprechen, dass der Fluss wirklich erst bei diesem Zusammenfluss beginnt? Das macht durchaus einen Unterschied. Misst man die Weser nämlich ab der Werraquelle, dann ist sie 744 Kilometer lang und Deutschlands längster innerdeutscher Fluss. Lässt man nur gelten, was auch Weser heißt, dann ist sie nur 452 Kilometer lang und damit deutlich kürzer als der Main (527 km), der damit der längste Fluss wäre, der nur in Deutschland unterwegs ist. Auf jeden Fall sollte man wissen, dass die Werra im Thüringer Bergland südlich von Suhl und die Fulda südlich von Fulda entspringen, Bremen an der Weser liegt und der Fluss bei Bremerhaven in die Nordsee mündet.

Die Stadt Hann. Münden heißt wirklich offiziell so, da den Behörden Hannoversch Münden zu lang war.

Vereintes Deutschland

Alle Hesse sin Verbrescher, denn se klaue Aschebescher.

Zwischen den Bundesländern hegt man nachbarschaftliche Antipathien, was Sie an dem lustigen Spruch oben erkennen. Viele Witze kursieren jeweils über die Region, die an die eigene Heimat grenzt, der man aber auf keinen Fall zugeordnet werden will. Aber es hilft alles nichts, man muss die Namen der Bundesländer doch alle auswendig können, möchte man nicht von einem Grundschüler verspottet werden. Die

Man kann sich auch an der alphabetischen Reihenfolge orientieren. Dann gilt: 5 mal B, 2 mal H, M, 2 mal N, R, 4 mal S, T.

16 Bundesländer sind: Schleswig-Holstein, Hamburg, Niedersachsen, Bremen, Nordrhein-Westfalen, Hessen, Rheinland-Pfalz, Saarland, Baden-Württemberg, Bayern, Thüringen, Sachsen, Sachsen-Anhalt, Brandenburg, Berlin und Mecklenburg-Vorpommern.

Die Zentren der Macht

Kein **Hamburg**er **Ha**hn **br**ät **dü**rftige **W**ürstchen **m**it **S**enf **st**att **mü**de **Er**bsen, **d**ie **Magd** **p**utzt **b**esessen **Schwe**nkgrills.

Deutschlands größte Städte:
Berlin (3,4 Mio. Einwohner)
Hamburg (1,7 Mio.)
München (1,3 Mio.)
Köln (1 Mio.)
Essen (677.000)

Und nun noch die Hauptstädte dazu, als da wären: **K**iel, **Hamburg**, **Ha**nnover, **Br**emen, **Dü**sseldorf, **W**iesbaden, **M**ainz, **S**aarbrücken, **St**uttgart, **M**ünchen, **Er**furt, **D**resden, **Magd**eburg, **P**otsdam, **B**erlin, **Schwe**rin. Da ist einiges dazugekommen, seit Sie die Schulbank gedrückt haben, vorausgesetzt dies ist noch im geteilten Deutschland geschehen. Vor allem, wenn nicht die größte Stadt des Bundeslandes Hauptstadt ist wie in Hessen, Nordrhein-Westfalen und Mecklenburg-Vorpommern, dann kann man schon mal durcheinanderkommen.

Links vom UNESCO-Welterbe

Mosel, Saar, Nahe, Rhein schließen rings den Hunsrück ein.

Anhand der vier Flüsse kann man sich eine ungefähre Vorstellung der Lage des **Hunsrück** machen. Er beginnt an der östlichen Seite des Weltkulturerbes Mittelrhein **zwischen Bingen** (wo die Nahe in den Rhein mündet) **und Koblenz** (wo die Mosel mündet) und erstreckt sich nach Südwesten bis hin zur Saar, die bei Konz in die Mosel fließt. Der größte Teil liegt in Rheinland-Pfalz nördlich des Pfälzer Teils, ein kleiner Ausläufer auch im Saarland. Der Hunsrück ist gut 2600 Quadratkilometer groß und seine höchste Erhebung, der **Er-**

beskopf, ist mit 816 Metern auch der **höchste Berg** von **Rheinland-Pfalz**. Geologisch gehört der Hunsrück zum Rheinischen Schiefergebirge, zu dem auch Ardennen, Hohes Venn, Eifel, Bergisches Land, Sauerland, Siegerland, Westerwald und Taunus zählen.

Ähnlich lässt sich der Spessart verorten, denn Kinzig, Sinn und Main schließen den Spessart ein. Aber wer kennt schon Sinn und Kinzig?

Urlaubsparadiese im Wattenmeer

Welcher **S**eemann **l**iegt **b**ei **N**anni **i**m **B**ett?

Oder »Welcher Sportler liegt bis neun im Bett?«. Oder »Weißer Sand liegt beim Nachbarn im Blumenbeet«. Oder ... Der Fantasie sind kaum Grenzen gesetzt. Ein Spruch, um sich die Reihenfolge der **ostfriesischen Inseln** anhand ihrer Anfangsbuchstaben zu merken, ist ziemlich leicht zu dichten. Aber aufgepasst! Damit es so leicht ist, wurde aus dem *J* in Juist ein *I* und außerdem beginnt die Aufzählung von rechts nach links, bzw. von Ost nach West. Also: **W**angerooge, **S**piekeroog, **L**angeoog, **B**altrum, **N**orderney, **J**uist, **B**orkum. Wichtiger als die korrekte Reihenfolge ist allerdings, sie von den **Nordfriesischen Inseln** unterscheiden zu können. Zu diesen gehören die Halligen, Sylt, Amrum, Föhr und das dänische Rømø. Und dann gibt es noch die **Westfriesischen Inseln** vor der niederländischen Küste: Schiermonnikoog, Ameland, Terschelling, Vlieland und Texel (wieder von Ost nach West). Wie man sich das merkt? Vielleicht »**Schie**ßbuden **am T**urm **v**orm **T**or«? Im Umlauf ist auch ein Gedicht aus der Vor-Euro-Ära: »Schiermonnikoog und Ameland am dichtesten am deutschen Strand. Terschelling, Vlieland dann und Texel, spätestens da in Gulden wechsel.«

Die Friesischen Inseln sind Teil des Nationalparks Wattenmeer und damit UNESCO-Weltnaturerbe.

Unterwegs auf den Großen Seen

Oma macht heute einen Obstkuchen.

Können Sie erraten, was man sich damit merkt? Es sind die **Großen Seen zwischen** den **USA und Kanada**. Der Reihenfolge nach sind es von West nach Ost: **O**berer See, **M**ichigansee, **H**uronsee, **E**riesee und **O**ntariosee. Wenn Sie wollen, können Sie auch noch die **Niagarafälle** in dem Spruch verorten und Oma einen neuen, netten oder nahrhaften Obstkuchen backen lassen. Damit ist klar: Sie liegen zwischen Erie- und Ontariosee. Und wenn Sie noch ein »Superlecker!« zufügen, erfassen Sie auch noch den **Sankt-Lorenz-Strom**, der vom Ontariosee vorbei an **Montreal** (Mampf!) in den **Atlantik** (Ah!) fließt.

Von der Quelle des Sankt-Louis-Flusses bis zur Mündung des Sankt-Lorenz-Stroms ergibt sich ein Wasserweg von 3219 km.

Vom Vermessen der Flüsse

Was hat man Ihnen in der Schule beigebracht? Dass der Amazonas der längste Fluss der Erde ist oder der Nil?

Früher hat man meist den Amazonas als längsten Fluss angesehen, während auf heutigen Listen eher der **Nil** geführt wird. Der Grund für die Uneindeutigkeit: Der größte und längste Nilarm, der **Weiße Nil**, kommt aus dem **Victoriasee**. Sieht man den Victoriasee als Quelle an, dann ist der Amazonas mit 6448 Kilometern länger als der Nil. Zählt man aber auch noch den längsten Zufluss in den Victoriasee zum Nil, dann liegt die Nilquelle am Luvironza, dem höchsten Berg Burundis, und der Nil ist 6852 Kilometer lang. Es folgen auf den Plätzen –

Warum ist der Rhein (1233 km) Deutschlands längster Fluss und nicht die Donau (2811 km)? Weil hier nur der deutsche Teil zählt.

immer inklusive des längsten Zuflusses gemessen – Jangtsekiang (6380 km), Mississippi (6051 km), Jenissei (5540 km), Ob und Irtysch (5410 km), Amur (5052 km), Huang Ho (Gelber Fluss, 4845 km), Kongo (4835 km) und Mekong (4500 km).

Asien gegen Südamerika

Welches ist eigentlich das größte Gebirge der Welt?

Sind Sie über den Begriff *größte* gestolpert? Gut so! Denn was bedeutet eigentlich bei einem Gebirge groß? Die höchsten Gipfel, die meisten Gipfel, die größte Länge, die weiteste Ausdehnung? Also, das höchste Gebirge ist natürlich der **Himalaja** mit dem 8848 Meter hohen **Mount Everest**. Der zweithöchste Gipfel (K2 oder Qogir) befindet sich im **Karakorum**, das auch zum Himalajasystem gehört. Überhaupt liegen die 187 höchsten Berge der Welt alle in **Asien**, entweder im Himalaja-Karakorum-Kindukusch-Pamir-System oder im Tianshan-Gebirge. Das **längste** Gebirge der Welt aber sind die **südamerikanischen Anden**, die mit dem Aconcagua (6965 m) auch den höchsten nichtasiatischen Gipfel haben. Es folgen die **Rocky Mountains** (4800 km) und erst dann das Himalaja-System (3800 km). Auf Platz vier und fünf finden sich die **australische Great Dividing Range** und das **Transantarktische Gebirge**. Die längsten **europäischen Gebirge** sind der Ural, die Karpaten, der Kaukasus, der Appenin und erst auf Platz 5 die Alpen.

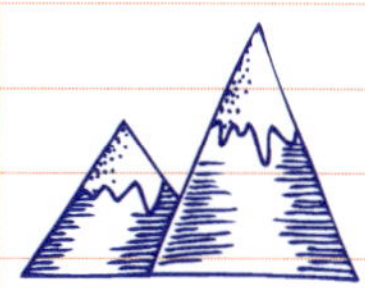

Das wirklich größte Gebirge der Welt findet sich auf dem Meeresgrund. Es ist der Mittelatlantische Rücken, der 45.000 km lang ist.

Im kühlen Norden

Was hat der Golfer Tiger Woods mit sibirischen Landschaften zu tun?

Nun, **Sibirien** ist, wie Sie sich sicher erinnern, vor allem durch **Tundra** und **Taiga** gekennzeichnet. Das eine ist eine baumlose Steppenlandschaft, in der höchstens noch Zwergsträucher wachsen, vor allem aber **Moose** und **Flechten**. Die andere Vegetationsform besteht vor allem aus endlosen **Nadelwäldern**. Aber welche ist welche? Da kann Tiger Woods helfen, wenn man seinen Vornamen Taiga ausspricht und weiß, dass *Woods* Wälder heißt. Übrigens: Die Tundra wird auch als **subpolare Zone** bezeichnet, da sie den Übergang zwischen den polaren Kältewüsten und normaler Vegetation bildet. Tundren gibt es nicht nur in Sibirien, sondern auch im Norden von Kanada und Alaska, auf Grönland, Island und der Spitze von Feuerland. Die Wälder der Taiga werden wissenschaftlich als **boreale** (kalt-gemäßigte) **Nadelwälder** bezeichnet, die so ebenfalls in Nordamerika und Skandinavien nördlich des 50. Breitengrads vorkommen.

> Durch den Klimawandel könnte es passieren, dass die Permafrostböden der Tundra auftauen und dabei enorme Mengen Methan freisetzen.

Englisch

»We have really everything in common with America nowadays, except, of course, language.«

Oscar Wilde (1854–1900)

Was der irische Schriftsteller bereits 1887 formulierte, dass nämlich die Briten »nahezu alles mit Amerika gemeinsam haben, außer natürlich der Sprache«, macht die Unterscheidung in British und American English nötig. Welche Variante Sie in der Schule sprechen gelernt haben, spielt für die kommenden Seiten eine untergeordnete Rolle. Die dürfen Sie nämlich leise lesen.

England oder Großbritannien?

England ist ein Mitgliedsstaat der EU, sagt man, oder: *In England gibt es Linksverkehr*. Oft meint man damit aber nicht nur **England**, sondern ganz **Großbritannien**, denn England ist nur ein Teil Großbritanniens – was in Deutschland oft vergessen wird. Wenn man den ganzen Staat meint, müsste man korrekterweise sogar vom *Vereinigten Königreich Großbritannien und Nordirland* sprechen. Die Briten selbst kürzen das ab und sagen *Britain* oder *the UK* (für United Kingdom).

England ist immerhin der größte Teil des Königreiches. Es besteht seit dem Mittelalter aus 39 Grafschaften. Schon im 13. Jahrhundert kam Wales zum englischen Kernland hinzu, 1707 dann Schottland; Nordirland erst nach der Teilung Irlands 1921. Das Land England tritt fast nur beim Fußball eigenständig auf. So können die Deutschen mal gegen die englische, mal gegen die schottische oder walisische Nationalmannschaft spielen.

Das Vereinigte Königreich:
England (50,4 Mio. Einwohner)
Wales (3 Mio.)
Schottland (5,1 Mio.)
Nordirland (1,7 Mio.)

Die britische Flagge: Der Union Jack

Im Union Jack vereint:
England, Schottland,
Wales, Republik Irland

Genau weiß man nicht, warum die britische Flagge so heißt. *Jack* könnte vom schottisch-englischen König Jakob I. kommen, der die Ursprungsform der Flagge 1606 einführte. *Union* bedeutet Gemeinschaft – und in der Flagge sind tatsächlich mehrere Länder vereint: Das dicke rote Kreuz, das St. George's Cross, steht für England. Es ist das wichtigste Element, denn England wird als wichtigstes Land betrachtet. Das weiße, schräge Kreuz ist das Andreaskreuz der schottischen Flagge (wir kennen es als Markierung an unseren Bahnübergängen), und das rote, schräge Kreuz steht für Irland, das 1801 noch vollständig zu Großbritannien gehörte. Als 1921 nur noch Nordirland übrig war, ließ man die Flagge trotzdem so.

Ist Ihnen etwas aufgefallen? Einzig die walisische Flagge ist nicht im Union Jack enthalten, weil Wales bereits im 13. Jahrhundert an England angeschlossen wurde.

Some und any

»Can anybody find me somebody to love?« In der Zeile aus dem Queen-Song von 1976 stecken zwei Mengenangaben, die im Englischen häufig vorkommen: ***some*** und ***any*** – *etwas* oder *einige*. Sie bezeichnen eine **unbestimmte** Anzahl oder Menge, sowohl bei zählbaren als auch bei unzählbaren Dingen: *some/any bananas* – einige Bananen; *some/any wine* – etwas Wein.

Any benutzt man bei **Fragen** mit **unbekannter Antwort** und in **verneinten Aussagen**:
Do you have any change? – Haben Sie etwas Kleingeld?
No, I don't have any. – Nein, ich habe keins.

Some benutzt man bei Fragen, bei denen man mit der Antwort **Ja** rechnet, und in **bejahten Aussagen**:
Would you like some more wine? – Möchten Sie noch etwas Wein?
There is still some juice in the fridge. – Es ist immer noch etwas Saft im Kühlschrank.

Das gilt auch für **Zusammensetzungen** mit *some* und *any:*
Is there anything I can do? – Kann ich irgendetwas tun?
There is something I have to tell you. – Ich muss dir etwas sagen.

> Any wird auch oft im Sinne von jeder, jeder beliebige benutzt:
> Any road will take you there. – Jede Straße wird dich dorthin führen.

What time is it?

Diese Frage kennen Sie bestimmt noch aus der Schule, denn englische **Zeitangaben** waren dort ein beliebtes Thema. Aber wie waren doch gleich die Antworten?

Im Englischen sagt man zur vollen Stunde meist ***o'clock***:
It's two o'clock. – Es ist zwei Uhr.

Oft wird das *o'clock* weggelassen und stattdessen ***a. m.*** oder ***p. m.*** angehängt, was für Vormittag (*ante meridiem*) und Nachmittag (*post meridiem*) steht, denn im (britischen) Englisch kennt man nicht unsere 24-Stunden-Uhr.
Meet me at 4 p. m.! – Triff mich um 16 Uhr!

Minutenangaben können so aussehen:
It's 8.10. (ausgesprochen: eight-ten) – Es ist zehn nach acht.
I will be there at 6.47. – Ich werde um 6:47 Uhr dort sein.
Das können Sie auch mit a. m./p. m. verbinden: *We arrive at 8.30 p. m.* – Wir kommen um 20:30 Uhr an.

Sehr gebräuchlich sind auch, wie im Deutschen, die Begriffe ***to*** (vor) und ***past*** (nach):
It's a quarter to five. – Es ist Viertel vor fünf.
It's half past ten. – Es ist halb elf.
It's ten to twelve. – Es ist zehn vor zwölf.
It's five past two. – Es ist fünf nach zwei.
Achtung: *o'clock, to* und *past* werden nicht zusammen mit a. m./p. m. benutzt!

So merken Sie sich, was a. m. und was p. m. bedeuten: P kommt im Alphabet hinter a, also kommt a. m. vor p. m.

Mehrzahlbildung im Englischen

Zum Glück gibt es bei der Bildung der Mehrzahl (des Plurals) im Englischen nicht so viele Ausnahmen wie im Deutschen.

Der **Normalfall**: An die Einzahlform (Singular) des Hauptwortes (Nomens) wird **-s** angehängt:
*a cat/two cat**s*** – eine Katze/zwei Katzen
*a car/four car**s*** – ein Auto/vier Autos

Endet das Wort mit einem **Zischlaut** (-ch, -s, -sh, -x), wird **-es** angehängt:
*witch/witch**es*** – Hexe/Hexen
*box/box**es*** – Kiste/Kisten
*horse/hors**es*** – Pferd/Pferde

Endet das Wort mit **-f** oder **-fe**, wird der Plural mit **-ves** gebildet:
*wife/wi**ves*** – Ehefrau/Ehefrauen
*thief/thie**ves*** – Dieb/Diebe

Endet das Wort mit **-y**, wird dies im Plural fast immer zu **-ies**
*the baby/the bab**ies*** – das Baby/die Babys
*the party/the part**ies*** – die Party/die Partys

Manche Wörter bleiben in Singular und Plural einfach **gleich**:
one sheep/two sheep – ein Schaf/zwei Schafe
one fish/two fish – ein Fisch/zwei Fische

Einige Nomen bilden **unregelmäßige Pluralformen** – so wenige, dass man sie auswendig lernen kann:
tooth/teeth – Zahn/Zähne
foot/feet – Fuß/Füße
child/children – Kind/Kinder
man/men – Mann/Männer
woman/women – Frau/Frauen
mouse/mice – Maus/Mäuse

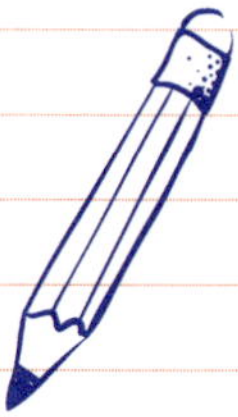

Britisches und amerikanisches Englisch

»Großbritannien und die USA: zwei Nationen, getrennt durch eine gemeinsame Sprache«, scherzte einst George Bernard Shaw. In der Schule haben wir britisches Englisch gelernt und kommen damit prima zurecht. Doch an einigen Merkmalen können Sie Unterschiede zwischen britischem (BE) und amerikanischem Englisch (AE) erkennen:

BE	**AE**
Schreibung (*spelling*)	
-re (*centre, theatre*)	-er (*center, theater*)
-our (*colour, harbour*)	-or (*color, harbor*)
-ise (*organise, realise*) (-ize auch möglich)	-ize (*organize, realize*)
Aussprache (pronunciation)	
Das -r wird am Ende eines Wortes meist nicht gesprochen (*farme(r), lette(r)*)	Das -r wird immer (rollend) gesprochen (*farmerr, letterr*)
t in der Wortmitte wird als t gesprochen (*bitter, fitting*)	t in der Wortmitte wird wie d gesprochen (*bidder, fidding*)
Das lange a wird wie aa gesprochen (*bath, plant*)	Das lange a wird wie ä gesprochen (*bäth, plänt*)
Vokabeln (vocabulary) Viele Dinge werden im BE und AE unterschiedlich benannt. Hier nur einige:	
petrol (Benzin)	*gas*
trousers (Hose)	*pants*
biscuit (Keks)	*cookie*
autumn (Herbst)	*fall*
crisps (Kartoffelchips)	*chips*
shop (Laden)	*store*
rubbish (Müll)	*garbage*
frying pan (Bratpfanne)	*skillet*
holiday (Ferien)	*vacation*

Die Geschichte der USA

In der Schule haben wir gelernt, dass die Vereinigten Staaten eine junge Nation sind. Zu einem Land wurden sie tatsächlich erst, als sich die ersten 13 Bundesstaaten am **4. Juli 1776** von Großbritannien **unabhängig** erklärten und das Mutterland dies 1783 anerkannte. Zu den heutigen USA fehlten noch viele Staaten, die erst nach und nach dazukamen – u. a. kauften die USA 1803 ein riesiges Gebiet von Frankreich, und im Mexiko-Krieg (1846–48) eroberten sie weitere Staaten. (Als letzte kamen 1959 Alaska und Hawaii hinzu.)

Merkspruch zur Entdeckung Amerikas:
In fourteen hundred ninety-two
Columbus sailed the ocean blue.
(1492 segelte Kolumbus über den blauen Ozean.)

Als der Süden weiterhin Sklaven halten wollte, der Norden aber nicht, traten 1860 elf Südstaaten aus der Union aus, und es kam zum **Bürgerkrieg** (1861–65), den die Nordstaaten unter Lincoln gewannen. Durch viel **Einwanderung** wuchs das Land weiter und wurde zu einer bedeutenden Macht, die am **Ersten** und **Zweiten Weltkrieg** teilnahm – der 1945 mit den amerikanischen Atombombenabwürfen auf Japan endete. Von 1945 bis in die 1980er-Jahre folgte der **Kalte Krieg**, als sich USA und Sowjetunion als Blöcke gegenüberstanden.

Mark Twain – The Adventures of Tom Sawyer (1876)

Viele von Ihnen haben sicher in der Schule *Tom Sawyer* gelesen, ein frühes Werk des amerikanischen Autors Mark Twain. Darin beschreibt er den Waisenjungen Tom Sawyer, der in den Südstaaten bei seiner Tante lebt, die Schule schwänzt und mit Huckleberry Finn herumstreunt. Bestimmt erinnern Sie sich noch an die Episode, als Tom zur Strafe einen Zaun streichen soll. Der Arbeit bald überdrüssig, ersinnt er eine List: Jedem, der vorbeikommt, sagt er, was für eine Ehre es sei, den Zaun zu streichen. Das wirkt, denn bald nehmen ihm andere die Arbeit ab, und Tom bekommt sogar noch Geschenke dafür.

Dieser **Jugendbuchklassiker** war damals sehr fortschrittlich, denn er benutzt zum ersten Mal **Alltagssprache** und handelt nicht, wie sonst üblich, von braven, angepassten Kindern. Auch werden erstmals **gesellschaftskritische** Themen wie Rassismus, Armut und Sklaverei offen angesprochen.

Mark Twain (1835–1910)
- eigentlich Samuel Langhorne Clemens
- Vertreter des amerikanischen **Realismus**
- reiste viel, auch nach Deutschland; schrieb darüber Reportagen
- weitere berühmte Werke: *Leben auf dem Mississippi* (1883), *Abenteuer und Fahrten des Huckleberry Finn* (1884)

This und that, these und those

Das sind die vier englischen **Demonstrativpronomen**, *this* und *that* im Singular; *these* und *those* im Plural. Sie beschreiben eine oder mehrere bestimmte, schon bekannte Dinge – im Deutschen *dieser, diese, dieses, diese*. Doch wo ist der Unterschied? Hier ein Überblick:

	das räumlich/zeitlich Nähere	das räumlich/zeitlich Entferntere
Singular	***this*** (dieses hier) *This is my car.* – Dies (hier) ist mein Auto. *This is a good movie.* – Dies (hier) ist ein guter Film.	***that*** (dieses dort) *That car over there looks dirty.* – Dieses Auto da drüben sieht schmutzig aus. *That was a good match!* – Das war ein gutes Spiel!

Plural	***these*** (diese hier) *I like these cookies.* – Ich mag diese Kekse.	***those*** (diese dort) *Those are not our bikes.* – Diese (dort) sind nicht unsere Fahrräder.

Die Demonstrativpronomen werden auch häufig **allein stehend** verwendet – bei *this/that* meist mit *one*:
Which table shall we take? – That one over there.
Welchen Tisch sollen wir nehmen? – Diesen da drüben.
Do you like the earrings? – No, I prefer these.
Magst du die Ohrringe? – Nein, ich mag diese (hier) lieber.

Good, better, best: Die Steigerung von Adjektiven

Einsilbige Adjektive sowie **zweisilbige**, die auf **-y**, **-le**, **-ow** und **-er** enden, werden ganz einfach durch **Anhängen von -er und -est** gesteigert:
long, longer, longest (lang, länger, am längsten)
tall, taller, tallest (groß, größer, am größten)
simple, simpler, simplest (einfach, einfacher, am einfachsten)
narrow, narrower, narrowest (eng, enger, am engsten)
clever, cleverer, cleverest (schlau, schlauer, am schlausten)

Die Endung **-y** wird beim Steigern zu **i**, wenn das y auf einen Konsonanten folgt:
heavy, heavier, heaviest (schwer, schwerer, am schwersten)
dirty, dirtier, dirtiest (schmutzig, schmutziger, am schmutzigsten)

Endet ein einsilbiges Adjektiv mit einem **Konsonanten**, wird dieser beim Steigern **verdoppelt**, wenn der Vokal davor kurz gesprochen wird:
big, bigger, biggest (groß, größer, am größten)
hot, hotter, hottest (heiß, heißer, am heißesten)

Endet ein einsilbiges Adjektiv auf **-e**, fällt dieses weg:
nice, nicer, nicest (nett, netter, am nettesten)
late, later, latest (spät, später, am spätesten)

Die **unregelmäßig** gesteigerten Adjektive sind:
bad, worse, worst (schlecht, schlechter, am schlechtesten)
far, further, furthest (weit, weiter, am weitesten)
good, better, best (gut, besser, am besten)
many/much/some, more, most (viel(e), mehr, am meisten)
few/little, less, least (wenig(e), weniger, am wenigsten)

Der Amerikanische Bürgerkrieg

Der Amerikanische Bürgerkrieg (auch: Sezessionskrieg) war das prägendste Ereignis der amerikanischen Geschichte, das bis heute nachwirkt. Falls Sie sich nicht noch aus der Schule daran erinnern, dann vielleicht durch den Film *Vom Winde verweht* oder die TV-Serie *Fackeln im Sturm* ...

Wesentlicher Grund für den Krieg waren **soziale** und vor allem **wirtschaftliche Spannungen** zwischen dem industriell weiterentwickelten **Norden** und dem **Süden** mit seinen großen Plantagen. Mit der Abschaffung der **Sklaverei** befürchtete der Süden wirtschaftliche Probleme. Der Krieg brach am **12. April 1861** mit dem Beschuss Fort Sumters durch die abtrünnigen Südstaaten (die **Konföderierten**) aus. Die Nordstaaten betrieben dann eine **Blockadepolitik**, um den Süden vom Nachschub abzuschneiden, und drangen dorthin vor. Die blutige **Schlacht von Gettysburg** war 1863 ein Wendepunkt. Schon vorher hatte Präsident **Lincoln** mit der **Emanzipations-Proklamation** den

Merkreim:
On the first of January, 1863,
Lincoln set the negroes free.
(Am ersten Januar 1863
befreite Lincoln die Schwarzen.)

Sklaven die Freiheit versprochen. Umgesetzt wurde dies aber erst zum Ende des Krieges 1865, als die Südtruppen kapitulierten.

Die Vergangenheit: simple past oder present perfect?

Im Englischen gibt es, ähnlich wie im Deutschen, zwei Arten der Vergangenheitsform: das ***simple past*** (Imperfekt) und das ***present perfect*** (Perfekt). Im Englischen ist die Verwendung aber strenger festgelegt als im Deutschen:

Das ***present perfect*** (mit der Endung ***-ed*** und ***have/has***) wird verwendet:

- bei einer Handlung, die in der Vergangenheit stattfand, aber noch **Auswirkungen auf die Gegenwart** hat: *I have combed my hair* – Ich habe mir die Haare gekämmt.
- bei einer Handlung, die in der Vergangenheit begann, aber bis jetzt **weitergeht**: *Mum has gone shopping.* – Mama ist einkaufen gegangen.

Das ***simple past*** (mit der Endung ***-ed***) wird verwendet:

- bei einer abgeschlossenen Handlung der Vergangenheit: *Last year, they stayed in Spain for two weeks.* – Letztes Jahr blieben sie zwei Wochen in Spanien.
- um einen genauen, zurückliegenden Zeitpunkt zu beschreiben: *I called at 7 o'clock.* – Ich rief um sieben Uhr an.

Bei beiden Formen gibt es bestimmte Signalwörter – zu einigen davon zwei Merksätze:

Yesterday, ago und *last* erfordern stets das **simple past.** (und: *in 1998, once, used to*)

Never, ever, yet, so far **present perfect** – ist doch klar! (und: *until now, already, just*)

Die Kurzgeschichten von Ernest Hemingway

Bestimmt haben Sie im Englischunterricht auch die ***short story*** durchgenommen. Einer der bekanntesten *short-story*-Autoren war Ernest Hemingway (1899–1961). Seine Lieblingsthemen passten gut dazu: der Tod und die Integrität des Menschen.

Weitere Kurzgeschichten von Hemingway: *Indian Camp*, *The Snows of Kilimanjaro*, *Old Man at the Bridge*, *A Very Short Story*

Eine typische *short story* ist *The Killers:* Zwei Männer schikanieren in einem Lokal den Gast Nick und warten auf einen gewissen Anderson, um ihn zu töten. Als dieser nicht kommt, ziehen sie ab, und Nick warnt Anderson vor den Killern. Der will aber nichts gegen seinen geplanten Mord unternehmen. Die Geschichte endet dort einfach, ohne eine Pointe (*zero ending*) – typisch für die *short story*. Weitere enthaltene Merkmale sind:

- Keine Einleitung, sofortiger Einstieg in die Handlung (*in medias res*)
- Die **Eisberg-Theorie**: 7/8 eines Eisbergs liegen ja unter Wasser, und so zeigt auch die *short story* nicht alles sofort – die Leser müssen viel zwischen den Zeilen lesen.
- Das erzählte Ereignis umfasst nur einen kurzen Zeitraum.
- Spannende, konfliktreiche Handlung
- Erzählen eines wichtigen Einschnitts im Leben einer Person

Der American Dream

Vom Tellerwäscher zum Millionär

Dieser Satz fällt oft, wenn vom ***American Dream***, vom amerikanischen Traum, die Rede ist. Viele Deutsche haben davon im Landeskundeunterricht zum ersten Mal gehört, denn dieses Konzept ist etwas Ur-Amerikanisches: Viel stärker als bei uns glaubt man in

Amerika daran, dass der Einzelne fast alles schaffen kann, wenn er nur will und hart dafür arbeitet. Daraus resultiert viel Optimismus, aber auch Misstrauen gegenüber dem Staat, wenn dieser zu stark eingreift.

Der Begriff *American Dream* ist etwa 100 Jahre alt. Das Bedürfnis, des eigenen Glückes Schmied zu sein, gab es jedoch viel früher: Um den Kontrast zum immer noch absolutistischen »alten Europa« zu betonen, wurde das Streben nach Glück (*pursuit of happiness*) 1776 als **Grundrecht** in die Unabhängigkeitserklärung aufgenommen. Besonders die armen Einwanderer schöpften daraus Hoffnung. Symbol des amerikanischen Traums ist die New Yorker **Freiheitsstatue**.

»I have a dream« (Ich habe einen Traum)
So hieß **Martin Luther Kings** (1929–68) berühmte Rede von 1963. Auch er war vom Idealismus des *American Dream* beflügelt; für ihn hatte dieser vor allem mit Gleichheit, Freiheit und Gerechtigkeit zu tun.

Down under: Australien

»*Do you come from a land down under?*«, fragte 1978 die Band *Men At Work*. Damit war Australien gemeint – das Land unten drunter auf der Südhalbkugel. Australien wurde spätestens im 17. Jahrhundert von Europäern entdeckt, nachdem man lange einen Südkontinent vermutet hatte. **James Cook** nahm es 1770 für die britische Krone in Besitz. Doch erst am 26. Januar 1788 begann die Besiedlung – dieser Tag ist heute australischer Nationalfeiertag. Zunächst wurden **Strafgefangene** aus dem Mutterland angesiedelt; 160.000 waren es bis 1868. Den **Aborigines**, die schon seit

Australisches Englisch:
G'day! – Guten Tag!
barbie – Barbecue
Oz – Australien
mate – Kumpel

50.000 Jahren in Australien lebten, wurden alle Rechte abgesprochen; erst 1965 erlangten sie das Wahlrecht. Bis heute gibt es viele Einwanderer; 90 Prozent der 22 Millionen Einwohner stammen von Europäern ab.

Das Land ist bekannt für seine Natur und Landschaft. Die Wüsten im westlichen und zentralen Kontinent nennt man **Outback**. Hier steht auch der rote Felsen **Uluru** (Ayers Rock). In anderen Regionen wird Viehzucht und Weinanbau betrieben. Durch die Isolation vom Rest der Welt konnte sich die eigene Gattung der **Beuteltiere** entwickeln.

Typisch englisch, isn't it??

Schon *Asterix bei den Briten* machte sich über die typisch englischen **Bestätigungsfragen** (*question tags*) lustig: Dort beenden die Briten ihre Sätze ständig mit ... *ist es nicht?* Diese häufigen Frageanhängsel gibt es fast nur in gesprochener Form. Man möchte damit erreichen, dass der oder die Angesprochene einer Aussage zustimmt oder sie bekräftigt. Im Deutschen würde man beispielsweise sagen: ... *nicht wahr?* oder ... *gell?*

Man bildet sie aus dem ersten **Hilfsverb** des Satzes oder, wenn keines da ist, mit einer Form von ***do***. Ist der Satz bejaht, wird das Frageanhängsel verneint, und umgekehrt.

Also:
Bonn is in Germany, isn't it? – Bonn ist in Deutschland, oder?
You can swim, can't you? – Du kannst schwimmen, oder?
Sue lives in London, doesn't she? – Sie lebt in London, nicht wahr?
und
You aren't mad at me, are you? – Du bist nicht sauer auf mich, oder?
They haven't seen Paul, have they? – Sie haben Paul nicht gesehen, oder?
We don't have to go, do we? – Wir müssen nicht gehen, oder?

Question tags werden auch oft in Aufforderungssätzen benutzt; sie verstärken die Forderung:
Let's have lunch, shall we? – Lass uns essen, ja?
Fetch me some water, will you? – Bring mir etwas Wasser, ja?

Kurzantworten auf Entscheidungsfragen – Short answers

Im Englischen sollte man auf eine Entscheidungsfrage nicht nur mit *Ja* oder *Nein* antworten – das würde als merkwürdig, manchmal auch als unhöflich empfunden.

Auf die Frage *Are you German?* – antwortet man also nicht: *Yes.* (Bist du Deutscher? – Ja.), sondern: *Yes, I am.* (Ja, das bin ich.)

Die Kurzantwort wiederholt **Subjekt und Hilfsverb aus dem Fragesatz**, bei *to be* das *be* als Vollverb:
Can you do me a favour? – Yes, I can. – Kannst du mir einen Gefallen tun? – Ja, das kann ich.
Have you been to Rome? – No, I haven't. – Waren Sie schon mal in Rom? – Nein, war ich nicht.
Are you mad? – Yes, I am! – Bist du sauer? – Ja, das bin ich!

Auch um **Zustimmung** auszudrücken, verwendet man Kurzantworten, damit man nicht den ganzen Satz wiederholen muss – mit ***so*** + **Hilfsverb** + **nachgestelltem Subjekt**:

I'm tired. – So am I. – Ich bin müde. – Ich auch.
I hate cabbage. – So do I. – Ich hasse Kohl. – Ich auch.
I can lift this stone! – So can we. – Ich kann diesen Stein hochheben! – Das können wir auch.

Bei must und needn't
Da die Verneinung von must needn't ist (nicht mustn't), steht auch in der Kurzantwort needn't:
Must I go to that party? – No, you needn't. – Muss ich zu dieser Party gehen? – Nein, das brauchst du nicht.

Dudelsäcke, Kilts und Whisky: Schottland

Diese drei Dinge begegnen Ihnen in Schottland auf Schritt und Tritt, denn die Schotten haben ganz eigene Traditionen. Dazu gehören auch die **Highland Games**, bei denen Männer im Kilt lustige Sportarten ausführen. Bis zum **Act of Union** 1707, als es formal mit England vereinigt wurde, war Schottland ein eigenständiges Königreich. Schon vorher hatten beide oft gegeneinander gekämpft, beispielsweise als William Wallace (im Film *Braveheart* von Mel Gibson gespielt) 1297 in Stirling gegen England siegte. 1603 bekamen beide Länder ein und denselben König, Jakob, den Sohn Maria Stuarts.

Immer wieder gab und gibt es Unabhängigkeitsbestrebungen: Der letzte große Aufstand unter Bonnie Prince Charlie wurde 1746 niedergeschlagen. Heute macht sich unter anderem der Schauspieler Sean Connery für die schottische **Unabhängigkeit** stark, und ein Volksentscheid wird angedacht.

In Schottland spricht man »normales« Englisch, das allerdings oft eine schottische Färbung und einen lustig klingenden Singsang aufweist. 30 Prozent der Menschen sprechen außerdem **Scots**, einige wenige auch **Gälisch**.

Typisch schottische Wörter

- auld – alt
- bairn – Kind
- brae – Hügel
- fiddich – Hirsch
- glen – Tal
- isnae – is not
- kirk – Kirche
- loch – See
- tyre – Land
- wee – klein, ein wenig
- yon – dieses

Eine englische Spezialität: Redewendungen (Idioms)

In der Schule wurde manchmal darauf hingewiesen, Englisch sei eine **idiomatische Sprache**. Damit ist gemeint, dass die Briten sehr oft bildhafte Ausdrücke verwenden, anstatt den Sachverhalt in normalen Worten zu beschreiben. Diese Ausdrücke haben manchmal eine ebenso blumige Entsprechung im Deutschen (*to pull one's leg* – jemandem einen Bären aufbinden), oft aber auch nicht. In jedem Fall lernt man sie nur durch **Auswendiglernen**, da man sie nicht ableiten kann.

Hier einige häufige Beispiele:
to learn by heart – auswendig lernen
a piece of cake – ganz einfach
to call it a day – etwas beenden
over the moon – total glücklich
Spill the beans! – Spuck's aus!
under the weather – sich schlecht fühlen
Help yourself. – Bedien dich.
It's beyond me. – Das kann ich echt nicht verstehen.
Hang in there! – Warte mal kurz!
tongue in cheek – ironisch
to keep one's fingers crossed – Daumen drücken
to be at odds – uneinig sein
to be on the cards – sehr wahrscheinlich sein
in the long run – auf lange Sicht
to be an item – ein Paar sein

Lewis Carroll – Alice im Wunderland

»Have I gone mad?« –»I'm afraid so. (...) But all the best people are.« Ziemlich *mad* ist das ganze Buch, das so mancher als Schullektüre *(Alice's Adventures in Wonderland)* gelesen hat. Eigentlich ein **Kinderbuch**, enthält es aber so viele Andeutungen, so viele Spiele mit **Wahrnehmung**, **Logik** und **Realität**, dass es auch Erwachsene mögen.

Alice im Wunderland inspirierte z. B.: James Joyce, die Comedytruppe Monty Python, viele Filme von Matrix bis Donnie Darko, psychologische Studien, Computerspiele

Innerhalb einer klassischen **Rahmenhandlung** träumt Alice, sie verfolge ein weißes Kaninchen. So landet sie in einer Traumwelt, wo die resolute Herzkönigin herrscht und viele skurrile Charaktere wohnen. Eine Figur ist die Grinsekatze *(Cheshire Cat)*; eine berühmte Szene

(Cheshire Cat); eine berühmte Szene die Teeparty beim verrückten Hutmacher. Am Ende wacht Alice wieder neben ihrer Schwester auf.

Themen sind unter anderem die Unsicherheit in der heutigen Welt, gezeigt durch den Zusammenbruch aller Sprach- und Ordnungssysteme, die Psychologie des Nonsens, Alice' Finden des eigenen Selbst und die Abnabelung der Kinder von den Eltern.

If I were you, I would do it – if-Sätze

Vielleicht können Sie sich noch an die berühmten **if-Sätze** erinnern.
1. *The waiter will come if you call him.*
2. *The waiter would come if you called him.*
3. *The waiter would have come if you had called him.*
(Der Kellner wird kommen, wenn du ihn rufst. – Der Kellner würde kommen, wenn du ihn riefest. – Der Kellner wäre gekommen, wenn du ihn gerufen hättest.)

Diese drei Sätze zeigen, was ein *if*-Satz ist – ein **Bedingungssatz**. Der besteht immer aus einem **Nebensatz** mit **if** (= wenn) und einem **Hauptsatz**, der die **Folgen** beschreibt. 1. ist **real** (conditional I): Der Kellner wird tatsächlich kommen. Deshalb steht im Hauptsatz das Hilfsverb *will*, im Nebensatz das Verb in der Gegenwartsform. 2. Ist **bedingt erfüllbar** (conditional II): Der Kellner *könnte* kommen. Das wird mit *would* und dem Verb in der Vergangenheit gebildet. 3. ist unerfüllbar (conditional III): Der Kellner kommt nicht mehr. Hier nimmt man auch *would* sowie die *past-perfect*-Form des Verbs. Der *if*-Nebensatz kann auch am Anfang stehen.

Will und *would* dürfen nie im *if*-Satz stehen – immer nur im dazugehörigen Hauptsatz:
If und *would* – Satz kaputt!
und
If and *will* is a kill.

False Friends

I ate a menu with my chief, auf Deutsch: *Ich aß mit meinem Häuptling eine Speisekarte*. Solch verrückte Sätze entstehen, wenn wir deutsche Wörter falsch ins Englische übersetzen, weil sie in beiden Sprachen ähnlich klingen. Oft ist die Bedeutung aber ganz anders. Diese Wortpaare nennt man **False Friends** – Falsche Freunde. Eigentlich sollte *Ich aß mit meinem Chef ein Menü* ausgedrückt werden. Leider wurde *Menü* mit *menu* und *Chef* mit *chief* übersetzt – richtig gewesen wären die Begriffe *set menu* und *boss*.

Vielleicht haben Sie ja auch schon mal **False Friends** verwendet:

Auf Deutsch gemeint:	Auf Englisch gesagt:	Der Engländer versteht:	**Richtig ist:**
Billion	*billion*	Milliarde	*trillion*
Handy	*handy*	praktisch	*mobile phone*
Landkarte	*card*	Visitenkarte	*map*
sensibel	*sensible*	vernünftig	*sensitive*
Rente	*rent*	Miete	*pension*
Fabrik	*fabric*	Stoff, Gewebe	*factory*
Prospekt	*prospect*	Aussicht	*leaflet, brochure*
spenden	*to spend*	ausgeben, verbringen	*to donate, to give*
bekommen	*to become*	werden	*to get*
Daten (Computer)	*dates*	Datteln	*data*

Leicht verwechseln kann man auch englische Wörter, die gleich klingen:
quite/quiet – sehr/still
than/then – als/dann
sun/son – Sonne/Sohn

Irland, die geteilte Insel

Zwei Episoden der irischen Geschichte werden fast immer im Englischunterricht behandelt: Die **Große Hungersnot** *(Great Famine)* der Jahre 1846–49 und der **Nordirlandkonflikt**. Beides hängt zusammen: Durch Kartoffelmissernten und schlechte Führung der Regierung (Irland war seit 1801 Teil der britischen Krone) ausgelöst, verhungerten viele Menschen. Als Folge wanderten viele nach Amerika aus; daheim in Irland erstarkte die Unabhängigkeitsbewegung. Erst 1921 nach dem Anglo-Irischen Krieg wurden 26 der 32 Countys unabhängig; die restlichen bildeten Nordirland, das immer noch zum britischen Königreich gehört.

Durch die Teilung spitzten sich dort die Probleme zwischen Katholiken, die für die Vereinigung mit der Republik und die Loslösung von Großbritannien waren, und protestantischen Besatzern, die natürlich das Gegenteil wollten, immer weiter zu. Gewalt war seit 1969 30 Jahre lang an der Tagesordnung; etwa 4000 Menschen starben, u. a. durch die Anschläge der IRA (Irish Republican Army), die 2005 die Waffen niederlegte.

Irland hat: grüne Landschaften, Folkmusic mit Fiedel und Harfe, U2, keltische Kreuze, St. Patrick's Day, Schafe, Pubs, Guinness und Whiskey, viele Dichter – allen voran James Joyce und Oscar Wilde

Since oder for?

Um auszudrücken, dass man **seit** einer bestimmten Zeit etwas macht, haben wir im Deutschen nur dieses eine Wörtchen *seit*. Im Englischen gibt es zwei Wörter, die für verschiedene Konzepte von *seit* verwendet werden: *since* und *for*. Doch wo war noch gleich der Unterschied?

Spricht man von einem **festen Zeitpunkt**, von dem an sich etwas ereignete, heißt es *since*:
I've been eating since Christmas. – Seit Weihnachten bin ich am Essen.
I've moved twice since 2001. – Seit 2001 bin ich zweimal umgezogen.
Since the war, everything has changed. – Seit dem Krieg hat sich alles verändert.
I've known her since I was little. – Ich kenne sie, seit ich klein war.

Eselsbrücke: Since hat einen Punkt auf dem i – es steht für einen Zeitpunkt!

Spricht man von einer **Zeitspanne**, in der sich etwas ereignete, heißt es *for*:
I've been eating for two days, non-stop. – Seit zwei Tagen esse ich ohne Pause.
I've been living here for a long time. – Ich wohne hier schon seit Langem.
We've been waiting for an hour. – Wir warten seit einer Stunde.
I had been without my phone for a month. – Seit einem Monat war ich ohne Telefon.

Tipp: Wenn im Deutschen das Wort *lang* passt (z. B. Ich esse schon zwei Tage lang), ist die richtige Wahl *for*.

Gedichte der Romantik

Die kulturgeschichtliche Epoche der **Romantik** dauerte vom **Ende** des **18. bis Mitte** des **19. Jahrhunderts**. Sie zeichnete sich durch eine ganz bestimmte Stimmung aus, die Kunst, Musik und Literatur durchdrang: Man wollte das **Gefühl** eines Menschen betonen, seine Leidenschaften und Seelenpein. Eine große Rolle spielte die Darstellung von unberührter **Natur**, die die menschliche Seele widerspiegeln sollte. Oft wurden die **geheimnisvollen** und düsteren Seiten der Natur und des Menschen erforscht, dann ging es um Wahnsinn, Verzweiflung und Unheimliches.

In Großbritannien siedelten die vielen romantischen Dichter ihre Gedichte oft in der Natur an. Märchen und **Mythen** wurden eingewebt und verliehen den Werken etwas Mystisches. Formal gab es kurze, aber auch sehr lange, balladenhafte Gedichte. Auch amerikanische Dichter wie Walt Whitman wurden von der Romantik beeinflusst.

Berühmte romantische Dichter und ihre Gedichte
William Blake: *Jerusalem*, Lord Byron: *Don Juan*, *She Walks In Beauty*, Percy Shelley: *To A Skylark*, *Ode to the West Wind*, John Keats: *Ode to a Nightingale*

Shakespeares Sonette

»Shall I compare thee to a summer's day?« – »Soll ich dich mit einem Sommertag vergleichen?« Das *Sonett Nr. 18* von William Shakespeare (1564–1616) ist eine Liebeserklärung; das sogenannte lyrische Ich drückt durch Komplimente seine Zuneigung aus. Viele von Shakespeares 154 Sonetten, 1609 erstmals erschienen, sind **Liebesgedichte**; andere behandeln **universelle menschliche Themen** wie die Vergänglichkeit der Schönheit, ein zentrales Motiv dieser Zeit. Interessanterweise wenden sich die Sonette 1–127 nicht an eine Frau, sondern an einen jungen Mann, dessen Schönheit sie preisen, wodurch aber nicht unbedingt einer erotischen Neigung, sondern allgemeinen schwelgerischen Gedanken Ausdruck verliehen wird. Ab Sonett 127 wendet sich das lyrische Ich dann an eine gewisse *dark lady*.

Die Form des Sonetts ist streng; es besteht immer aus 14 Zeilen. Das Reimschema ist abab – cdcd – efef – gg.

Das Sonett als **Gedichtform** geht auf italienische Dichter der Renaissance zurück; die italienische Form ist jedoch etwas anders als die englische.

Shakespeares Dramen

Shakespeare schrieb vor allem Dramen, denn er war selbst Schauspieler und in einer Theatertruppe und einem Theater engagiert. **38 Stücke** werden ihm zugeschrieben (wobei manche Forscher seine **Urheberschaft** anzweifeln): **Komödien, Tragödien, Romanzen** und **Historiendramen**. Den Stoff gab es meist schon; so geht ***Hamlet*** (1603) auf eine nordische Sage zurück, ***Othello*** (1622) auf eine italienische Novelle, ***Macbeth*** (1623) auf historische schottische Personen. Shakespeare machte daraus Stücke mit enormem **Sprachreichtum**; sie sind fast alle in **Blankversen** (*blank verse*) geschrieben, die sich meist nicht reimen, sondern auf jeder zweiten Silbe betont werden (fünfhebiger Jambus, *iambic pentameter*), damit man sie gut deklamieren kann. Wer sich an die Sprache gewöhnt, merkt, dass die Themen uns auch heute noch angehen.

Viele berühmte Sprüche stammen aus Shakespeare-Stücken.
Aus *Hamlet: Etwas ist faul im Staate Dänemark. Der Rest ist Schweigen. Sein oder Nichtsein, das ist hier die Frage!*
Aus *Ein Sommernachtstraum: Gut gebrüllt, Löwe!*
Aus *Romeo & Julia: Es war die Nachtigall und nicht die Lerche.*

Sprichwörter (proverbs)

Ein Sprichwort ist ein kurz und knackig gefasster **weiser Ratschlag**, den man im richtigen Moment äußern kann. Jeder kennt Sprichwörter; die englischen muss man zwar lernen, sie ähneln aber häufig den deutschen. Manchmal gibt es eine direkte wörtliche Entsprechung (*The early bird catches the worm.*/Der frühe Vogel fängt den Wurm.); manchmal meinen die Briten dasselbe, verwenden aber andere Wörter: *Don't make a mountain out of a molehill.*/Mach aus einer Mücke keinen Elefanten. Wieder andere haben keine bekannte deutsche Entsprechung: *An apple a day keeps the doctor away.*/ Ein Apfel am Tag hält den Doktor fern. Gern verwendete **Stilmittel** sind **Alliteration** (*Practice makes perfect.*/Übung macht den Meister.), **Ellipse** (*Once bitten, twice shy.*/Ein gebranntes Kind scheut das Feuer.) oder **Reim** (*When the cat is away, the mice will play.*/Ist die Katze aus dem Haus, tanzen die Mäuse auf dem Tisch.).

Noch mehr Entsprechungen
He who dares wins. – Wer wagt, gewinnt.
Like father, like son. – Wie der Vater, so der Sohn.
Easy come, easy go. – Wie gewonnen, so zerronnen.
In for a penny, in for a pound. – Wer A sagt, muss auch B sagen.

Gedichte und Geschichten von Edgar Allan Poe

»*Quoth the raven: Nevermore.*« (»Sprach der Rabe: Nimmermehr.«) Diese Zeilen aus ***The Raven*** (*Der Rabe*) des amerikanischen Dichters Edgar Allan Poe (1809–49) transportieren die Stimmung des Gedichts: den Schrecken beim Auftauchen des großen schwarzen Vogels, die Endgültigkeit des prophetischen Ausrufs *Nevermore,* die Trauer eines Mannes, der seine Geliebte verloren hat.

Berühmte Erzählungen: Der Untergang des Hauses Usher, Lebendig begraben, Der Doppelmord in der Rue Morgue, Geschichte des Arthur Gordon Pym, Grube und Pendel

Edgar Allan Poe schuf mit seinen fantasievollen Erzählungen die Grundlage für die heutigen Genres Horror, Science-Fiction und Krimi. Seine dramatische, präzise Sprache war packend und erreichte dadurch ein großes Publikum. Mit dem obigen Gedicht wurde Poe 1845 auch als Lyriker bekannt. Seine Gedichte sind vom Symbolismus geprägt und werden als erste große Poesie Amerikas angesehen. Poe selbst war dieser Erfolg zu Lebzeiten nicht recht vergönnt;

von seinem Werk profitierten eher die Verleger. Sein ohnehin dunkles Gemüt sank endgültig in Finsternis, als seine Frau Virginia 1847 starb. Dem Wahnsinn nahe und wahrscheinlich dem Alkohol verfallen, starb der große Autor im Jahr 1849.

Die Kolonialzeit

Kolonialismus bedeutet, dass ein Land die Menschen einer anderen Gegend beherrscht, die es als kulturell niedriger stehend erachtet. Die Haupt-Kolonialzeit ist die Spanne zwischen dem Beginn des 16. Jahrhunderts (portugiesische und spanische Kolonien in Afrika und Südamerika) und dem 20. Jahrhundert, als die Kolonien unabhängig wurden.

Kolonialmächten wie England, Frankreich und den Niederlanden ging es um die Entdeckung neuer Länder und um deren Gewürze, Bodenschätze und andere Güter, nicht zuletzt **Sklaven**, die in einem Dreieckshandel aus Afrika nach Amerika verschifft wurden – vielleicht erinnern Sie sich an Darstellungen der Sklavenschiffe.

Höhepunkt war das ***British Empire*** zur Zeit Königin Viktorias (reg. 1837–1901), als Großbritannien ein Fünftel der Weltbevölkerung regierte. Spätestens seit der Unabhängigkeit Indiens 1947 ging die Kolonialzeit zu Ende, aber die **Folgen** (z. B. unterdrückte Urvölker, die allgegenwärtige englische Sprache) sind noch spürbar.

Einige ehemalige britische Kolonien, die heute zum Commonwealth gehören: Kenia, Tansania, Südafrika, Kanada, Australien, Neuseeland, Fidschi, Tonga, Salomonen, Indien, Singapur, Sri Lanka, Malediven, Seychellen, Bahamas, Jamaika, Zypern, Malta

Kunst

»Das Werk, das man malt, ist eine Art, Tagebuch zu führen.«

Pablo Picasso
(1881–1973)

Es stellt sich nur die Frage, ob man alle Ergüsse des Tagebuchs auch unbedingt ausstellen muss? Während sich einige Künstler der allgemeinen Beliebtheit erfreuen und ihre Werke vielen gefallen, könnten bei so manchem modernen Kunstwerk Gedanken wie »Das kann ich auch!« entstehen.

Mit etwas grundlegendem Wissen kann solchen Aussprüchen allerdings vorgebeugt werden. Dann zeigt sich, dass moderne Kunstwerke nicht einfach nur aus einem bunten Klecks hier und da bestehen.

Nicht nur schöne Bilder

Was ist Kunst?

Haben Sie diese Frage in der Schule diskutiert? Zu einem guten Kunstunterricht sollte sie eigentlich dazugehören, auch wenn sie nicht befriedigend beantwortet werden kann. Zunächst einmal ist Kunst natürlich alles **vom Menschen künstlich Geschaffene** im Gegensatz zur Natur. Im engeren Sinn ist Kunst nur das Herausragende und auch nur das, was nicht eindeutig einem Zweck dient, auch wenn man von der Heilkunst oder der Kunst des Autobaus reden kann. Zu den sogenannten **schönen Künsten** zählt man: Musik, Literatur, darstellende Kunst (Theater, Tanz, Film) und bildende Kunst. Nur Letztere ist in der Regel Inhalt des schulischen Kunstunterrichts. Die **bildende Kunst** gliedert sich in die Sparten Malerei, Grafik, Bildhauerei und Architektur. Aber wann sind Erzeugnisse der Malerei, Bildhauerei und der anderen Künste wirklich Kunst, also herausragend? Nicht bereits, wenn sie besonders schön oder technisch anspruchsvoll sind, sondern erst dann, wenn sie beim Betrachter etwas Besonderes auslösen: Emotionen wecken, Fantasie freisetzen, die Wahrnehmung erweitern ...

Angewandte Kunst oder Kunstgewerbe ist die Verbindung von Kunst und Gebrauchsgegenständen.

Das Problem mit den Grundfarben

Rot, Blau, Grün

Stutzen Sie? Müsste statt Grün nicht Gelb stehen? Oder handelt es sich bei dieser Aufzählung gar nicht um die **drei Grundfarben**? Doch, das tut es! Aus rotem, blauem und grünem Licht kann man jede andere Farbe mischen. Das liegt daran, dass sich auf der menschlichen Netzhaut drei verschiedene Arten von Sehzapfen befinden, die entweder Rot, Blau oder Grün wahrnehmen. Auch Fernsehbilder setzen sich deshalb aus winzigen roten, blauen und grünen Leuchtpunkten zusammen. Aber haben wir nicht alle im Kunstunterricht gelernt – und praktisch ausprobiert – dass sich aus Rot, Blau und Gelb alle anderen Farben mischen lassen? Des Rätsels Lösung lautet: Es gibt verschiedene Arten der Farbmischung. **Additive Farbmischung** liegt vor, wenn das Auge aus Rot, Blau und Grün alle Farben zusammensetzt. Beim Mischen von Malfarben handelt es sich dagegen um eine **subtraktive Farbmischung**. Die Malfarben in Rot (genauer Magenta), Blau (genauer Cyan) und Gelb wirken hier als Filter. Wenn man beispielsweise Gelb und Cyan mischt, dann absorbiert dieses Gemisch Blau und Rot und lässt nur Grün sichtbar werden.

> Additive Farbwiedergabe: RGB (Rot, Grün, Blau), subtraktive Farbwiedergabe: CMYK (Cyan, Magenta, Yellow/Gelb, Key/Schwarz)

Physik versus Kunst

Was ist eigentlich Farbe?

Da Sie sich gerade im Kapitel Kunst befinden, denken Sie vermutlich an die Palette der Malfarben. Würden wir aber gerade von Physik reden, dann kämen Ihnen wahrscheinlich eher die **Spektralfarben des Lichts** in den Sinn. Wenn man beide Beispiele im Hinterkopf behält, ist es leichter zu verstehen, dass es eine additive und eine subtraktive Farbmischung gibt. Dazu gehören die Lichtfarbe, Licht einer bestimmten **Wellenlänge**, das farbig wahrgenommen wird, und die Körperfarbe, die Farbe, die ein Gegenstand reflektiert, wenn er von weißem Licht, also dem vollen Spektrum, getroffen wird. Rotes Licht beispielsweise ist Licht mit einer Wellenlänge von 630 bis 700 Nanometern. Rote Malfarbe ist eine Substanz, die so beschaffen ist, dass sie nur rotes Licht reflektiert und alle anderen Längen absorbiert, also »aufsaugt«.

> Additive Lichtmischungen bestehen aus Lichtfarben, subtraktive aus Körperfarben.

Bunter Kreis

Wie würden Sie die Farben Blau, Gelb, Grün, Orange, Rot und Violett in einem Kreis anordnen?

Vermutlich würden Sie dieselbe Reihenfolge wählen wie bei den Spektralfarben und den Kreis schließen, indem Sie Rot und Violett nebeneinanderlegen. Nahezu jeder Mensch, der keine Farbwahrnehmungsschwäche hat, wählt diese Reihenfolge. Das Besondere daran: Man kann immer zwei nebeneinanderliegende Farben mischen und bekommt einen weiteren Farbton, der sich harmonisch in den Farbkreis einfügt, und als für sich stehende Farbe empfunden wird. Auf diese Weise kann man ihn – theoretisch – ins Unendliche erweitern. Würde man dagegen beispielsweise Grün und Rot mischen, käme man auf diffuse Brauntöne, die von den meisten Menschen wahrscheinlich eher als Unfarbe betitelt würden. Sehr bekannt ist der **Farbkreis von Johannes Itten** (1888–1967) aus dem Bauhaus-Umfeld. Im Zentrum stehen die drei Grundfarben Rot, Blau, Gelb, um sie herum die Sekundärfarben, die entstehen, wenn man jeweils zwei von ihnen mischt: Violett, Grün, Orange und ganz außen auch noch die Mischfarben dritter Ordnung. Gelborange, Orangerot, Rotviolett, Blauviolett, Blaugrün und Gelbgrün.

Ein Farbkreis visualisiert die Beziehungen zwischen den verschiedenen Farben.

Farbgeflimmer

Stellen Sie sich vor, Sie fixieren eine Weile einen cyanblauen Kreis und blicken dann auf eine weiße Fläche. Was sehen Sie?

Wenn Sie das noch wissen, ohne es auszuprobieren, dann haben Sie im Kunstunterricht bei den **Komplementärfarben** wirklich gut aufgepasst. Die Lösung lautet: einen roten Kreis. Komplementärfarben sind Farben, die miteinander gemischt immer Grau ergeben. Bei Rot ist das Cyan, bei Grün Magenta und bei Blau Gelb. Bei der Darstellung eines Farbkreises sollten sie sich genau gegenüberliegen.

Nebeneinander verwendet reizen sie das Sehempfinden. Oft wird das als unangenehm empfunden. Es entstehen Flimmereffekte.

Fixiert man ein einfaches Bild über längere Zeit (mehr als 30 Sekunden), dann ermüden die Sehzapfen. Blickt man nun zur Seite, dann sind die Augen nicht in der Lage, ein neues Bild aufzunehmen, sondern man sieht das eingebrannte alte, aber umgekehrt. Aus hell wird dunkel und alle Farben erscheinen in ihren Komplementärfarben.

> Das subjektive Empfinden, welche Farben komplementär (gegensätzlich) sind, weicht von der Betrachtungsweise der Physik ab.

Das Geheimnis der Perspektive

Wie stellt man dreidimensionale Gegenstände zweidimensional dar?

Mit dieser Frage tat sich die Kunst lange Zeit ausgesprochen schwer. Es bedurfte der Renaissance-Architekten, angefangen mit **Filippo Brunelleschi** (1377–1446), Verfahren zu finden, mit zeichnerischen Mitteln eine korrekte **Perspektivwirkung** herzustellen. Entsprechend berechneten die Maler der frühen Neuzeit mithilfe von Rastergittern die korrekten perspektivischen Größenverhältnisse. Es gelang nicht immer. Auf so manchem Meisterwerk der Renaissance stimmt die Perspektive bei genauem Hinsehen nicht.

> *Als ein Pionier auf dem Gebiet der korrekten, perspektivischen Darstellung gilt Piero della Francesca (um 1416/17–92).*

Kennen Sie es noch, das Geheimnis der Perspektive? In Wahrheit parallele Linien laufen auf dem Papier nicht parallel, sondern nähern sich an, sodass sie sich an einem gedachten **Fluchtpunkt** am Horizont treffen würden. Alle Maße verkürzen sich zum Fluchtpunkt hin kontinuierlich. Bei der Zentralperspektive gibt es nur einen solchen Fluchtpunkt. Bei der **Über-Eck-Perspektive**, bei der man von vorn auf die Ecke eines Gegenstands blickt, muss man dagegen eine Perspektive mit zwei Fluchtpunkten konstruieren, schaut man zusätzlich von oben oder unten auf diese Ecke, dann sind sogar drei Fluchtpunkte nötig.

Der ungewohnte Blick

Frosch oder Vogel?

Können Sie noch zwischen den verschiedenen Arten der perspektivischen Darstellung unterscheiden? **Frosch-** und **Vogelperspektive** führen selbsterklärende Namen, sodass man sie sich leicht merken kann. Wird Vogelperspektive verwendet, blickt man von oben auf ein Objekt oder eine Szenerie. Dadurch wird der Eindruck erweckt, dass der Betrachter entweder erhöht steht, fliegt oder größer ist als ein normaler Mensch. Die Froschperspektive ist entsprechend der von unten nach oben gerichtete Blick. In der Fotografie ist es wichtig, dabei auf die Lichtverhältnisse achtzugeben.

Frosch- und Vogelperspektive werden eher in der Fotografie als in der Malerei genutzt.

Beides sind, wie die **Zentralperspektive**, Fluchtpunktperspektiven, die ein möglichst wirklichkeitsgetreues Abbild ergeben sollen. Daneben gibt es noch die **Parallelperspektive**. Bei dieser Methode streben die in Wirklichkeit parallelen Linien keinem Fluchtpunkt zu, sondern bleiben auch auf der Zeichnung parallel. Parallelperspektiven werden aber vor allem für technische Zwecke verwendet, da sie zwar weniger wirklichkeitsnah wirken, aber präziser Auskunft über das dargestellte Objekt geben. Auch Computerspiele benutzen oft die Parallelperspektive, damit Objekte im Hintergrund deutlicher zu erkennen sind. In der Architektur wird diese Darstellung ebenfalls oft verwendet.

Verschwommener Horizont

Was hat Caspar David Friedrich mit Perspektive zu tun?

So einiges! Auf vielen seiner Bilder lässt sich ein spezielles Verfahren besonders gut studieren, das Landschaftsbildern Tiefenwirkung verleiht. Man nennt es **Luftperspektive**. Mussten Sie es auch in Ihrem Kunstunterricht üben? Indem zum Horizont hin die Farben immer heller und die Kontraste unschärfer werden, entsteht der Eindruck, diese lägen viel weiter weg. Mit der Luftperspektive kann die **Farbperspektive** einhergehen: Dabei werden im Vordergrund wärmere Farbtöne eingesetzt, im Hintergrund eher kältere, blaustichige. Besonders groß erscheint die Distanz zwischen Vorder- und Hintergrund der Bilder, wenn Komplementärfarben eingesetzt werden, etwa vorn Gelb und hinten Blau. Diese Effekte beruhen darauf, dass sich auch in der Natur zwischen uns und weiter Entferntem ein immer dichter werdender Schleier aus Luft befindet. Und diese beeinflusst die Sicht, selbst dann, wenn es sich um klare Bergluft handelt.

Caspar David Friedrich (1774–1840) gilt als bedeutendster Maler der deutschen Frühromantik.

Die perfekte Proportion

Zu den Geheimnissen der *Mona Lisa* gehört der Goldene Schnitt.

Das ist gewiss richtig, aber es gibt noch so viel mehr Wissenswertes darüber. Als **Goldenen Schnitt** bezeichnet man ein **mathematisches Teilungsverhältnis**. Der Goldene Schnitt liegt vor, wenn gilt: $a : b = (a + b) : a$. Das heißt, eine Strecke ist so geteilt, dass ihr größerer Teil angenähert 1,618-mal so groß ist wie der kleinere. Mit diesem Verhältnis haben sich Mathematiker seit der Antike beschäftigt. Dass es für Künstler und Baumeister eine besondere Rolle spielte, ließ sich bislang nicht beweisen, obwohl sich zahlreiche Beispiele finden lassen, die zumindest einigermaßen passen. Leonardo da Vinci (1452–1519) erwähnt den Goldenen Schnitt in seinem Werk nicht, aber in seiner berühmten Zeichnung des *Vitruvianischen Menschen* (siehe Abbildung) lässt sich ein Proportionsverhältnis von 1,7 : 1 nachweisen, was sich dem Goldenen Schnitt annähert. Auch in die *Mona Lisa* kann man Linien so einzeichnen, dass sie über dem linken Auge einen Goldenen Schnitt bilden. Trotzdem ist es heftig umstritten, ob Künstler vor dem 19. Jahrhundert bewusst den Goldenen Schnitt anwandten und auch, ob genau dieses Verhältnis als schöner wahrgenommen wird, als andere Teilungsverhältnisse.

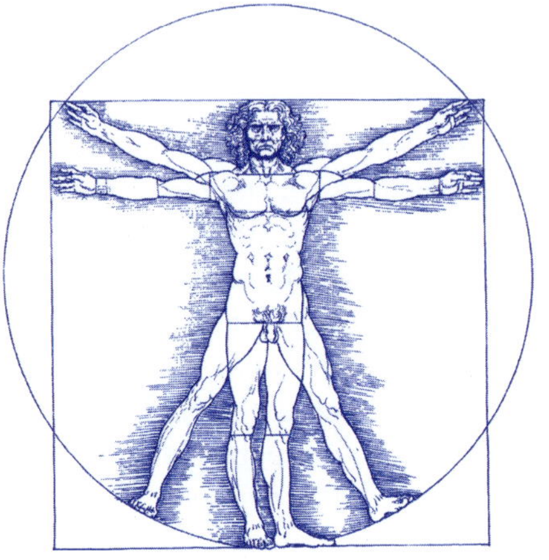

Moderne Künstler wie z. B. Piet Mondrian (1872–1944) setzten den Goldenen Schnitt bewusst ein.

Standbein, Spielbein

Was gibt Michelangelos *David* seine unübertroffene Lässigkeit?

In der Gotik versuchte man, durch eine weniger natürliche S-Form Spannung in die Körper zu bringen.

Der sogenannte **Kontrapost**. Damit ist eine Haltung gemeint, bei der das Gewicht des Körpers auf einem Standbein ruht, während das andere als Spielbein ganz entspannt bleibt. Vermutlich war es der berühmte griechische Bildhauer **Polyklet** (5. Jh. v. Chr.), der als Erster entdeckte, dass seine Figuren viel lebendiger wirken, wenn er sie im Kontrapost darstellt, als wenn sie fest mit beiden Beinen auf dem

Boden stehen. Damit setzte er sich radikal vom archaischen, strengen Stil seiner Vorgänger ab. Die Verlagerung des Gewichts auf nur ein Standbein bringt den Körper – auch in einer Ruheposition – in eine dynamische Spannung, da er seine Balance finden muss. Auch für Michelangelo ergab sich so die Möglichkeit, eine Menge Ausdruck in seine Figuren zu bringen. Der klassische Kontrapost der Antike wurde in der Renaissance wiederentdeckt und gehört seitdem zum Repertoire der darstellenden Kunst.

Schwärmerei für Marmorweiß

»Edle Einfalt und stille Größe«

Können Sie es auch herbeten? Vermutlich haben das Generationen von Schülern getan, die sich mit dem berühmten Archäologen Johann Jakob Winckelmann (1717–68) und seiner Ausführungen über die **antike Laokoon-Gruppe** befassen mussten. Ein Mann und zwei Jungen im verzweifelten Kampf gegen Seeschlangen! Dabei von edler Einfalt und stiller Größe zu sprechen, darauf muss man erst einmal kommen! Aber fairerweise sollte man erwähnen, dass Winckelmann auch über den Schmerz schrieb, der in allen Muskeln und Sehnen der Figuren entdeckt werden könne und den man beim Anblick beinahe selbst zu empfinden glaube. Außerdem versetzte dieses Kunstwerk auch andere Geister in Wallung. Goethe etwa oder Lessing, der dem Kunstwerk einen ganzen Aufsatz widmete: *Laokoon oder Über die Grenzen der Malerei und Poesie*. Man muss das auch vor dem Hintergrund des damals gerade zu Ende gehenden Barock sehen. Eine Plastik, die – ohne jeden Firlefanz – nur drei Menschen und zwei Schlangen zeigt, sich dabei aber ganz auf den dramatischen Todeskampf konzentriert, musste nach dem überladenen Barock wie eine Offenbarung wirken. Allerdings trug zu diesem Eindruck das edle Marmorweiß der Skulpturen nicht wenig bei. Heute weiß man, dass antike Statuen bunt bemalt waren.

Laokoon soll von Schlangen erwürgt worden sein, weil er die Trojaner vor dem Trojanischen Pferd warnen wollte.

Die Weltwunder

Zwei Kerle, zweimal weiblicher Besitz, zwei Grabmäler und ein längst zusammengestürzter Turm, das sind die sieben Weltwunder.

Der Koloss von Rhodos und die Zeusstatue von Olympia, die Hängenden Gärten der Semiramis in Babylon und der Artemistempel von Ephesos, die Pyramiden von Gizeh und das Grabmal des Mausolos in Halikarnassos sowie der Leuchtturm von Alexandria machen zusammen **die sieben Weltwunder** aus. Allerdings war man sich in der Antike keineswegs einig, welche wirklich als die sieben bedeutendsten architektonischen Wunder gelten sollten. Es gab verschiedene Listen. Die obigen haben sich jedoch durchgesetzt. Da jedoch nur noch die Pyramiden stehen, gab es 2007 eine groß angelegte Umfrage, welche noch existierenden Baudenkmäler als die besten sieben anzusehen sind. Die Sieger waren die Maya-Stadt Chichen Itza, die Chinesische Mauer, die Christusstatue von Rio, das römische Kolosseum, die Inkastadt Machu Pichu, die jordanische Felsenstadt Petra und das Tadsch Mahal.

Die modernen Sieben: CN-Tower, Deltawerke, Empire State Building, Eurotunnel, Golden Gate Bridge, Itaipu-Damm, Panamakanal

Das Land der Pyramiden

»Soldaten! Denkt daran, dass von diesen Monumenten 40 Jahrhunderte auf euch herabblicken.«

Kennen Sie ihn auch, den berühmten Spruch, mit dem Napoleon seine Soldaten im Jahr 1798 vor der Schlacht gegen die Engländer anspornte? Er hätte sogar noch ein bisschen höher greifen dürfen. Die **Cheopspyramide** von **Gizeh** wurde um 2600 v. Chr. erbaut und war zu Napoleons Zeit also 44 Jahrhunderte alt. Die Chephren- und die Mykerinospyramide wurden ebenfalls im Lauf des 25. Jahrhunderts v. Chr. erbaut. Sie stammen aus dem sogenannten **Alten**

Reich, das um 3000 v. Chr. durch die Vereinigung von Oberägypten – dem Niltal – und Unterägypten – dem Nildelta – entstand. Die Pyramiden von Gizeh markieren aber bereits den Höhepunkt der Pyramidenbaukunst. Danach wurden sie immer kleiner und mit Beginn des Neuen Reiches (um 1550 v. Chr.) stellte man den Pyramidenbau ganz ein und ging dazu über, die Pharaonen im Tal der Könige zu begraben.

Ursprünglich waren die Pyramiden mit weißen Steinplatten überzogen und besaßen vermutlich auch vergoldete Spitzen.

Säulenformen

Dorisch, ionisch, korinthisch

Die griechischen Säulenordnungen! Muss man das wirklich wissen? Man sollte, wenn man die Prinzipien der griechischen Architektur verstehen will. Grundelement der griechischen Baukunst sind Säulen und Gebälk. Ursprünglich war alles aus Holz, was man den späteren Steintempeln noch ansieht.
Die älteste Ordnung ist die dorische (aus dem 7. Jh. v. Chr.). **Dorische Säulen** sind mit längs verlaufenden Furchen, den Kanneluren, überzogen. An ihrem oberen Ende finden sich drei Querrillen (Anuli) – ein Relikt der Schnüre, mit denen man die Stämme gegen das Aufsplittern schützte. Auf den Säulen befindet sich ein sogenanntes Kapitell, das aus einem runden, wulstförmigen Ring (Echinus) und einer quadratischen Deckplatte (Abakus) besteht. **Ionische Säulen** stehen auf einem Sockel und ihr Kapitell ist mit seitlichen Locken (Voluten) geschmückt. **Korinthische Säulen** haben

In Rom kamen noch die toskanische (Abart der dorischen) und die Kompositordnung (Mischung von ionischer und korinthischer) dazu.

als Kapitell einen Korb mit stilisierten Akanthusblättern. In der griechischen Architektur galt die dorische als die »männliche« und die ionische als die »weibliche« Ordnung. Zwar konnte man einer Göttin einen dorischen Tempel bauen, betonte damit aber ihre kriegerischen Aspekte, während ein ionischer Tempel für einen Gott dessen musische Seite zum Ausdruck brachte. Ein Merkmal der beiden älteren Ordnungen ist auch, dass sie die Verhältnisse der Schwerkraft verdeutlichen. Echinus und Voluten wirken wie platt gedrückt vom schweren Gebälk. Beim korinthischen Akanthuskapitell ist das nicht mehr der Fall. Es spielte aber in Griechenland auch eine untergeordnete Rolle und wurde erst in Rom richtig populär.

Die Suche nach der Perfektion

Griechische Tempel sehen doch alle gleich aus.

Nur auf den ersten Blick! Aber die griechischen Baumeister waren auch weniger daran interessiert, Neues zu erfinden, sondern wollten vielmehr das Gewohnte perfektionieren. Griechische Tempel können rund oder rechteckig sein; ein oder mehrere Säulenreihen tragen ein flaches Satteldach. Die Dreiecke an den **Giebelfronten** (Tympanon) und ein umlaufender Steinfries unter dem Dach wurden mit Steinreliefs geschmückt. Beim **Fries** wechseln sich immer **Triglyphen** (Felder mit senkrechten Rillen) und **Metopen** (Felder mit Figurenschmuck) ab. Die Triglyphen markieren die Enden der Konstruktionsbalken in der Holzbauzeit und blieben beim Steinbau als Schmuckelemente erhalten. Die Schönheit eines Tempels wurde an seinen gelungenen Proportionen, am kunstvollen Figurenschmuck auf Fries und Tympanon sowie an seiner Einbettung in die Landschaft festgemacht.

Als schönster griechischer Tempel gilt der Parthenon (447–432 v. Chr.) auf der Akropolis von Athen.

Die Schönheit des Zweckmäßigen

Wissen Sie, wer den berühmten *Pont du Gard* bei Nîmes baute?

Es waren die Römer. Der *Pont du Gard* ist in mehrerer Hinsicht exemplarisch für die römische Baukunst. Es heißt ja oft, dass die Römer einen Großteil ihrer Kunst und Kultur von den Griechen übernahmen. Am Anfang war das auch sicher der Fall. Doch die Römer waren bei Weitem die besseren Ingenieure als die Griechen. Sie überzogen ihr riesiges Reich mit ungefähr 85.000 Kilometern teils gepflasterter Straße, die auch durch Wüsten und Sümpfe, über Berge und Schluchten führte. Außerdem versorgten sie ihre großen Städte über **Aquädukte** wie den *Pont du Gard* mit fließendem Wasser. Im Gegensatz zu den Griechen konnten sie auch große **Bögen** und **Gewölbe** errichten. Die Kuppel des *Pantheon* (118–125) in Rom beispielsweise war mit über 43 Metern Höhe bis zum Ende des 18. Jahrhunderts die größte der Welt. Etwa um die Zeitenwende entwickelten die Römer aus der anfangs rein technischen Bogenbauweise eine ganz eigene Ästhetik, die auch Zweckbauwerke wie den *Pont du Gard* oder den gewaltigen Unterbau des *Kolosseums* zu Hinguckern macht.

Was das Dekor betrifft, haben die Römer tatsächlich meist griechisches übernommen.

Wuchtig mit Rundbogen

Woran erkennt man romanische Kirchen?

An den Rundbögen natürlich! In der Romanik, die von etwa 950 bis 1250 reichte, entdeckten die Baumeister Kunstfertigkeiten wieder, die schon im alten Rom bekannt gewesen waren, aber in Vergessenheit gerieten. Nicht nur den Rundbogen als Konstruktions- und ab der Hochromanik auch als Schmuckelement, sondern vor allem die Kunst, große Räume mit **Tonnen-** und **Kreuzgratgewölben** zu versehen. Ab dem 11. Jahrhundert war man dann fähig, riesige Kathedralen wie den Dom zu Speyer und die **Abteikirche von Cluny**

Die Romanik war der erste Stil seit dem Ende der Antike, der sich über ganz Europa ausbreitete.

mit Raumhöhen von über 30 Metern zu errichten; mit gewölbten Decken selbstverständlich. Die Mauern waren allerdings sehr dick und wuchtig und der Skulpturenschmuck beschränkte sich auf die Portale (meist mit Jüngstem Gericht im Tympanon) und die Kapitelle. Zusätzlich schmückend wirkte die farbige Bemalung, die man in den Kirchen anbrachte.

Zeitdruck oder Verfall

Malen ohne Leinwand

In der Romanik wurden zahlreiche Wandmalereien **al secco** angefertigt. Das heißt, dass man die Farben einfach auf den trockenen Putz auftrug. Das geht ziemlich einfach, aber macht die Werke auch anfällig für den Zahn der Zeit, wie beispielsweise Leonardo da Vincis berühmtes *Abendmahl* beweist, das ebenfalls al secco auf die Wände des Speisesaals im Dominikanerkloster Santa Maria delle Grazie in Mailand gemalt wurde. **Fresken** dagegen werden auf den noch feuchten Kalkputz aufgetragen. Beim Trocknen wird das Gemälde von einer dünnen **Sinterhaut** aus transparent aufgetragenem Kalk überzogen. Diese gibt ihm einen seidigen Glanz, dient aber vor allem als Schutzschicht. Fresken bleiben deshalb meist über die Jahrhunderte erhalten, blättern nicht ab und können sogar ab und zu gesäubert werden, wie etwa die in der *Sixtinischen Kapelle* in den 1980er-Jahren.

Das Schwierige beim Erschaffen von Fresken: Man braucht gut abgelagerten Kalkputz und muss dann sowohl Putz als auch Farbe innerhalb eines Tages auf die Wand bringen. Möglichkeiten zur Korrektur gibt es nicht.

Mit Freskotechnik wurde vor allem im alten Rom, in der Renaissance und dem Barock gearbeitet.

Himmelwärts

Gotische Kathedralen erkennt man am Spitzbogen.

Das ist nur ein Aspekt der Charakteristik. Die gotische Baukunst zeichnete sich vor allem auch durch die Skelettbauweise aus. Die gewaltigen Schubkräfte aus dem Gewölbe wurden über Rippenbögen nicht mehr auf das Mauerwerk abgeleitet, sondern auf tragende Pfeiler und Säulen. Das Mauerwerk zwischen diesen Pfeilern hat keine tragende Funktion mehr, weshalb man große Glasfenster einbauen konnte. Um diesen Bauten Stabilität zu verleihen, bedurfte es aber eines äußeren Strebewerks aus Bögen und Pfeilern, die einen Teil der Schubkräfte aufnahmen. Diese wurden mit allerlei Dekor wie **Wimpergen** (Ziergiebeln), **Fialen** (Türmchen) oder **Krabben** (Kriechblumen) besetzt. Ebenfalls typisch gotisch ist das Maßwerk, ein steinernes Strebewerk, das die Fensterflächen gliederte. Vor allem an der Westfront wurden riesige runde Maßwerk-Fenster, die sogenannten Rosen, eingesetzt. Gleichzeitig versuchte man, immer höher und filigraner zu bauen. Diverse Kathedralen, darunter der Kölner Dom, erreichten Raumhöhen von über 40 Metern.

Die Gotik dauerte etwa von 1140 bis 1500 und nahm ihren Anfang in Frankreich.

Weg vom Goldgrund

Eine Raumsonde, eine Süßigkeit, ein Krater auf dem Merkur und ein Maler. Was haben diese Begriffe gemeinsam?

Richtig, den Namen Giotto. Der Maler Giotto, genauer Giotto di Bondone (1266–1337) gilt als der Wegbereiter der Renaissancemalerei. So wandte er sich vom traditionellen **gotischen Goldhintergrund** ab und setzte seine Figuren stattdessen vor angedeutete Landschaften. Außerdem versuchte er sich am Problem der Perspektive und verlieh seinen Figuren ausgeprägte Plastizität, beispielsweise durch den Faltenwurf der Gewänder. Vor allem aber sind seine Szenerien weit lebendiger und natürlicher und seine

Figuren bewegter, als es bis dahin in der Malerei mit ihren eher statischen Arrangements üblich war. Seine berühmtesten Werke sind der Freskenzyklus *Szenen aus dem Leben des heiligen Franziskus* in der Basilika von Assisi und ein weiterer Freskenzyklus in der Capella degli Scrovegni in Padua.

Giotto wurde Namensgeber in der Weltraumfahrt, da er auf einem seiner Bilder den Halleyschen Kometen malte, der 1301 zu sehen war.

Wiedergeburt der Antike

Brunelleschi, Donatello, Leonardo da Vinci, Michelangelo, Botticelli, Rafael, Tizian, Bramante, von der Weyden, van Eyck, Bruegel, Dürer, Cranach, Holbein, El Greco

Die ersten Renaissancebauten schuf Filippo Brunelleschi (1377–1446) in Florenz.

Ganz klar, von welcher Epoche da die Rede ist, nicht wahr? Das kann nur die Renaissance sein. Sie begann etwa um 1400 in Italien und wurde erst gegen Ende des 15. Jahrhunderts auch in Frankreich aufgegriffen. In Deutschland, wo die **Spätgotik** noch lange in höchster Blüte stand, übernahm man erst im Verlauf des 16. Jahrhunderts Renaissanceelemente. **Renaissance** bedeutet Wiedergeburt, konkret eine Wiedergeburt der antiken Kunst. Sie ging mit der geistigen Strömung des Humanismus einher, der den Menschen in den Mittelpunkt stellte und wissenschaftliches Denken zu entwickeln begann. In der Architektur vollzog man einen radikalen Bruch mit der Gotik. Statt der immer schwindelerregend hohen Kathedralen wollte man wieder menschliche Maßstäbe und klare Linien. Nicht nur die Maler entdeckten die Perspektive, auch die Architekten richteten ihre Gebäude auf Fluchtpunkte aus und betonten mit Gesimsen, Schmuckbändern, langen Fensterreihen und Arkaden die Horizontale.

Der Mensch im Mittelpunkt

Erinnern Sie sich noch an die DM-Scheine, die von 1961 bis 1990 im Umlauf waren?

Allen Scheinen war gemeinsam, dass auf der Vorderseite Stiche zu sehen waren, die nach Porträts deutscher Renaissance-Maler angefertigt wurden: die junge Venezianerin von **Albrecht Dürer** (1471–1528) auf dem Fünfmarkschein und seine Nürnberger Patrizierin Elsbeth Tucher auf dem Zwanziger. Auf dem Zehnmarkschein ist ein junger Schönling mit Lockenmähne zu sehen, der von manchen Forschern auch Dürer zugeschrieben wird, auf dem Tausender Lucas Cranach der Ältere (um 1475–1553) und auf Fünfziger, Hunderter und Fünfhunderter Werke der weniger bekannten Maler Hans Urmiller, Christoph Amberger und Hans Maler. Porträts gehörten zu den großen Neuerungen der Renaissance-Kunst. Bilder von gewöhnlichen Menschen anzufertigen, wäre im Mittelalter undenkbar gewesen. Damals malte man nur Heilige. Allenfalls durften die Stifter, die den ganzen Spaß bezahlten, am Rand in anbetender Pose erscheinen. In der Renaissance waren Menschen das Hauptthema der Malerei: entweder ganz unverblümt im Porträt oder im Rahmen religiöser oder mythologischer Szenerien, die aber oft erkennbar nur den Zweck hatten, Schönheiten ins rechte Licht zu rücken.

Das erste Selbstporträt malte wohl Jan van Eyck (um 1390–1441) im Jahr 1433.

Leonardo aus Vinci

Das größte Genie der Renaissance

Obwohl die Konkurrenz groß ist, wird dieser Titel doch in der Regel Leonardo da Vinci (1452–1519) zugeschrieben. Er hat nicht nur das *Abendmahl*, die *Mona Lisa* und andere weltberühmte Gemälde angefertigt, sondern verkörpert auch wie kein anderer den **geistigen Aufbruch in der Renaissance**. Er war seiner progressiven Zeit weit voraus, denn er betrieb umfangreiche Naturstudien und sezierte sogar Leichen. Die Details hielt er in zahlreichen Skizzen fest, beispielsweise in der ersten bekannten Zeichnung von einem Fötus im

Leonardo entwickelte die Sfumato-Technik, durch die mithilfe feinster Lasurschichten Landschaften weich und dunstig wirken.

Mutterleib. All das ermöglichte ihm, den menschlichen Körper, aber auch Licht und Schatten so authentisch zu malen wie niemand vor ihm. Da er auch das Fließverhalten des Wassers studiert hatte, baute er für fürstliche Auftraggeber Kanäle und Brücken von bis dahin unerreichter Größe. Daneben entwarf er Apparate, Maschinen und Waffen. Angeblich soll auf einem Fest sogar ein Roboter aufgetreten sein. Seine Visionen gingen sogar noch weit darüber hinaus. In seinen Skizzenbüchern finden sich auch Fahrräder, U-Boote, Hubschrauber und Personenaufzüge, die erst viel später verwirklicht wurden.

Ein Meister in drei Metiers

Was war Michelangelo? Maler, Bildhauer oder Architekt?

Alles zusammen! Er hat die Gemälde in der *Sixtinischen Kapelle* geschaffen, den *David* aus Stein gehauen und wesentliche Teile des *Petersdoms* gestaltet. Außerdem dichtete er noch, was ihm aber keinen Weltruhm einbrachte. Michelangelo Buonarroti (1475–1564) selbst sah sich vor allem als Bildhauer und ließ sich nur widerwillig zur Ausmalung der *Sixtinischen Kapelle* drängen, die viele Kunsthistoriker aber als sein größtes Werk ansehen. Um 1520 schuf er einen eigenen Kunststil, den sogenannten **Manierismus**. Dabei begann er mit den klaren Formen, die die Renaissance ursprünglich angestrebt hatte, zu spielen und verwirrende Effekte zu erzeugen.

Als Maler stand Michelangelo zu seiner Zeit im Schatten des gefälligeren Raffaels (1483–1520).

Beispielsweise die Fluchtlinien auf dem **Kapitolsplatz** in Rom laufen auf offene Ecken zwischen den drei Gebäuden zu, die den Platz umrahmen. Zusammen mit dem leicht gewölbten Oval in der Mitte des Platzes, das von einem hell-dunklen Sternenmuster überzogen ist, bilden sie einen seltsamen Kontrast.

Ein flämisches Multitalent

Peter Paul Rubens war auch Diplomat.

Das kommt überraschend, nicht wahr? Ist der Flame doch vor allem als Maler üppiger Barock-Schönheiten bekannt. Doch man tut ihm unrecht, wenn man glaubt, er hätte nichts anderes als nackte Frauen im Kopf gehabt. Rubens (1577–1640), der sein Handwerk in Italien bei Tizian und Veronese gelernt hatte, war **Hofmaler** der niederländischen Statthalterin Isabella (1566–1633) und diente ihr als Gesandter. Für seine Bemühungen um Frieden zwischen Spanien und England schlug ihn der englische König sogar zum Ritter. Vor allem aber war Rubens einer der einflussreichsten Maler überhaupt. Er hatte schon zu Lebzeiten eine florierende Werkstatt, die rund 1500 Gemälde hervorbrachte. Viele, wie *Kreuzaufrichtung* und *Kreuzabnahme* (*Liebfrauenkirche Antwerpen*) setzten Maßstäbe und wurden von unzähligen Künstlern kopiert. Rubens war ein unerreichter Meister des Pathos und der Dramatik. Um es modern auszudrücken: Seine Bilder waren ganz großes Kino, was damals eben gefragt war. Daneben verfügte er über eine fantastische Technik, die auch diejenigen anerkennen müssen, die mit Pathos und barbusigen Schönheiten nichts anfangen können.

Mit 49,5 Mio. Pfund, die 2002 dafür gezahlt wurden, ist Rubens' Kindermord von Bethlehem der bislang teuerste Alte Meister.

Dramatische Lichtverhältnisse

Haben Sie noch gelernt, dass *Der Mann mit dem Goldhelm* ein Meisterwerk von Rembrandt ist?

Das ist inzwischen Geschichte. Das Gemälde, an dem man das für Rembrandt so charakteristische Spiel mit Licht und Schatten erkennen wollte, ist, wie man in den 1980er-Jahren feststellte, kein echter Rembrandt, sondern nur in dessen Umfeld entstanden. Trotzdem bleibt das Bild ein Meisterwerk und ist exemplarisch für

Rembrandt übte extrem großen Einfluss bis in die Moderne aus, u. a. auf Van Gogh, Picasso, Manet oder Liebermann.

das, was Rembrandt van Rijn (1606–69) in die Malerei einbrachte. Vor allem die dramatischen **Hell-Dunkel-Kontraste** sind ein charakteristisches Stilmittel. Außerdem die meisterhaften Kompositionen, die selbst dann, wenn die Szenerie ganz ruhig ist, von enormer Spannung zeugen und dem Betrachter das Gefühl geben, die ganze Geschichte rund um die Szene erfassen zu können. Im Gegensatz zum nur wenig älteren Rubens jedoch gibt es bei Rembrandt kein Pathos, keine irrealen Lichtverhältnisse, Putten, wallenden Wolken, in alle Richtungen flatternden Gewänder usw., sondern auch in religiösen und mythologischen Szenerien nur gewöhnliche Menschen, reale Umgebungen und nicht mehr als das nötigste Beiwerk.

Von der Platte

Radiergummis kennt man noch aus dem Zeichenunterricht. Aber damit macht man doch keine Radierung?

Haben Sie gelernt, was eine Radierung ist? Bei einer Radierung wird eine Zeichnung entweder mit einer harten Stahlnadel in eine **Druckplatte** geritzt, das nennt man **Kaltnadelradierung**, oder man streicht einen **Ätzgrund**, beispielsweise aus Wachs, Harz und Asphalt, auf die Platte und ritzt die Zeichnung dort hinein. Wenn man die Platte anschließend mit einer ätzenden Flüssigkeit bestreicht, frisst sich diese an den frei gekratzten Stellen in das Metall und überträgt so die Zeichnung. Bei beiden Verfahren streicht man die Platte anschließend so dünn mit Farbe ein, dass diese sich nur in den Vertiefungen sammelt, und presst die Zeichnung anschließend mithilfe einer **Walzendruckpresse** auf feuchtes Papier. Dabei handelt es sich um ein sogenanntes **Tiefdruckverfahren**, da die Farbe in Vertiefungen gefüllt und nicht auf hervorstehende Teile aufgetragen wird. Radierungen werden teilweise noch koloriert.

Der im Kunstunterricht so beliebte Linolschnitt ist ein *Hochdruckverfahren*, da die Druckfarbe auf die hochstehenden Bereiche aufgetragen wird.

Vom Pathos zur verspielten Eleganz

Können Sie Barock und Rokoko unterscheiden?

Das Rokoko (um 1700) wird allgemein als eine Spätform und Steigerung des Barock betrachtet. Es ist zierlicher, verspielter und heller in den Farben. Kennzeichen des Rokoko ist die **Rocaille**, ein muschelartiges, verschnörkeltes und asymmetrisches Dekorelement, das sich im Rankenwerk des Rokoko-Stucks in zahlreichen Variationen findet. Typisch für das Barock sind **Ludwig XIV.** (1638–1715) und das Schloss *Versailles*: bombastisch und ganz auf Repräsentation getrimmt. Im Rokoko dagegen entstanden private Lustschlösschen wie *Sanssouci*, in denen sich die Herrscher von der Last der Repräsentation erholen wollten. Auch die Möblierung der Schlösser wurde eleganter und leichter und war eher für private Anlässe gedacht.

In der Malerei dominierten ebenfalls privatere Motive. Zu den Rokokomalern zählen beispielsweise die Briten Thomas Gainsborough (1727–88) und Joshua Reynolds (1723–92), die mit eleganten Porträts berühmt wurden, die die Abgebildeten nicht in repräsentativer Pose, sondern in scheinbar natürlicher, aber perfekt arrangierter Umgebung zeigen.

Typisch süddeutsche Rokoko-Kirche: die Wieskirche in Steingaden

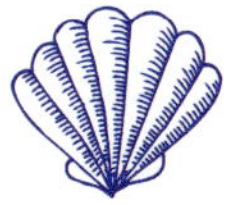

Immer wieder die Antike

Was hat Klassizismus mit Klassik zu tun?

Klassizismus:
ca. 1750–1840

Der klassizistische Stil ist eine **Rückbesinnung** auf die Ästhetik der klassischen griechischen und römischen Antike. Im Grunde passierte um 1750 genau dasselbe wie schon zu Beginn des 15. Jahrhunderts. So wie man sich damals vom Übertriebenen der Gotik abwandte, so übersättigt war man vom ausufernden Barock und Rokoko. So wie die Renaissance den Stil des Humanismus darstellt und sich gegen die Allmacht der Kirche wandte, war der Klassizismus – zunächst – der Kunststil der Aufklärung und bedeutete eine Absage an den barocken Bauwahn absolutistischer Fürsten. Zum erneuten Mal wollte man eine vermeintlich vernünftige Architektur, die zu neuen bürgerlichen Gesellschaftsidealen passte, und eine Malerei, die beim Betrachtenden Edelsinn, Einsicht und guten Geschmack förderte. *Der Schwur der Horatier* von Jacques-Louis David (1748–1825), ein Bild, das eine hochpatriotische Parabel aus den Zeiten der römischen Republik aufgreift, ist ein solches Gemälde. David steigerte den Ausdruck des Bilds noch, indem er in seinem Gemälde einen Schwur der Horatier abbildet, den es in der römischen Erzählung gar nicht gegeben hat. Fünf Jahre vor Ausbruch der Französischen Revolution erregte das Bild im unzufriedenen Bürgertum große Begeisterungsstürme.

Säulen überall

Können Sie das Brandenburger Tor stilistisch einordnen?

Es ist ein frühklassizistischer Bau und repräsentativen antiken Torbauten wie den Propyläen auf der Athener **Akropolis nachempfunden**. Das Tor wurde 1788 bis 1791 auf persönlichen Wunsch des preußischen Königs von Carl Gotthard von Langhans (1732–1808) gebaut. Preußen, dessen Herrscher sich dem sogenannten aufgeklärten Absolutismus verschrieben hatten, wollte Berlin als hochmoderne Metropole präsentieren. Tatsächlich war Preußen in jenen Jahren künstlerisch auf der Höhe der Zeit. Dafür sorgten Koryphäen wie Karl Friedrich Schinkel (1781–1841) oder der Bildhauer Johann Gottfried Schadow (1764–1850). Auch an anderen Orten in Europa entstand **neoantike Kunst**: *Königsplatz* und *Ludwigsallee* mit *Siegestor* in München etwa, die *Walhalla* bei Donaustauf, die *Befreiungshalle* bei Kelheim, der *Arc de Triomphe* in Paris, das *Kapitol* in Washington.

Manche Bauwerke, die klassizistisch aussehen, entstanden erst im späten 19. Jh. im neoklassizistischen Stil.

Der Unterschied zwischen Kunst und Schule

Wasserfarbe ist nicht gleich Wasserfarbe.

Leider! Das Malen von Aquarellen mit Wasserfarben wird vielfach als die Königsdisziplin der Malerei angesehen. Die Bilder, die Sie im Kunstunterricht angefertigt haben, gehören aber nicht zur Aquarellmalerei, obwohl sie mit Wasserfarben gemalt wurden. Wasserfarben sind zunächst einmal einfach Farbpigmente, die nicht in Öl, sondern in Wasser gelöst werden. Dabei kann man zahlreiche Farbdichten erzielen. Richtige Aquarellfarben sind jedoch **transparent**. Trägt man sie auf, dann schimmert immer noch der Hintergrund hindurch. Farben werden in der Regel nicht gemischt, sondern schichtweise übereinander aufgetragen. Teils lässt man sie auch bewusst verfließen. Das Tückische dabei ist, dass man Fehler kaum korrigieren kann. Vor allem lässt sich nichts nachträglich aufhellen. Das Malen in der Schule findet dagegen mit Deckfarben statt, die den Hintergrund völlig verbergen können. Künstler verwenden solche Deckfarben nicht, allenfalls noch Gouache, kreidehaltige, wasserlösliche Farben, mit denen man sowohl deckend wie **lasierend** (durchschimmernd) malen kann.

Nach Jahrhunderten der Ölmalerei brachte der britische Maler William Turner (1775–1851) das Aquarell wieder in Mode.

Biedersinn und politische Anklage

Caspar David Friedrich – ein Synonym für Romantik?

Ein knappes Ja als Antwort zu geben, genügt sicherlich nicht. Aber in der deutschen Kunst der Romantik ist der berühmte C. D. F. tatsächlich so dominant, dass einem schwerlich andere Namen einfallen. Philipp Otto Runge (1777–1810) wäre ein weiterer Kandidat. Auch die gefühlsselig-religiösen Nazarener mit Julius Schnorr von Carolsfeld (1794–1872) oder Friedrich Overbeck (1789–1869) werden als romantische Strömung verstanden. Umstrittener ist, ob man auch das beschauliche **Biedermeier**, in der Malerei prominent vertreten durch Carl Spitzweg (1808–85), als Spielart der Romantik verstehen will. Aber es gibt ja auch noch das Ausland! Zu den großen Künstlern der Romantik zählt der Brite William Turner (1775–1851), der mit wildromantischen Bildern der See berühmt wurde. Des Weiteren der Franzose Eugène Delacroix (1798–1863), der vor allem mit seinem Gemälde zur französischen Julirevolution 1830 *Die Freiheit führt das Volk* Berühmtheit erlangte, aber auch orientalische Motive für die Malerei entdeckte. Noch prominenter ist der Spanier Francisco Goya (1746–1828). Allerdings entspricht wenig in seinem Werk den üblichen Vorstellungen von Romantik. Er begann als spanischer Hofmaler und porträtierte dabei den spanischen König und seine Familie mit einem schonungslosen Ausdruck von Beschränktheit im Gesicht. Schließlich wandte er sich immer düstereren, abgründigeren Themen zu, wie der berühmten *Erschießung der Aufständischen*.

Die romantischen Maler verstanden sich als Gegenbewegung zu dem Klassizismus der Akademien, der ihnen nicht lebendig genug war.

Schön arrangiert

Stillleben oder Stilleben?

Stillleben heißt es nach neuester Rechtschreibung, oder deutlicher: Still-Leben. Beim Stillleben geht es tatsächlich um Stille und nicht um Stil. Dargestellt werden **regungslose Gegenstände**, stilvoll arrangiert. Sehr bliebt sind Blumen, aber auch Früchtearrangements oder erlegte Tiere. Der Begriff kam Mitte des 17. Jahrhunderts in den Niederlanden auf; Kompositionen aus Esswaren, Blumen und Ziergegenständen finden sich aber schon in der Antike. Die Abbildung lebloser Gegenstände hatte meist einen bestimmten Zweck. Im Mittelalter wurde Heiligen auf Darstellungen ein jeweils dazugehöriges sogenanntes **Attribut**, beispielsweise ein Schlüssel, zur Seite gestellt. In der Renaissance bildete man Gegenstände von allgemeinem Interesse, wie seltene Pflanzen, möglichst detailgetreu ab. Als autonome Gattung hatte das Stillleben seine Blütezeit im 17. und 18. Jahrhundert, vor allem in den Niederlanden. Viele stellten nicht nur ein möglichst malerisches Ensemble von Gegenständen dar, sondern auch eine Botschaft, wie Blumen in einem Totenschädel, um auf die irdische Vergänglichkeit zu verweisen. Teils ging es aber nur um Ästhetik und Maltechnik: möglichst schöne Arrangements, z. B. prächtiges Funkeln von Glas und Metall, dazu tote Tiere, bei denen jedes einzelne Haar im Balg zu erkennen ist, neben den samtigsten Pfirsichen, den appetitlichsten Trauben ...

Auch Van Goghs berühmte Sonnenblumen sind – wie alle Bilder von Schnittblumen in Vasen – im Prinzip ein Stillleben.

Auf die Stimmung kommt es an

Was hat der Impressionismus mit der Fotografie zu tun?

Die in der Mitte des 19. Jahrhunderts aufkommende Fotografie stellte für die Malerei einen scharfen Konkurrenten dar, weil zu dieser Zeit der **Realismus** modern war. In bewusster Abkehr von der romantischen Kunst wollte man das echte Leben darstellen. Darin waren Fotografien Gemälden freilich überlegen. 1855 fertigte der Brite Roger Fenton (1819–69) auf der Krim die ersten Kriegsfotos an. Einige Pariser Maler begannen, inspiriert von Romantikern wie Delacroix und Turner, sich von der möglichst realitätsgenauen

Erst mit den Impressionisten wurde es üblich, unter freiem Himmel zu malen.

Abbildung zu verabschieden, was sie in Konflikt mit der königlichen Akademie der Künste brachte, die unverdrossen dem Klassizismus verschrieben blieb und die **Jungen Wilden** nicht zu ihren Ausstellungen zuließ. Also organisierten diese 1874 ausgerechnet im Atelier des renommierten Fotokünstlers Nadar (1820–1910) eine eigene Ausstellung. Zu den Ausstellern gehörten Claude Monet, Auguste Renoir, Paul Cézanne, Edgar Degas, Berthe Morisot, Alfred Sisley und Camille Pissarro, die Crème de la Crème des französischen Impressionismus.

Impressionismus, das heißt, eine Impression, einen Sinneseindruck künstlerisch festzuhalten. Nicht der Gegenstand, die Form oder die Farbe stehen im Vordergrund, sondern eine bestimmte Stimmung.

Genie mit Abgründen

Der mit dem abgeschnittenen Ohr und den Sonnenblumen

Sie ahnen, welcher einzigartige Künstler hier auf die zwei bekanntesten Fakten reduziert wird? Der Niederländer **Vincent van Gogh** (1853–90). Er kann im Prinzip keiner der gängigen Strömungen der Malerei zugerechnet werden, auch wenn er manchmal mit dem schwammigen Begriff **Postimpressionist** belegt wird. Das wird seiner Bedeutung aber nicht gerecht. Denn Van Gogh steht nicht für eine Spätzeit, wie der Begriff *post* (lat. nach) suggeriert, sondern für einen Anfang. Er gilt als einer der entscheidenden Begründer der modernen Malerei. Er begann als Autodidakt und wurde dann von den Impressionisten und der japanischen Holzschnittkunst beeinflusst. Erst nach der Übersiedlung nach Arles 1888 entwickelte er seinen typischen Stil mit grellen Farben, extremen Kontrasten und wild züngelnden oder kreisenden Formen. Einige seiner besten Werke wie die *Sternennacht* malte er in der Nervenheilanstalt Saint-Rémy, in der er von Mai 1889 bis Mai 1890 in Behandlung war. Warum er immer wieder von Wahnvorstellungen, Anfällen und Depressionen heimgesucht wurde, die ihn dazu brachten, sich ein Ohr abzuschneiden, und ihn schließlich in den Selbstmord trieben, bleibt bis heute ein Rätsel.

Auch Paul Gauguin und Henri Toulouse-Lautrec sind Wegbereiter der Moderne, die sich keiner Stilrichtung zuordnen lassen.

Reform in allen Bereichen

Was ist für Sie Jugendstil?

Wahrscheinlich denken Sie am ehesten an Bilder von **Gustav Klimt** (1862–1918) und Franz von Stuck (1863–1928) oder an den holzschnittartigen grafischen Stil, bei dem florales Rankenwerk, wallendes Haar u. Ä. die Hauptrolle spielen. Er wurde in Deutschland unter anderem von der Zeitschrift *Jugend* gepflegt, die der ganzen Stilrichtung ihren Namen gab. Andernorts spricht man von **Art nouveau**, **Modernisme** oder **Reformstil**. Die Wiener Variante ist auch als Secession bekannt. Ähnlich vielfältig wie der Name ist auch der Stil selbst. Deutlich zeigt sich diese Vielfalt auch in der Architektur, wozu die Pariser Metro-Eingänge aus Schmiedeeisen von Hector Guimard (1867–1942) genauso gehören wie die schroffen Gebäude der Glasgow School of Arts, die extrem nüchternen Bauten von Otto Wagner (1841–1918) in Wien und die bunten, märchenhaften Werke von Antonio Gaudí (1852–1926) in Barcelona. Vor allem aber erstreckte sich der Jugendstil auf weit mehr als die klassischen Kunstbereiche Malerei, Architektur und Plastik. Eine bedeutende Rolle spielte die Druckgrafik; dazu kamen Kunsthandwerk, Möbel, Inneneinrichtungen und sogar Kleider im Reformstil. Der Jugendstil war eng mit der Lebensreform-Bewegung verbunden und verstand sich als Gegenentwurf zum rückwärtsorientierten Historismus und zu erdrückenden Wohnungseinrichtungen aus schwerem Plüsch und dunklem Holz.

Der Jugendstil dauerte etwa von 1890 bis 1910.

Ganz subjektiv

Ausdruck statt Eindruck

So einfach lässt sich der Unterschied zwischen **Expressionismus** und **Impressionismus** auf den Punkt bringen. Der Künstler versucht nicht mehr, einen vorgefundenen Eindruck darzustellen, sondern will zum Ausdruck bringen, wie er eine bestimmte Sache persönlich empfindet. Dabei können Pferde auch mal blau werden und Rehe grün. Überhaupt sind die meisten Werke des Expressionismus sehr grell und bunt, während die Formen sich oft grob und holzschnittartig geben und auf das Wesentliche reduziert wurden. Vorreiter des Expressionismus waren vor allem Vincent van Gogh, Paul Gauguin, Henri Toulouse-Lautrec, Edvard Munch, Paul Cézanne und Georges Seurat. In Deutschland schlossen sich die wichtigsten Expressionisten zu zwei Gruppen zusammen. Zum **Blauen Reiter** in München gehörten u. a. Wassily Kandinsky, Franz Marc, Gabriele Münter, August Macke und Paul Klee, zur Dresdner **Brücke** Ernst Ludwig Kirchner, Karl Schmidt-Rottluff, Max Pechstein und Emil Nolde. Im Künstlerdorf Worpswede fanden sowohl Impressionisten als auch Expressionisten zusammen, darunter Otto Modersohn und Paula Modersohn-Becker.

Expressionismus: ca. 1886–1914

Spiel mit der Form

Frauen mit spitzen Körperformen, denen die Augen übereinander im Gesicht stehen und auch der Mund verrutscht ist

Das kennen Sie von **Picasso**! Wissen Sie auch, dass der dazu gehörende Stil als **Kubismus** bekannt ist? Wie kommt man auf solche verrückten Ideen? Tatsächlich gilt der Kubismus nicht als abseitige Spielerei, sondern als eine der wichtigsten Innovationen auf dem Gebiet der Malerei im 20. Jahrhundert. Wegbereiter waren um 1905 der Expressionismus und der parallel in Frankreich verbreitete **Fauvismus**, der ebenfalls mit eher groben Formen und einer expressiven Farbigkeit experimentierte. Als stilprägend gelten Pablo Picasso (1881–1973) und Georges Braque (1882–1963). Dem Kubismus ging es nicht mehr darum, Wirklichkeit abzubilden, auch um keine subjektive Empfindung derselben, sondern nur noch um Bildgestaltung und die innere Spannung zwischen den einzelnen Elementen. Dafür wurden Gegenstände in geometrische Formen aufgelöst und in neue Ordnung gebracht. Wenn Picasso also spitzgesichtige Frauen mit verzerrten Zügen malte, dann war das nicht seine Sicht auf Frauen (obwohl man nicht weiß, was Sigmund Freud dazu gesagt hätte), sondern allein ein Spiel mit Farben und Formen.

Welche geometrische Form wird auch als Kubus bezeichnet und wurde Namensgeber des Kubismus? – Der Würfel!

Etappen einer Karriere

Rosa Periode, Blaue Periode …

Dass **Pablo Picasso** (1881–1973) ein bedeutender Künstler war, weiß jeder. Eine konkrete stilistische Einordnung seines Werks gestaltet sich jedoch schwierig, da der Spanier vielseitig war. Seine künstlerische Karriere begann 1901 mit der **Blauen Periode**, in der blaue Farben und melancholische Stimmungen seine Bilder dominierten. Sie wurde bereits 1904 von der heitereren **Rosa Periode** abgelöst. 1907 folgte die **Afrikanische Periode**, in der sich der Maler vom Stil afrikanischer Skulpturen inspirieren ließ. Besondere Bedeutung in dieser Frühphase hatte das Gemälde *Demoiselles d'Avignon* (1907), das

Vor allem Paul Cézanne (1839–1906) inspirierte Picasso.

nicht nur einen Übergang zwischen Rosa und Afrikanischer Periode markiert, sondern auch den Kubismus einleitete, der sich dann ab 1909 in seinem Werk durchsetzte. Etwa ab 1919 lassen sich die Bilder nicht mehr zeitlichen Perioden zuordnen, denn Picasso variierte seinen Stil je nach Gemälde. Sein Monumentalgemälde *Guernica* über die Schrecken des Spanischen Bürgerkriegs entstand 1937.

Gegenstandslos

Schwarzes Quadrat auf weißem Grund

Spätestens bei diesem Bild des russischen Künstlers **Kasimir Malewitsch** (1879–1935) und ähnlich reduzierten Gemälden hört bei vielen Menschen das Verständnis für moderne Kunst auf. »Das kann mein Kind auch«, ist ein viel gehörter Kommentar angesichts von Werken der abstrakten Kunst. Um 1910 wandten sich die ersten Künstler ganz vom gegenständlichen Malen ab und spielten mit Farben und Formen. Einer der Pioniere ist **Wassily Kandinsky** (1866–1944), dessen wild und kunstvoll komponierte Bilder auf intuitive Art begriffen werden können. Für Malewitsch und sein *Schwarzes Quadrat* braucht man etwas Zusatzinformation. Sie sollten wissen, dass er dieses Bild 1915 in einer Ausstellung genauso hängte, wie es in Russland traditionell mit Ikonen getan wird. Außerdem erklärte er sein Bild als radikale Konzentration von Form und Farbe. Im Quadrat (Schwarz) steckt also Alles, darum herum Nichts (Weiß). Wenn man Kunst daran misst, dass sie beim Betrachter Reaktionen auslöst, dann war das *Schwarze Quadrat* exemplarisch. Es beschwor hitzige, sich überschlagende Diskussionen herauf. Ab 1928 malte Malewitsch wieder gegenständlich.

Weitere Pioniere der abstrakten Malerei:
Piet Mondrian (1872–1944)
Paul Klee (1879–1940)
Joan Miró (1893–1983)

Ohne Schnörkel

»Weniger ist mehr!«

So der berühmte Spruch des Architekten Ludwig Mies van der Rohe (1886–1969), der als Maxime der gesamten **modernen Architektur** zu Beginn des 20. Jahrhunderts, insbesondere des **Bauhaus**, betrachtet werden kann. Tatsächlich verzichteten die führenden Architekten dieser Zeit auf Dekor beim Bau – einerseits, um sich stattdessen ganz der Ästhetik des Baukörpers zu widmen, andererseits auch, um funktionaleren Wohnraum zu schaffen. Das deutsche Bauhaus war nur ein Element dieser Bewegung, wenn auch ein wichtiges. Entgegen seinem Namen befasste es sich nicht nur mit Architektur, sondern war eine 1919 von **Walter Gropius** gegründete Kunstschule, die sich einem ganz neuen Design verschrieben hatte. Neben Funktionalität sollte es auch ästhetischen Maßstäben genügen. So wurden am Bauhaus auch Möbel und andere Gebrauchsgegenstände entworfen. Wassily Kandinsky lehrte hier Wandmalerei, Walter Gropius Tischlerei, Paul Klee Buchbinderei und Lyonel Feininger Druckgrafk.

Pioniere einer schmucklosen Architektur waren Adolf Loos (1870–1933), Louis Sullivan (1856–1924) und Frank Lloyd Wright (1867–1959).

Im Reich der Träume

»Aus der Wanduhr tropft die Zeit«

So heißt es in dem Gedicht *Sachliche Romanze* von Erich Kästner (1899–1974). Auf den Bildern von **Salvador Dalí** (1904–89) zerfließen Uhren und Giraffen brennen. Er ist der bekannteste Maler des Surrealismus, einer um 1920 aufkommenden Kunstepoche. Der Surrealismus stand in der Nachfolge des **Dadaismus** (1916–22) – während der Dadaismus jedoch eine provokative **Antikultur** war, die mit Nonsensaktionen und Kunstwerken, vor allem Collagen, sowohl gegen die etablierte Kultur als auch gegen die etablierte

Gesellschaft protestierte, wollte der **Surrealismus** eine andere Wirklichkeit ausloten: die des Unbewussten und der Träume, aber auch der Wahnvorstellungen und Rauscherlebnisse. Die gegenständlichen Unwirklichkeiten des Salvador Dalí sind dabei nur eine Richtung. Sein Landsmann Joan Miró ist dem sogenannten **abstrakten Surrealismus** zuzuordnen; ihm gingen jegliche realistische Tendenzen ab. Max Ernst (1891–1976) erfand neue Techniken, beispielsweise indem er die Maserungen eines Untergrunds auf Papier durchrieb und assoziativ ergänzte: Er ließ Farbe aus einem schwingenden Gefäß mit Loch auf das Papier tropfen, verschob flüssige Farbe mithilfe einer Glasplatte oder presste in Farbe getauchte Gegenstände auf Papier.

Struktur mit Bleistift auf Papier durchreiben: Frottage
Aus einem Gefäß Farbe tropfen lassen: Dripping

Im Visier der Nazis

Der lesende Klosterschüler

Die berühmte Plastik, die **Ernst Barlach** (1870–1938) schuf, ist Ihnen vielleicht nicht im Kunst-, sondern im Deutschunterricht begegnet. Der Schriftsteller Alfred Andersch (1914–80) hat das Kunstwerk zum heimlichen Helden seines bekannten Romans *Sansibar oder der letzte Grund* (1957) gemacht. Die Rettung der Figur vor den Nationalsozialisten bedeutet in der Geschichte auch für mehrere Menschen eine Lebenswende. Barlachs Werk wird zwischen **Expressionismus** und **Neuer Sachlichkeit** eingeordnet. Die Neue Sachlichkeit war ein Kunststil der 1920er-Jahre. Im Gegensatz zu Strömungen der abstrakten Malerei ging es ihren Vertretern wieder um eine künstlerische Auseinandersetzung mit der Gegenwart, oft mit stark gesellschaftskritischem Anspruch. Wichtige Vertreter sind z. B. die von Barlach inspirierte Bildhauerin Käthe Kollwitz (1867–1945), die nach dem Tod ihres Sohnes im Ersten Weltkrieg Trauer und menschliches Elend zum Hauptthema ihrer Arbeit machte, sowie die Maler Otto Dix (1891–1969) und George Grosz (1893–1959). Wie die Werke der Expressionisten, Surrealisten und Kubisten wurde auch die Kunst der Neuen Sachlichkeit von den Nationalsozialisten als entartet verunglimpft und verfolgt.

Emil Nolde schuf während der NS-Zeit heimlich eine Reihe von Aquarellen, die er *Ungemalte Bilder* taufte. Sie sind literarisch verewigt in der *Deutschstunde* von Siegfried Lenz.

Populäre Alltagsgegenstände

Eine Dose ist eine Dose ist eine Dose.

Nicht, wenn sie von **Andy Warhol** (1928–87) gemalt wurde! Dann ist sie nämlich Kunst. Nun gut, es war nicht irgendeine Suppendose, die Warhol 1962 abbildete, sondern **Campbell's Dosensuppe**, eine Marke, die in den USA zur Ikone wurde. In der Folge nahm sich Warhol, damals ein hoch bezahlter Werbegrafiker, weitere amerikanische Ikonen vor wie Coca-Cola, Marilyn Monroe und Dollarnoten, aber auch die *Mona Lisa* und Mao Tse Tung. Er bildete sie übergroß ab, setzte sie nach dem Motto *Thirty are Better Than One* (Dreißig sind besser als eins) in Serie und verfremdete sie, indem er bekannte Bilder als **grellfarbige Siebdrucke** wiedergab. Parallel dazu widmete sich Roy Lichtenstein

Die viel zitierte Banane, die ein Plattencover der Band The Velvet Underground schmückt, wurde ebenfalls von Andy Warhol entworfen.

(1923–97) zeitgenössischen Comics, vergrößerte einzelne Bilder ins Riesenhafte und simulierte dabei den Rasterdruck. Warhol und Lichtenstein gelten als herausragende Vertreter der Pop-Art, die populäre Alltagsgegenstände durch nur leichte Verfremdung in den Rang der Kunst erhebt und damit die Alltagsästhetik einerseits feiert, andererseits aber auch infrage stellt.

Mit Hase und Hut

Beuys!

Man erkennt ihn an seinem Hut, den Düsseldorfer Kunstprofessor, dessen Werke kontrovers diskutiert werden. Für viele ist es nicht nachzuvollziehen, was daran Kunst ist, wenn man einem toten Hasen eine Ausstellung erläutert (1965) oder nach einer Demonstration zum 1. Mai den Müll zusammenkehrt und im Museum ausstellt (1972). Gerne erzählt man sich die Geschichte, in der eine Putzfrau Beuys' *Fettecke* in der Düsseldorfer Kunstakademie einfach wegwischte. **Joseph Beuys** (1921–86) schuf jedoch nicht nur Kunstwerke, die für seine Anhänger eine Offenbarung, für seine Gegner dagegen ein schlechter Scherz waren, sondern erweiterte den Kunstbegriff auch beträchtlich. Vor allem seine **Aktionskunst** inspirierte nachfolgende Generationen. Seit Beuys werden die Grenzen zwischen den verschiedenen Arten der Kunst immer fließender und es gibt eigentlich nichts mehr, was nicht zur Kunst erhoben werden kann.

> Beuys sah die ganze Gesellschaft als eine Soziale Plastik, die von jedem durch kreatives Handeln gestaltet werden kann.

Musik

»Das Notwendigste und das Härteste und die Hauptsache in der Musik ist das Tempo.«

Wolfgang Amadeus Mozart (1756–91)

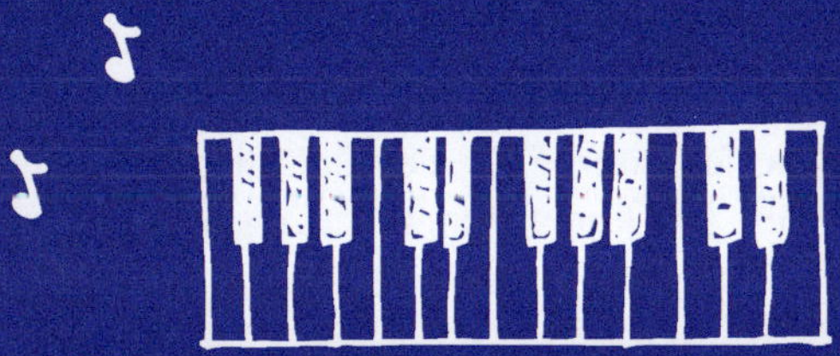

Für den Komponisten Mozart konnte es in der Musik offensichtlich nicht dynamisch genug sein! Temporeich wird es auch im nächsten Kapitel. Im Schnelldurchlauf, *presto*, wie der Musiker sagt, nehmen wir die Grundlagen des Schulfachs Musik durch. Und wenn wir unser Wissen erfolgreich aufgefrischt haben, bleibt noch ganz viel Zeit für das, wofür Musik überhaupt gemacht wird: sie genussvoll anzuhören.

Auf die richtige Tonart kommt es an

Dur ist fröhlich und Moll traurig.

Das stimmt oft, ist aber ein bisschen zu einfach. Zunächst einmal bedeuten die Bezeichnungen der Tongeschlechter **Dur** und **Moll** eigentlich *hart* (lat. *durus*) und *weich* (lat. *mollis*). Oft stimmt es natürlich, dass eine weiche Musik trauriger und melancholischer wirkt und eine harte energiegeladen und fröhlich. Doch eigentlich kommt es nicht auf die Stimmung an, sondern auf einen eher technisch anmutenden Aspekt. Die Töne einer Durtonleiter haben folgenden Abstand: Ganzton – Ganzton – Halbton – Ganzton – Ganzton – Ganzton – Halbton. Bei den Molltonleitern steht bereits an zweiter Stelle ein Halbtonschritt. Beim **reinen** oder **natürlichen Moll** folgt dann ein zweiter Halbtonschritt zwischen dem fünften und sechsten Ton. Es gibt jedoch auch Varianten, die man **harmonisches Moll**, **melodisches Moll** und **Zigeuner-Moll** nennt. Bis ins 18. Jahrhundert waren noch andere Tongeschlechter üblich, wie etwa **phrygisch** mit einem Halbtonschritt zwischen erster und zweiter Stufe. Sie wurden weitgehend, aber nicht völlig verdrängt. So gibt es beispielsweise die **Spanische** bzw. **Jüdische Tonleiter**, die in der jüdischen *Klezmer-Musik*, in der Musik der Sinti und Roma, aber auch im spanischen *Flamenco* und im *Psychedelic Rock* gerne verwendet wird.

Den Halbtonschritt zwischen zweiter und dritter Stufe in Molltonleitern bezeichnet man als Mollterz.

Einfaches C-Dur

Cäsar, der Esel, frisst gerne alten Hafer

Der Spruch hilft, sich die Reihenfolge der Töne der **C-Dur-Tonleiter** zu merken: *c, d, e, f, g, a, h*. Diese Töne werden auch als die Stammtöne der Musik bezeichnet. Ein Stück in C-Dur hat keine Vorzeichen (♯ oder ♭), da die Abstände zwischen den Tönen genau dem entsprechen, was für eine **C-Dur-Tonleiter** gefordert wird. Die Abstände einer reinen **Molltonleiter** dagegen ergeben sich, wenn man mit *a* beginnt. (Die Reihenfolge hier wäre also: **A**lten **H**afer **C**äsar, **d**er **E**sel, **f**risst **g**erne.) a-Moll wird deshalb ebenfalls ohne Vorzeichen geschrieben und gilt als **Paralleltonart** zu C-Dur. Der Charakter der beiden ist jedoch völlig unterschiedlich. C-Dur gilt als eine klare, festliche Tonart, die etwa von den Wiener Klassikern (Haydn, Mozart, Beethoven) gerne für Sinfonien verwendet wurde. a-Moll dagegen war die Lieblingstonart des Romantikers Robert Schumann (1810–56) und gilt als sanft, edel und lieblich. Allerdings ist es unter Musikwissenschaftlern umstritten, ob Tonarten einen bestimmten Charakter haben können.

Eine Tonleiter wird immer nach dem ersten Ton, dem Grundton (Tonika), benannt.

Die richtige Linie finden

Es geht hurtig durch Fleiß.

Oder: Erich ging hurtig durchs Feld. Oder: Einer geigt herrlich dank Fleiß. Oder: Es gibt heute Dosen-Futter. In all diesen Merksprüchen stecken die Namen der **Notenlinien** von unten nach oben: *e, g, h, d, f*. Denn auch wenn **C-Dur** die **Standard-Tonleiter** ist, liegt das normale *c* nicht im tiefen Bereich gängiger Lieder, sondern eher im Mittelfeld. Deswegen steht auf der untersten Zeile das tiefe *e*, wenn am Anfang der Zeile der gewöhnliche Notenschlüssel, der Violinschlüssel, zu sehen ist. Es gibt auch noch Alt-, Tenor- und Bassschlüssel, aber diese sind etwas für Musiker, welche diese Unterschiede natürlich kennen. Doch, wie Sie sich mit Sicherheit noch erinnern, werden Noten ja nicht nur auf Notenlinien, sondern auch in die Zwischenräume geschrieben. Den Notenwert der Zwischenräume im **Violinschlüssel** von unten nach oben können Sie sich mit folgendem Spruch merken: **F**ritz **a**ß **C**itronen-**E**is. Also: *f, a, c, e*. Oder Englisch: *face* (Gesicht). Das *c*, mit dem die C-Dur-Tonleiter beginnt, steht also erst im dritten Zwischenraum von unten.

Die Notenlinien im Bassschlüssel: Gustav hat den Frack an. Die Zwischenräume: Alle Clowns essen Gemüse.

Die -is- und -es-Töne

Die schwarzen Tasten auf dem Klavier sind für Beerdigungen.

Netter Witz, wenn auch schon ein bisschen abgedroschen. Aber vermutlich gibt es etliche Menschen, denen es schwerfällt, zu benennen, was genau der musikalische Unterschied zwischen schwarzen und weißen Klaviertasten ist. Es hat mit den Tonleitern zu tun. Mit den **weißen Tasten** kann man die **Stammtöne** *c, d, e, f, g, a* und *h* spielen. Für Stücke in C-Dur und a-Moll reicht das. Wenn man eine Durtonleiter nicht mit *C*, sondern mit *D* beginnt, dann steht man vor dem Problem, dass zwischen *E* und *F* nur ein **Halbtonschritt** liegt, zwischen *F* und *G* aber ein **Ganztonschritt**, obwohl man es umgekehrt bräuchte. Die Lösung: Man ersetzt das *F* durch einen Ton, der einen halben Ton höher ist: *Fis*. Genauso macht man es mit dem *C*, das zum *Cis* wird. Bei anderen Tonarten werden die Töne *Dis*, *Gis* und *Ais* gebraucht. Diese liegen auf den schwarzen Tasten.

Da zwischen den Stammtönen e und f bzw. h und c sowieso nur ein Halbtonschritt liegt, gibt es zwischen ihnen keine schwarzen Tasten.

Wenn man Töne nicht erhöht, sondern erniedrigt, dann lautet die Endung nicht *-is*, sondern *-es* (Sonderfälle: aus *a* wird *as*, aus *h b*), aber da ein um einen Halbton erhöhtes *c* (*Cis*) und ein um einen Halbton erniedrigtes *d* (*des*) nun mal dasselbe ist, braucht man nur fünf schwarze Tasten pro Oktav (ein Durchgang einer Tonleiter).

Das Kreuz mit den Kreuzen

Je mehr Vorzeichen, desto lauter das Stöhnen.

Gilt jedenfalls bei ungeübten Musikern. Denn pro Kreuz, das am Anfang des Stückes auf der Notenlinie steht, gibt es in der jeweiligen Tonart einen erhöhten *-is*-Ton. G-Dur hat nur einen (*Fis*) und wird deshalb nur mit einem Kreuz ausgewiesen. D-Dur hat zwei (*Fis* und

Cis) und deshalb zwei Kreuze. So geht das über A-Dur (3 ♯ für *Fis*, *Cis* und *Gis*), E-Dur (4 ♯ + *Dis*), H-Dur (5 ♯ + *Ais*), Fis-Dur (6 ♯ + *Eis*) bis zu Cis-Dur (7 ♯ + *His*). Die entsprechenden **Moll-Tonarten**: *e, h, fis, cis, gis, dis, ais*. Daneben gibt es natürlich noch die **B-Tonarten**, bei denen das kleine ♭ als Vorzeichen für -*es*-Töne steht, die einen Halbton tiefer gelegt wurden. Ein ♭ und einen geänderten Ton (*B*) hat F-Dur. Es folgen B-Dur (2 ♭ + *Es*), Es-Dur (3 ♭ + *As*), As-Dur (4 ♭ + *Des*), Des-Dur (5 ♭ + *Ges*), Ges-Dur (6 ♭ + *Ces*) und Ces-Dur (7 ♭ + *fes*). Die entsprechenden Molltonarten: *d, g, c, f, b, es, as*.

♯ und ♭ können auch vor einzelnen Tönen stehen. Dann gelten sie nur für diese.

Geschriebene Musik

Können Sie noch Noten lesen?

Es sind ja ziemlich viele Informationen, die in so einer Notenschrift stecken. Ganz vorn steht der **Notenschlüssel**. Je nach Schlüssel sind die Notenlinien mit unterschiedlichen Tönen belegt. Dann folgen die **Vorzeichen** (♯ und ♭) für die Tonart. Danach ist auf den Notenlinien die **Taktart** notiert, beispielsweise Dreiviertel- oder Viervierteltakt. Die einzelnen Takte sind dann durch Querstriche voneinander getrennt. Jede Note hat einen Zeitwert. Der Normalfall ist die schwarz mit **Hals** dargestellte Viertelnote. Bei halben Noten ist der sogenannte **Notenkopf** nicht gefüllt, bei ganzen Noten fehlt zusätzlich der Hals. Achtelnoten sehen wie Viertelnoten aus, haben aber ein **Fähnchen** am Hals, Sechzehntelnoten zwei Fähnchen. Nebeneinanderstehende Achtel- oder Sechzehntelnoten können auch durch einen bzw. zwei Balken zusammengefasst werden. Das Fähnchen fällt dann weg. Steht ein Punkt hinter der Note, verlängert sich ihr Wert um 50 Prozent. Außerdem gibt es noch die Pausenzeichen. Das gängigste ist die

In einer Partitur stehen die Noten für verschiedene Stimmen oder Instrumente, die gleichzeitig erklingen, untereinander.

ein wenig blitzartige Viertelpause. Achtel- bzw. Sechzehntelpausen sind leicht schräg stehende Striche mit einem oder zwei Fähnchen. Eine halbe Pause sitzt als kleiner Quader auf der dritten Linie, eine ganze hängt an der vierten. Ein Bogen von einer Note zur anderen besagt, dass sie gebunden vorgetragen werden sollen. Das Tempo, in dem das ganze Stück gespielt werden soll, steht am Anfang über den Notenlinien.

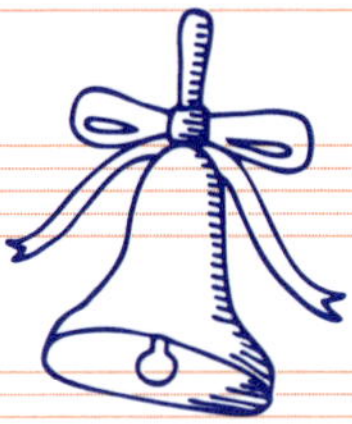

Im richtigen Tempo

Und alles presto, presto!

Im 17. Jahrhundert war Italien der Nabel der musikalischen Welt, weshalb viele musikalische **Fachtermini aus dem Italienischen** stammen. Das gilt besonders für die **Tempobezeichnungen**. Wenn man nicht Berufsmusiker ist, kann man sie unmöglich alle auswendig können, denn es gibt Dutzende davon. Jedes Tempo kann zudem noch durch Zusätze ergänzt werden, z. B.: lieblich, geistvoll, ausdrucksvoll, mit Feuer, mit Grazie, mit Schwung usw. Ein paar sehr gängige Tempi sollte man aber vielleicht doch kennen: Die langsamen Tempi steigern sich von *grave* (schwer) über *largo* (breit) und *lento* (langsam) zu *adagio* (ruhig). Im mittleren Bereich gibt es dann *andante* (schreitend) und *moderato* (mäßig). Die schnellen Tempi beginnen mit *allegro* (munter) und steigern sich zu *vivace* (lebhaft) und *presto* (schnell). Da das alles jedoch Auslegungssache ist, haben moderne Stücke oft Tempoangaben in Beats (Schläge, meist Viertelnoten) pro Minute.

Um das richtige Tempo zu üben, wird ein Metronom auf die geforderten bpm (Beats per Minute) eingestellt.

Gegen den Takt

In der Medizin ist Synkope der Fachausdruck für einen Kreislaufkollaps. Und in der Musik?

In der Musik spricht man von einer **Synkope** im engeren Sinn, wenn der Rhythmus in einem Stück gegen das eigentliche Betonungsschema des Taktes verstößt. So sind bei einem Viervierteltakt meist der erste und dritte Schlag betont, bei einem Dreivierteltakt nur der erste. Dieses Schema kann aufgebrochen werden, indem z. B. ein **betonter Schlag** durch eine Pause ersetzt wird. Oder indem man auf **unbetonte Schläge** halbe Noten setzt, die dann den nächsten betonten Schlag noch miterfassen. Oder indem man betonte und nicht betonte Noten durch eine Ligatur verbindet. Oder indem zwischen Viertelnoten einzelne Achtelnoten stehen, die das Schlagmuster aufbrechen. Im weiteren Sinn kann man alle unerwarteten Rhythmusänderungen als Synkopen bezeichnen. Synkopen wurden auch in der klassischen Musik verwendet, sind aber vor allem ein Kennzeichnen der Musikstile mit afrikanischen Wurzeln wie Blues, Jazz, Reggae, Ska, Samba, Funk oder Rap.

Wenn man ein Musikstück unbetont beginnen lassen will, was häufig geschieht, startet man mit einem verkürzten Auftakt.

Kleine und große Sprünge

Vergegenwärtigen Sie sich mal die ersten beiden Töne der Lieder *Kommt ein Vogel geflogen* und *Somewhere over the rainbow*!

Auch wenn Sie nicht sehr musikalisch sind, wird Ihnen wahrscheinlich auffallen, dass bei dem Kinderlied nur ein minimaler Unterschied in der Tonhöhe zwischen »Kommt« und »ein« ist, während zwischen den beiden Silben von »somewhere« ein riesiger Sprung bewältigt werden muss. Vermutlich erinnern Sie sich aus Ihrem Musikunterricht auch noch – vielleicht mit Schrecken – an Begriffe wie **große** und **kleine Terz**, **Quarte**, **Quinte** oder **Oktave**. Es geht dabei um **Intervalle zwischen Tönen**, die entweder nacheinander, wie bei den Liedanfängen, oder auch, in komplexeren Musikstücken, gleichzeitig erklingen. Ihre lateinischen Namen: Prime, Sekunde, Terz, Quarte, Quinte, Sexte, Septime, Oktave. **Tücke Nr. 1**: Das erste Intervall, die Prime, ist eigentlich keines, sondern steht für den Abstand Null, also zwei gleiche Töne. Die Sekunde, bei der jeder, der Latein oder eine romanische Sprache beherrscht, sofort an *zwei* denkt, steht folglich für ein Intervall von nur einem Ganzton, die Terz nicht für drei, sondern zwei Ganztöne. **Tücke Nr. 2**: Weil bei einer Durtonleiter auf zwei Ganztöne ein Halbton folgt, bedeutet eine Quarte nicht drei, sondern 2,5 Töne Abstand, eine Quinte 3,5, eine Sexte 4,5, eine Septime 5,5 Ganztonstufen, eine Oktave wegen des zweiten Halbtonschritts aber nur 6. **Tücke Nr. 3**: Zu jedem Intervall gibt es auch noch eine kleine Variante, die einen Halbton niedriger liegt. Man nennt das etwa kleine Terz, im Gegensatz zur üblicheren großen Terz. Dazu gibt es noch die Variante mit einem zusätzlichen Halbton, die dann übermäßige Terz genannt wird. **Tücke Nr. 4**: Bei Quarte, Quinte und Oktave heißt die Normalvariante nicht groß, sondern rein und es gibt keine kleine, sondern nur eine sogenannte verminderte Variante.

Kommt ein Vogel geflogen beginnt mit einer kleinen Sekunde, Somewhere over the rainbow mit einer reinen Oktave.

Gleichklang statt Durcheinander

Im Akkord

Das klingt für die meisten Menschen eher wie eine unheilvolle Verkündung fieser Arbeitsbedingungen, haben sie dabei doch Akkordarbeit vor Augen. Das Wort bedeutet einerseits *Übereinstimmung*, was bei der Akkordarbeit heißt, dass aufgewendete Zeit und produzierte Stückzahl übereinstimmen müssen. In der Musik jedoch übersetzt man *Akkord* besser mit seiner älteren Bedeutung *Gleichklang*.

Ein Akkord sind mehrere **gleichzeitig erklingende Töne**, die in einem harmonischen Verhältnis zueinander stehen. Diese Harmonie ist nicht bei allen Tönen gewährleistet, sondern nur bei solchen, die durch bestimmte Tonintervalle voneinander getrennt sind. Diese Gesetzmäßigkeiten müssen beachtet werden, wenn man Stücke mit mehreren Stimmen oder Instrumenten bzw. eine Instrumentalbegleitung zu einem Lied schreibt. Schließlich sollen die einzelnen Elemente ja zusammenklingen und nicht anmuten, als würden verschiedene Leute zur gleichen Zeit unterschiedliche Stücke spielen.

Die meisten Akkorde bestehen aus mindestens drei Tönen.

Die drei Richtigen finden

Haben Sie es auch gehasst, Dreiklänge zu notieren?

Für so manchen Schüler ähnelte das wohl eher einer Rechenaufgabe als Musik. Aber **Dreiklänge** gehören nun mal zu den gängigsten Akkorden und an ihnen lässt sich gut aufzeigen, welche Gesetzmäßigkeiten zur Anwendung kommen müssen, damit Töne gut zusammen klingen. Ein Dreiklang ist natürlich ein Akkord aus drei Tönen, aber nur solche 3er-Akkorde werden Dreiklang genannt, bei denen die drei Töne jeweils eine Terz auseinanderliegen. Gewöhnlicherweise sind das eine **große Terz** (zwei Ganztöne) und eine **kleine Terz** (1,5 Ganztöne), was zusammen eine **Quinte** ergibt. Liegen die beiden unteren Töne eine große und die beiden oberen eine kleine Terz auseinander, dann spricht man von einem **Dur-Dreiklang**. Bei einem Dur-Gleichklang mit dem Grundton *c* wären die weiteren Töne *e* und *g*. Bei einem **Molldreiklang** kommt erst die kleine, dann die große Terz. Neben dem Grundton *c* würden also *es* und *g* erklingen. Daneben gibt es aber auch noch Dreiklänge aus zwei kleinen Terzen (verminderter Dreiklang) und aus zwei großen (übermäßiger Dreiklang).

Der tiefste Ton eines Dreiklangs heißt Grundton, der mittlere Terzton und der höchste Quintton.

Harmonie im Zirkel

Vom Centrum übers Kreuz rechtsherum: Geh, du alter Esel, hole Fisch! Bitte linksherum: Frische Birnen essen Asse des Gesangsvereins.

Die Vorsätze *rechtsherum* und *linksherum* sagen es schon: Es geht um etwas Rundes. Und zwar um den **Quintenzirkel**. Haben Sie im Musikunterricht gelernt, was das ist? Es handelt sich sozusagen um den Farbkreis der Musik. Hinter dem Quintenzirkel verbirgt sich die Theorie, dass zwischen Tonarten, deren Grundtöne jeweils eine Quinte auseinanderliegen, die größte Nähe besteht. Von C-Dur aus sind das nach oben (oder im Zirkel rechtsherum) G-Dur, dann *D, A, E, H* und *Fis*. Wer sich die Reihenfolge genauer anschaut, der erkennt, dass mit jedem Schritt ein Kreuz als Vorzeichen dazukommt und man sich mit der Reihenfolge der Tonarten auch die Anzahl der Kreuze merken kann. Vom Klang her nach unten bzw. im Zirkel linksherum lautet die Reihenfolge: *C, F, B, Es, As, Des, Ges*. Auch hier kommt jeweils ein ♭ mehr als Vorzeichen dazu. Ges- und Fis-Dur (mit jeweils sechs Vorzeichen) sind zwar nicht dem Namen nach, aber von den Tönen her identisch, sodass sich der Kreis dort schließt. Ebenso sind Cis-Dur (7 ♯) und Des-Dur (5 ♭) sowie H-Dur (5 ♯) und Ces-Dur (7 ♭) identisch.

> *Zirkel in Moll*
>
> *Alles rechtsherum: Ein Hundert fiese Cisterzienser Giessen Disteln. Alles linksherum: Der ganze Chor friert beim Essen.*

In höchsten Tönen

Bis zum dreigestrichenen *f*, so weit schrauben sich die Arien der Königin der Nacht in Mozarts *Zauberflöte* empor.

Aber ist Ihnen noch gegenwärtig, was das dreigestrichene *f* ist? Nun, die Tonfolge *c, d, e, f, g, a, h* wiederholt sich natürlich mehrmals. Einen Durchlauf dieser Töne nennt man eine Oktave. Die normale Oktave, die sich im mittleren menschlichen Stimmniveau bewegt, ist die **Kleine Oktave**. Die Töne werden mit Kleinbuchstaben geschrieben. Nach dem *h* der Kleinen Oktave geht es dann mit dem *c'* der nächsten Oktave weiter, der eingestrichenen Oktave, weil die Tonnamen mit einem kleinen Strich ergänzt werden. Nach der eingestrichenen kommt die zweigestrichene Oktave und so fort, aber spätestens in der achtgestrichenen versagt auch das feinste Gehör. Unter der Kleinen Oktave liegt die **Große Oktave**, deren Töne mit Großbuchstaben geschrieben werden, darunter folgt die **Kontra-Oktave**. Hier haben die Töne einen tiefen Strich vor dem Buchstaben, etwa *,C*. Darunter kommt die **Subkontra-Oktave** mit zwei tiefen Strichen. Töne der Subsubkontra-Oktave mit drei Strichen können nur die wenigsten Menschen noch hören.

Im englischsprachigen Raum tragen die Subkontra-Töne die Bezeichnung 0, dann zählt man nach oben.

Wenige Saiten für viele Töne

Geh du alter Esel

Was war mit diesem Spruch noch mal gemeint? Er steht für die **Saiten einer Geige** von tief nach hoch: *g, d', a', e"*. Zwischen den vier Tönen ist jeweils eine Quinte Abstand. Aber wie spielt man mit vier Saiten das ganze Tonrepertoire? Dazu greift der Geiger mit der linken Hand – falls er Rechtshänder ist – in die Saiten und drückt sie nach unten. Dadurch verändert sich die Tonhöhe. Im Gegensatz zur Geige hat die Gitarre sechs Saiten. Während der »alte Esel« bei der Geige »Standard« ist, sind für **Gitarrensaiten** verschiedenste Merksprüche im Umlauf. Etwa: **E**ine **a**lte **d**eutsche **G**itarre **h**ält **e**wig. Oder: Ein Anfänger der Gitarre habe Eifer! Oder: Eine alte Dame geht heute Einkaufen. Oder: Eine alte Dame ging Haifische essen.

Außer den sechssaitigen gibt es auch Gitarren mit sieben, acht, zehn, elf oder zwölf Saiten, um den Tonumfang zu erweitern.

Die Violinenfamilie

Violine, Viola, Violincello …

Kennen Sie die Unterschiede? Die **Violine** oder **Geige** ist das kleinste der klassischen europäischen **Streichinstrumente**. Die **Viola** oder **Bratsche** ist etwas größer und eine Quint tiefer gestimmt. Ihre Seiten entsprechen den Noten *c, g, d', a'*. Da die Bratsche aber im Verhältnis dazu einen kleineren Resonanzkörper als die Geige hat, klingt sie ganz anders und wird gerne eingesetzt, wenn eine unheimliche Stimmung erzeugt werden soll, wie etwa in der Oper *Der Freischütz* (1821) von Carl Maria von Weber. Während man die Bratsche beim Spielen noch im Arm halten kann, auch wenn das wegen ihrer Größe mühsamer als bei der Geige ist, ist das **Violoncello**, auch Cello oder Bassgeige genannt, so groß, dass der Cellist es zum Spielen (auf einem Stachel) auf dem Boden abstellen muss. Die Saiten sind auf die Töne *C, G, d* und *a* gestimmt. Das größte und tiefste Instrument aus der Geigenfamilie ist schließlich der **Kontrabass**, dessen Saiten auf *,E, ,A, D* und *G* gestimmt sind.

Früher unterschied man nach der Spielart zwischen Armgeigen (Viola da braccio) und Beingeigen (Viola da gamba).

Erzähl nicht so ein Blech!

Holzblasinstrumente sind nicht zwingend aus Holz gebaut.

Sicher wissen Sie noch, dass man bei den Blasinstrumenten zwischen **Holz-** und **Blechblasinstrumenten** unterscheidet. Nun wäre es natürlich logisch anzunehmen, dass damit das Material des Instrumentenkörpers gemeint ist. Das aber ist ein Trugschluss. Bei Holzblasinstrumenten wird die Luft auf eine Anblaskante (Flöten) oder ein schwingendes Rohrblatt (u. a. Fagott, Klarinette, Oboe, Sackpfeife oder Saxophon) geblasen. Oft sind diese Instrumente aus Holz, aber auch andere Materialien und sogar Metall sind möglich. Bei den Blechblasinstrumenten sind es dagegen die schwingenden Lippen des Bläsers, die den Ton erzeugen. Die meisten Blechblasinstrumente sind tatsächlich aus Blech gefertigt. Vor allem bei traditionellen Instrumenten wie etwa dem Alphorn oder dem australischen Didgeridoo wird aber oft auch Holz verwendet.

Außer Blasinstrumenten gibt es Streichinstrumente, Zupfinstrumente, Schlaginstrumente und Tasteninstrumente.

Die Königin der Instrumente

Alle Register ziehen

Mit dieser Redensart ist gemeint, dass jemand wirklich alle Mittel einsetzt, über die er verfügt. Wahrscheinlich erinnern Sie sich auch noch, dass kein Ablagesystem wie etwa ein Handelsregister dafür Pate stand, sondern die **Register einer Orgel**. Aber um was handelt es sich da eigentlich und wie zieht man diese Register? Ein Orgelregister besteht aus einer Reihe von Orgelpfeifen, die die gleiche **Klangfarbe**, aber unterschiedliche **Tonhöhen** haben. Mit Klangfarbe wiederum ist das spezifische Timbre eines Tones gemeint, z. B. die Mischung aus Grund- und Obertönen oder das Frequenzspektrum. Es gibt eine Vielzahl von Registern, die teils nach anderen Instrumenten benannt sind, denen sie klanglich ähneln. Bei den meisten Orgeln wird ein Register aktiviert, indem man einfach einen Knauf zieht.

Orgelregister: z. B. Glockenspiel, Blockflöte, Violine, Trompete, Trommel, Vox humana (menschliche Stimme), Nachtigall oder Donner

Der Charakter der Stimme

Sopran, Alt, Tenor und Bass kennt wohl jeder. Aber wissen Sie auch noch, was Falsett und Diskant sind?

Welcher Stimmlage ein Sänger angehört, wird durch den Kernbereich seines Stimmumfangs definiert. Das ist beim **Bass** etwa *F* bis *f'*, beim Tenor *f* bis *g'*. Dazwischen gibt es noch den **Bariton**. Bei Frauen und Jungen vor dem Stimmbruch wird die tiefe Stimmlage **Alt**, die mittlere **Mezzosopran** und die hohe **Sopran** genannt. Der Stimmumfang der meisten Sänger ist aber größer als dieser Kernbereich. Teilweise wird auch noch nach Charakter des Gesangs unterschieden. So klingt etwa ein sogenannter **Heldentenor** anders als ein **lyrischer Tenor** und ein **dramatischer Sopran** anders als eine **lyrische Soubrette**. Eine besondere Spielart ist der **Koloratursopran**. Diese Sängerinnen verfügen über eine besondere Beweglichkeit der Stimme in hohen Lagen und können besonders schnelle, komplizierte Melodien singen. **Diskant** ist eine alte Bezeichnung für den Sopran. Männer nach dem Stimmbruch, die Sopranstimmen singen können, werden als **Countertenöre** bezeichnet. Die meisten müssen dafür aber die **Falsetttechnik** anwenden, bei der die Stimmlippen im Kehlkopf in geringere Schwingungen gesetzt werden als bei normalem Gesang.

Auch Oberton- und Untertongesang bestimmter asiatischer und afrikanischer Völker entstehen durch eine besondere Modulation des Kehlkopfs.

Innovationen im Barock

Im Bauwesen ist eine Fuge ein Spalt zwischen zwei Bauteilen oder verschiedenen Materialien. Und in der Musik?

Die Fuge ist ein Musikstück, in dem ein **musikalisches Motiv** in verschiedenen Stimmen wiederholt und variiert wird. Wenn die **Variation** gleichzeitig mit dem **Grundmotiv** erklingt, spricht man von **Kontrapunkt**. Fugen wurden vor allem in der Barockmusik (etwa

1600–1750) gepflegt. Unübertroffener Meister war **Johann Sebastian Bach** (1685 1750). Er komponierte unter anderem *Die Kunst der Fuge*, einen Zyklus aus 14 Fugen und vier Kanons, in dem er Variationsmöglichkeiten und die kunstvolle Verflechtung der verschiedenen Stimmen auf die Spitze trieb. Auch auf anderen Gebieten entwickelte Bach die musikalischen Formen weiter, doch als bahnbrechender Komponist wurde er erst nach seinem Tod anerkannt. Seine Zeitgenossen schätzten ihn vor allem als virtuosen Organisten. Nach mehreren verschiedenen Anstellungen war er ab 1723 Thomaskantor (Leiter des Thomanerchors) und Kirchenmusikdirektor in Leipzig. Zu seinen wichtigsten Werken zählen seine Violincello-Suiten, die *Matthäus*- und *Johannespassion*, die *h-Moll-Messe*, das *Weihnachtsoratorium*, die *Brandenburgischen Konzerte* und die *Goldberg-Variationen*.

Weitere Barockmusiker:

Monteverdi (1567–1643)

Schütz (1585–1672)

Vivaldi (1678–1741)

Telemann (1681–1767)

Händel (1685–1759)

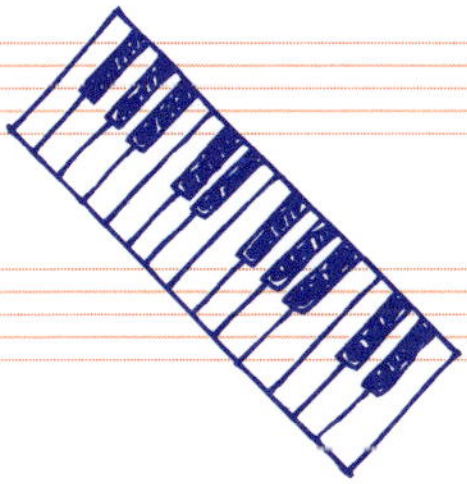

Vom Problem des Klavierstimmens

Das Wohltemperierte Klavier

Klingt nach einem Instrument, an dem die Musiker keine kalten Finger bekommen. Das ist natürlich Quatsch! Aber was hat es mit Bachs berühmter Komposition tatsächlich auf sich? Es geht um das Stimmen von Klavieren und anderen Tasteninstrumenten. In der **Theorie** soll bei **Tonintervallen das Frequenz-Verhältnis stets ganz rein** sein. Bei Tönen, die eine Oktave auseinanderliegen, etwa 2:1, bei Quint-Intervallen 3:2. Wenn man das hochrechnet, dann landet man nach sieben Oktaven beim gleichen Ganzton wie nach zwölf Quinten. Einmal beträgt der Frequenz-Unterschied zum Grundton aber 128:1 und einmal 129,74:1. Geübte Musiker können ihre Stimme oder ihr Streichinstrument diesen winzigen Unterschieden anpassen, Klaviertasten müssen jedoch auf eine dieser Frequenzen gestimmt sein. Wenn man nun versucht, eine Tonart

Heute werden Klaviere gleichförmig gestimmt, d. h. die unreinen Übergänge sind zwischen allen Tasten gleich, damit aber minimiert.

ganz rein zu stimmen, dann ergeben sich in den anderen umso größere Unreinheiten. Bei den seit der Renaissance üblichen **mitteltönigen Stimmungen** wurden die Tonarten umso unreiner, je weiter sie im Quintenzirkel von C-Dur entfernt waren, weshalb sie kaum jemand verwendete. Dann machte der Musiker Andreas Werckmeister (1645–1706) neue Vorschläge, wie man Klaviere so stimmen kann, dass alle Tonarten möglichst wohlklingend gespielt werden können. Dies nannte er »wohltemperierte Stimmungen«. Bachs *Wohltemperiertes Klavier* besteht aus Präludien (Vorspielen) und Fugen in allen Dur- und Molltonarten des Quintenzirkels. Er bewies damit, dass nun auch die weniger gebräuchlichen Tonarten gut spielbar waren.

Biblische Geschichten

Händels berühmtestes Werk ist das Oratorium *Der Messias.* Aber was ist ein Oratorium?

Musik war im Barock vor allem geistliche Musik. Opern gab es erst in Italien. Im Rest Europas führte man **Oratorien** auf. Oratorien befassen sich zum einen mit religiösen Themen, wie schon der Name verrät (lat. *orare* = beten). Zum anderen werden zwar Geschichten erzählt, etwa in Händels *Messias* das Leben Jesu, es findet jedoch kein Schauspiel statt. Das Geschehen wird allein durch die Musik und das **Wechselspiel zwischen Orchester, Chor und Solostimmen** dargestellt. Die am häufigsten in Oratorien dargestellten Geschichten sind die Weihnachtsgeschichte (Weihnachtsoratorien) und die **Leidensgeschichte Christi** (Passion). Es gab aber auch Komponisten, die etwa die Schöpfung der Welt zum Gegenstand eines Oratoriums machten (Haydn), das Leben des alttestamentarischen Propheten Elias

Weitere geistliche Kompositionen: Messe, Missa solemnis (feierliche Messe), Requiem (Totenmesse)

(Mendelssohn Bartholdy), das als göttliches Strafgericht interpretierte Erdbeben von Lissabon 1755 (Telemann) oder die Taten der heilig gesprochenen Jeanne d'Arc (Claudel/Honegger).

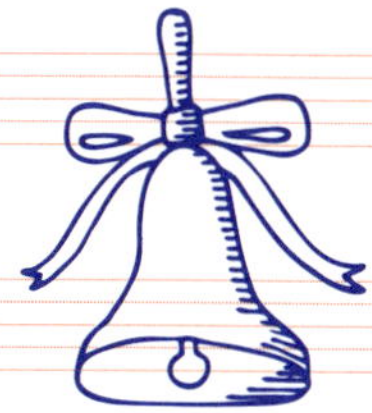

Passend für jeden Sonntag

Cantare heißt singen. Ist eine Kantate dann ein Lied?

Eine **Kantate** ist ein weitaus **komplizierteres Gesangsstück**. Es handelt sich dabei um ein **mehrsätziges Werk**, das sich aus **Arien** (Solo-Gesängen), **Chorgesängen**, **Rezitativen** (Sprechgesängen) und rein instrumentalen Zwischenspielen zusammensetzt. Die klassische Kantate ist eine Kirchenkantate, die das religiöse Thema des jeweiligen Sonn- oder Festtages aufgreift. Johann Sebastian Bach beispielsweise soll rund 300 Kantaten zu den verschiedenen Sonntagen des Jahreskreises komponiert haben, von denen zwei Drittel erhalten sind. Sie beginnen meist mit einer instrumentalen Einleitung oder einem Eingangschor, dann folgen mehrere Solostücke. Abgeschlossen wird wieder mit einem Choral. Andere bedeutende Kantatenkomponisten des Barock waren Dietrich Buxtehude (um 1637–1707) und Georg Philipp Telemann (1681–1767).

Kantaten konnten jedoch auch einen weltlichen Zweck haben, etwa einen Fürstengeburtstag oder einen Staatsakt.

Der Alleskönner

Mozart war ein Wunderkind. Aber was zeichnete ihn als Erwachsenen aus?

Musikalisch konnte Mozart sozusagen alles. Kein anderer Komponist hinterließ eine solche **Bandbreite an Werken**. Er komponierte Kirchenmusik, Orchestermusik, Kammermusik, Werke für eine Vielfalt an Instrumenten und Opern. Und in allen Sparten hinterließ er absolute Meisterwerke, sodass das Urteil, was er am besten konnte, im Grunde Geschmackssache ist. Außerdem griff er – sicherlich auch ein Erbe seiner Wunderkinderzeit und der vielen Reisen – die **diversesten Stile und Einflüsse** auf, verband sie miteinander und entwickelte sie weiter, von der italienischen Oper bis zu Bach. Auch hier war niemand anderes so vielseitig. Obwohl seine Kompositionen technisch extrem anspruchsvoll sind, klingen sie sehr leicht, was sie schon zu seiner Zeit sehr populär machte, gerade auch außerhalb der damaligen Fachkreise, die teils die Nase rümpften. Nicht zuletzt war er unglaublich produktiv. Obwohl er nur 35 Jahre lebte (1756–91), schuf er über 600 Werke, darunter 22 Opern und 18 Messen.

Werke:
Die Entführung aus dem Serail, Die Hochzeit des Figaro, Die Zauberflöte, Krönungsmesse, Requiem, Kleine Nachtmusik

Orchestermusik in vier Sätzen

Joseph Haydn schrieb über 100 Sinfonien. Aber was ist eigentlich eine Sinfonie?

Die Meister der klassischen Sinfonie waren Haydn (1732–1809), Mozart (1756–91) und Beethoven (1770–1827).

In der Zeit Haydns verstand man darunter ein **Orchesterwerk in vier Sätzen ohne Solisten**. Im Barock, aber auch später wieder, entstanden Sinfonien, in denen Sänger zum Einsatz kommen, wie etwa Beethovens *9. Sinfonie*. Dominierend blieb aber die Instrumentalmusik. Eine klassische Sinfonie beginnt mit einem **schnellen ersten Satz** in einer Grundtonart. Dann folgt ein **langsamer zweiter Satz** in einer verwandten Tonart. Der **dritte Satz**, in der Regel wieder in der Grundtonart, hat tanzartigen Charakter. Entweder handelt es sich um ein **Menuett** oder ein damit verwandtes, schnelleres **Scherzo**. Das **Finale**, ebenfalls in der Grundtonart, ist wieder lebhaft. Üblich war die Form des **Rondo**, das seinen Ursprung in Reigentänzen hat. Im 19. Jahrhundert begannen dann viele Komponisten freier mit den klassischen Regeln umzugehen, sodass es teils strittig ist, ob ein Orchesterwerk noch eine Sinfonie ist oder nicht. Verwandt mit der Sinfonie ist die **Sonate**, die genauso aufgebaut ist, aber nur für ein **kleines Ensemble** oder ein **Soloinstrument** geschrieben wurde.

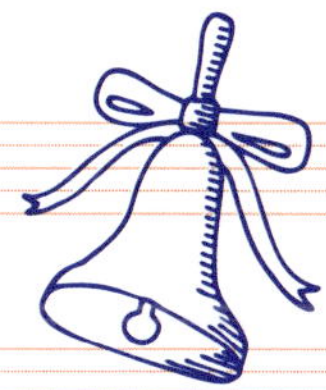

Klassischer Mega-Hit

»Freude, schöner Götterfunken ...«

Schiller oder Beethoven? Die Antwort ist: beide. *An die Freude* ist eigentlich ein Gedicht von Schiller (1759–1805). Ludwig van Beethoven (1770–1827) war davon begeistert und wollte es unbedingt vertonen, konnte sich aber lange nicht entscheiden wie. Schließlich ließ er in seiner **letzten Sinfonie**, der **9. in d-Moll**, ganz gegen die klassische Tradition, im vierten Satz neben dem Orchester auch einen Chor und Solo-Sänger auftreten, die Schillers Ode anstimmten. Angeblich soll Beethoven bis zuletzt an diesem Stilbruch gezweifelt haben.

Beethoven vertonte nicht Schillers kompletten Text. Es fehlen Teile der zweiten und vierten Strophe, sowie die fünfte.

Bei der **Uraufführung** in Wien 1824 brach das Publikum jedoch in **tobende Begeisterung** aus. Seitdem ist Beethovens *9. Sinfonie* eines der populärsten klassischen Musikstücke, gilt aber auch stilistisch – nicht nur wegen des Einsatzes von Singstimmen – als ein **Meilenstein der Musikgeschichte**. 1972 wurde die Ode *An die Freude* zur Hymne des Europarates, 1985 auch die Hymne der EU und 2001 erklärte die UNESCO Beethovens Niederschrift der Sinfonie zum Weltdokumentenerbe.

Kleine Besetzung

Kammermusik wird daheim im stillen Kämmerlein gespielt.

Natürlich nicht! Aber der Name **Kammermusik** kommt tatsächlich daher, dass solche Musik ursprünglich in den Wohnräumen eines Fürsten gespielt wurde und nicht – wie es sich eigentlich gehörte – in der Kirche. Mit *Kammer* war damals ein Privatraum gemeint, kein schäbiger Verschlag vom Typ Besenkammer. Aber was erwartet einen heute bei einem Kammerkonzert? Kein großes Orchester, sondern ein **kleines Ensemble**, üblicherweise mit bis zu neun Musikern. Klassische Kammermusik sind beispielsweise **Streichquartette**, die aus zwei Violinen, einer Bratsche und einem Violoncello bestehen. Als einer der Erfinder des Streichquartetts gilt Joseph Haydn, der rund 70 davon geschrieben hat. Ein Flötenquartett kann dagegen aus vier verschiedenen Flöten bestehen (die moderne Version) oder traditionell aus Violine, Bratsche, Violincello und Flöte. Bläser treten gerne im Quintett auf (Flöte, Oboe, Klarinette, Fagott und Horn). Teilweise wird auch der Auftritt kleiner Sängerensembles als Kammermusik bezeichnet.

Teils werden auch Auftritte größerer Ensembles als Kammermusik bezeichnet, wenn sie in der Tradition der Kammermusik spielen.

Vom Kunst- zum Volkslied

»Das Wandern ist des Müllers Lust!«

»Das Wa-han-dern!« Was hat das mit hoher musikalischer Kunst zu tun? Nun, eigentlich ist das Lied *Die Wanderschaft* nur die Eröffnung eines **romantischen Liederzyklus** mit dem Titel *Die schöne Müllerin*, der von Wilhelm Müller (1794–1827) gedichtet und von **Franz Schubert** (1797–1828) vertont wurde. Er dreht sich um einen jungen Müllergesellen auf Wanderschaft, der sich in eine schöne Müllerin verliebt, sie aber an einen Jäger verliert und sich zuletzt im Mühlbach ertränkt. Der fröhliche Optimismus des Wandererliedes weicht dabei bald anderen Stimmungen. Das Ganze ist ein typisches Produkt der Romantik, in der es – auch in der Musik – vor allem um Gefühle ging. Zum beliebten Ausdrucksmittel wurde das **Kunstlied**, als dessen Pionier Schubert gilt. Romantische Kunstlieder sollten volkstümlich klingen, waren es aber nicht. Allerdings wurden die beliebtesten Lieder, etwa das Wanderlied aus der *Schönen Müllerin* oder der ebenso populäre *Lindenbaum* (»Am Brunnen vor dem Tore«) aus dem Schubert-Müller-Zyklus *Winterreise*, zum Mitschmettern für jedermann vereinfacht. Das nahm ihnen nicht nur die musikalische Raffinesse, sondern riss sie auch aus dem Zusammenhang, der in den ursprünglichen Zyklen gegeben war.

Weitere Schubert-Lieder: Ich hört' ein Bächlein rauschen, Die Forelle, Heidenröslein, Der König von Thule, Der Tod und das Mädchen

Schwierige Partnerschaft

Wissen Sie noch, wer vom 100-Mark-Schein blickte?

Es war **Clara Schumann** (1819–96). Möglicherweise erinnern Sie sich aber, dass in Ihrem Musikunterricht eher deren Gatte **Robert Schumann** (1810–56) eine Rolle spielte. Das liegt daran, dass Robert komponierte und Clara spielte. Sie galt schon früh als Wunderkind und wurde in ganz Europa gefeiert. Ihrem Mann dagegen missfielen die Konzertreisen. Er wollte sie dazu bringen, lieber häuslich zu sein und mit ihm zu komponieren, obwohl damals die Meinung galt, dass Frauen vielleicht noch gut reproduzieren (spielen), aber keinesfalls erstklassig produzieren (komponieren) können. Da der Familie aber das Geld ausging und Robert aufgrund einer Lähmung nicht fähig war, seine eigenen Kompositionen vorzutragen, nahm Clara ihre Konzerttourneen wieder auf. Roberts Kompositionen dagegen, vor allem seine extrem anspruchsvollen Klavierwerke, waren dem Publikum teils zu eigenwillig und kamen nicht immer an. Dafür übten sie großen Einfluss auf nachfolgende Komponisten aus, vor allem auf Johannes Brahms (1833–97).

Schumann vertonte u. a. Lieder von Rückert (*Liebesfrühling*), Eichendorff, Chamisso (*Frauenliebe und -leben*) und Heine (*Dichterliebe*).

Romantische Tänze

Schon mal den Minutenwalzer getanzt?

Wohl kaum! Chopins Walzer in Des-Dur ist nicht zum Tanzen gedacht. Anders als der Populärname suggeriert, soll er auch nicht in einer Minute gespielt werden, sondern höchstens in 1,30 und auch das ist schon extrem schnell. Auch die anderen Walzer, Mazurkas und Polonaisen von **Frédéric Chopin** (1810–49) sind keine Tanzmusik, sondern nur zum Zuhören bestimmt. Auch früher schon dienten **Tänze** als **Grundlage für Konzertwerke**. So setzen sich etwa die beliebten Suiten des Barock aus einer Abfolge von Tanzmelodien zusammen, etwa Menuett, Allemande, Sarabande, Gavotte, Gigue oder Courante. Auch in Sonaten und Sinfonien kamen stilisierte Tänze wie Menuett und Rondo vor. Im Gegensatz zu Klassik und Barock schätzte man in der Romantik allerdings nicht nur andere Tänze, man zog vielfach auch den intimeren musikalischen Vortrag im Salon dem Konzert mit großem Orchester vor. Wie auch Robert Schumann, Franz Liszt (1811–86) und andere romantische Komponisten schrieb Chopin vor allem Werke fürs Klavier.

Das Hammerklavier oder Pianoforte kam Ende des 17. Jahrhunderts auf. Vorher gab es Saitenklaviere wie Cembalo, Spinett oder Clavichord.

Die kleine Schwester

Eine Operette ist eine kleine Oper.

Das legt der Name nahe, aber wahrscheinlich hat man Ihnen eher beigebracht, dass die **Operette** eine weniger anspruchsvolle, leichtere Version der Oper ist. Tatsächlich gilt das nur für die zweite Hälfte des 19. Jahrhunderts. Ursprünglich bezeichnete man teils kleinere Opern, teils musikalisch weniger anspruchsvolle Singspiele, aber auch Stücke, die Sprechpassagen enthielten, und komische Opern als Operetten. 1858 brachte **Jacques Offenbach** (1819–80) dann in Paris mit *Orpheus in der Unterwelt* eine komische Oper auf die Bühne, in die er mitreißende zeitgenössische Rhythmen bis hin zum berüchtigten *Höllen-Cancan* integrierte. Das Stück gilt als erste Operette im heutigen Wortsinn. Neben Paris entwickelte sich Wien mit Werken wie der *Fledermaus* von **Johann Strauss jr.**, dem *Bettelstudenten* von **Carl Millöcker** und **Franz Léhars** *Lustiger Witwe* zum zweiten Mekka der Operette. Dabei bemühte man sich musikalisch anspruchsvoller und weniger frivol (dafür oft rührseliger) zu sein als die französischen Vorbilder. Zu Beginn des 20. Jahrhunderts gab es dann eine Vielzahl musikalischer Lustspiele, Musik-Revuen und sehr volkstümlicher Operetten, ohne dass die einzelnen Sparten exakt gegeneinander abgegrenzt werden können.

Es enttäuschte Strauss, dass sein Zigeunerbaron (1885) nicht als komische Oper anerkannt und nur an Operettentheatern gespielt wurde.

Der Spalter

Wagneropern – entweder man hasst sie oder man liebt sie!

Eine dritte Möglichkeit scheint es kaum zu geben, genauso wie sich an **Richard Wagner** (1813–83) selbst die Geister scheiden. Auch zu Lebzeiten schon erregte er sowohl heftige Abneigung als auch rückhaltlose Bewunderung. Sein Leben war geprägt von Schulden und Affären, bevor 1864 **König Ludwig II. von Bayern** (1845–86) sein Mäzen wurde. Wagner war besessen von dem Gedanken, die **Oper** zu **reformieren**. Er glaubte, die Kunst müsse den mythischen Gehalt der fragwürdig gewordenen Religionen retten. Dafür aber brauchte er ein dramatischeres Musikschauspiel, als es die herkömmliche Oper bieten konnte. Wagner (aber auch Verdi) begannen, **Opern durchzukomponieren**, d. h. die Musik spielt während eines Aktes ohne Unterbrechung und die einzelnen Arien sind darin eingebettet, anstatt nebeneinander zu stehen. Aber auch musikalisch war er innovativ und löste sich von der klassischen Dur-Moll-Tonalität. Vor allem seine Oper *Tristan und Isolde* gilt als Meilenstein hin zu einer modernen Musik. Auch damit stieß er teils auf heftige Ablehnung, inspirierte aber viele Komponisten, u. a. **Gustav Mahler** (1860–1911) und **Richard Strauss** (1864–1949).

Wagner verfügte, dass seine ersten vier Opern in Bayreuth nicht gespielt werden dürfen.

Absage an den Grundton

Was hat man Ihnen in der Schule zu Zwölftonmusik erzählt?

Dass es sich um eine schräge Erfindung des Komponisten **Arnold Schönberg** (1874–1951) handelt? Oder um einen Meilenstein hin zu moderner Musik? Tatsächlich ist die **Zwölftonmusik** im Rahmen der Entwicklung hin zu **atonaler Musik** zu betrachten. Bis dato war klassische Musik immer auf den Grundton einer gewählten Tonleiter bezogen (Tonalität). In der **Spätromantik** wurden Kompositionen

teils so kompliziert, dass dieser Bezug kaum noch oder gar nicht mehr zu erkennen war. Die Musiker der Zweiten Wiener Schule – neben Schönberg **Alban Berg** (1885–1935) und **Anton Webern** (1883–1945) – begannen ab 1908 bewusst atonal zu komponieren. Schönberg kam jedoch schnell zu der Auffassung, dass es für eine Komposition innere Regeln geben müsse.
Also entwickelte er die Zwölftonmusik.
Die zwölf Töne und Halbtöne einer Tonleiter stehen dabei gleichberechtigt nebeneinander. Aber: In einer Komposition darf ein Ton erst zum zweiten Mal auftauchen, wenn alle anderen vorgekommen sind.
Obwohl der Zwölftonmusik noch bis weit in die zweite Hälfte des 20. Jahrhunderts teilweise die Existenzberechtigung abgesprochen wurde, beeinflusste diese Abkehr von dem von Theodor W. Adorno (1903–69) kritisierten Zwang der Tonalität die Musik des 20. Jahrhunderts extrem. Zwar praktizierten nur wenige tatsächlich Zwölftonmusik à la Schönberg (etwa Hanns Eisler, 1898–1962). Andere fanden aber eigene neue Ausdrucksformen jenseits der Tonalität. Viele, etwa Claude Debussy (1862–1918) und Béla Bartók (1881–1945), griffen dabei Elemente aus der Volksmusik verschiedener Kulturen auf.

Die zwölf Töne der Zwölftonmusik: c, cis/des, d, dis/es, e, f, fis/ges, g, gis/as, a, ais/b, h

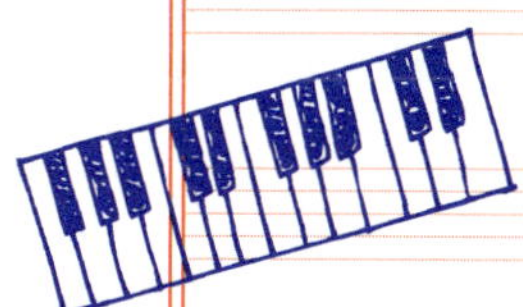

Getrennte Welten

Kam in Ihrem Musikunterricht auch Popmusik vor?

Oder waren Ihre Musiklehrer noch der Meinung, nur die sogenannte klassische Musik sei wert, im Unterricht behandelt zu werden? Die Unterteilung in sogenannte **E-** und **U-Musik**, ernsthafte und Unterhaltungsmusik, stammt erst aus dem 20. Jahrhundert und ist höchst umstritten. Manchmal wird dabei auch noch der Volksmusik eine eigene Kategorie eingeräumt, wobei es sich nicht um Schlager im Dirndl mit Dialektfärbung handelt, sondern um Musik, die regionale Musiktraditionen mit ganz eigenen Charakteristika aufgreift,

Jazz wird inzwischen teilweise als klassische Musik betrachtet, obwohl er eher gemeinsame Wurzeln mit den Spielarten der Popmusik hat.

was Instrumente, Tonsysteme, Rhythmus usw. angeht. Und hinter dem Schlagwort **F-Musik** verbirgt sich funktionelle Musik, die nicht um ihrer selbst gehört wird, sondern einen Zweck erfüllt. Dazu zählt man Filmmusik genauso wie Tanzmusik, Militärmusik, musikalische Berieselung im Kaufhaus oder Kirchenmusik. All diese Versuche einer **Kategorisierung** sind natürlich höchst **fragwürdig**, zumal etwa eine Chopinmazurka selbstverständlich ernsthafte Musik ist, trotzdem zur Unterhaltung aufgeführt wird, aber auch als Filmmusik dienen kann und Wurzeln in der Volksmusik hat.

Ganz neue Töne

Wissen Sie noch, was Blue Notes sind?

Es sind zwei spezielle Töne, die aus der **afrikanischen Musik** stammen und sich nicht in das westliche musikalische Schema einpassen lassen, da sie **zwischen den üblichen Halbtonschritten** liegen. Der eine Ton liegt – bezogen auf einen Grundton – zwischen kleiner und großer Terz, der andere zwischen reiner (3 Ganztöne und 1 Halbton) und verminderter (2 Ganztöne und 2 Halbtöne) Quint. Die Verwendung dieser speziellen Töne trägt zum besonderen Klang des **Blues** bei. Dieser entstand Ende des 19. Jahrhunderts in der schwarzen Bevölkerung Amerikas aus dem Spiritual. Er gilt als **Wurzel** fast aller **modernen Musikstile** vom Jazz über den Rock'n' Roll bis hin zum Hip-Hop. Der Name leitet sich von der Redewendung *den Blues haben* (melancholisch/traurig sein) ab. Tatsächlich haben viele, aber keineswegs alle Bluestexte und -melodien eine melancholische Grundstimmung.

Pionierinnen des Blues:
Bessie Smith (1894–1937)
Ma Rainey (1886–1939)

Geschichte

*»Wer die Enge seiner Heimat ermessen will, reise.
Wer die Enge seiner Zeit ermessen will, studiere Geschichte.«*

*Kurt Tucholsky
(1890–1935)*

Seiner eigenen Empfehlung hat der Schriftsteller Kurt Tucholsky keine Folge geleistet, er studierte stattdessen lieber Jura. Er ist heute dennoch als besonders aufmerksamer Beobachter seiner Zeit bekannt. Die Gegenwart lässt sich aber leichter verstehen, wenn man auch die Vergangenheit kennt. Die bedeutendsten Meilensteine aus dem Schulfach Geschichte finden Sie, wenn Sie umblättern.

Rein in die Geschichte!

Es war einmal …

Mit diesen Worten beginnen die meisten Märchen. Faktisch ist das, was einmal war, Geschichte. Man teilt sie in Vor- und Frühgeschichte ein, wobei Geschichte mit dem ersten **Auftreten des Menschen** beginnt. Alles andere ist Erdgeschichte oder Evolutionsgeschichte und gehört in den Bereich der Erdkunde oder Biologie. Menschen gibt es seit etwa **2,5 Millionen Jahren**. Doch die ersten zwei Millionen Jahre, in denen unsere Vorfahren hauptsächlich damit beschäftigt waren, Jagdtechniken zu verfeinern, sind noch relativ unspektakulär. Die Wissenschaft spricht von **Vorgeschichte**. Um 3500 v. Chr. setzt man mit dem Auftauchen der ersten Schrift die **Frühgeschichte** an. Diese Epoche endet, wenn ein Volk eine **Kultur** mit reichhaltigen schriftlichen Quellen entwickelt. Das ist regional natürlich sehr verschieden. Für das antike Griechenland z. B. wird das Ende der Frühgeschichte um 800 v. Chr. angesetzt, während das heutige Deutschland diesen Punkt erst im frühen Mittelalter erreichte.

Schrift:
Ab 3500 v. Chr. in Mesopotamien
Ab 3200 v. Chr. in Ägypten
Ab 2000 v. Chr. am Indus
Ab 1600 v. Chr. in China

In den Höhlen des Neandertal

Der Mensch stammt nicht vom Affen ab.

Haben Sie das auch gelernt? Der Mensch stammt durchaus vom Affen ab, allerdings nicht von den heute noch existierenden Arten. Präziser spricht man von *Primaten*, denn diese Ordnung umfasst Affen, Menschen und Halbaffen. Die Entwicklung von Menschen und Menschenaffen trennte sich vor ca. fünf bis sechs Millionen Jahren. Aber was kam dann? Wenn Sie nur noch verschwommene

Erinnerungen an *Homo erectus*, *Homo habilis* oder *Homo ergaster* haben, macht das nichts. Inzwischen hat es neue Funde gegeben und die Wissenschaft streitet lebhaft über die korrekte Abgrenzung und Benennung der verschiedenen **Frühmenschen**.

Was sich dennoch zu wissen lohnt:

- Vor etwa 4,2 Millionen Jahren: Auftreten des aufrecht gehenden Australopithecus
- Vor etwa 2,5 Millionen Jahren: Übergang vom Tier zum Menschen
- Vor etwa 1,8 Millionen Jahren: Erster Nachweis von Frühmenschen (Homo erectus) außerhalb Afrikas (in Georgien)
- Vor etwa 600.000 Jahren: Zweite Auswanderungswelle des Homo erectus aus Afrika, in Europa Entwicklung des Homo heidelbergensis und aus diesem vor etwa 130.000 Jahren Entwicklung des Neandertalers
- Vor etwa 200.000 Jahren: Entwicklung des modernen Menschen (Homo sapiens oder veraltet Homo sapiens sapiens) in Afrika
- Vor etwa 35.000 bis 40.000 Jahren: Auftreten des modernen Menschen in Europa

> Nach neuesten genetischen Untersuchungen vermischten sich Neandertaler und moderner Mensch in nur sehr geringem Umfang.

Das Zeitalter des Faustkeils

Das Wichtigste: Die Steinzeitmenschen begannen vor etwa **2,5 Millionen Jahren** mit der Herstellung der ersten primitiven **Steinwerkzeuge**. Die Herstellung (und nicht nur Verwendung) von Werkzeugen gilt auch als Trennlinie zwischen Mensch und Tier. Die Steinzeit dauerte über zwei Millionen Jahre. Ihr Ende begann im Nahen Osten, als man ab dem 6. Jahrtausend v. Chr. weiche Metalle wie Gold und Kupfer

> Die berühmten Höhlenbilder von Lascaux sind ungefähr 17.000 bis 19.000 Jahre alt.

verwendete. 3000 Jahre später war mit dem Siegeszug der Bronze endgültig die Metallzeit angebrochen. Wissenschaftler unterteilen die Steinzeit in **Altsteinzeit**, **Mittelsteinzeit** (ca. ab 600.000 v. Chr., neue Bearbeitungstechniken) und **Jungsteinzeit** (ca. ab 35.000 v. Chr., Auftreten des modernen Menschen in Europa).

Zwischen Euphrat und Tigris

Der Irak, die Wiege unserer Kultur?

Angesichts der derzeitigen Zustände im Land um Euphrat und Tigris erscheint das schwer vorstellbar, doch es stimmt. Der Irak und der Nordosten Syriens bildeten **Mesopotamien**, das Zweistromland, in dem die ersten **Hochkulturen** der Menschheitsgeschichte entstanden. Den Anfang machten mehrere Stadtstaaten unweit des Persischen Golfs wie **Ur** und **Uruk** um 3500 v. Chr. Den sogenannten sumerischen Stadtstaaten folgten die Reiche von **Akkad**, das **altbabylonische Reich** und das **Assyrische Reich**, die aber kulturell aufeinander aufbauten. Das sogenannte Sündenbabel der Bibel war die Hauptstadt des Neubabylonischen Reiches, das nur 70 Jahre lang bestand (609–539 v. Chr.), aber äußerst glanzvoll und mächtig war; vor allem unter **König Nebukadnezar II.** (reg. 605–562 v. Chr.). Es wurde schließlich von den Persern erobert und gehörte dann zum riesigen persischen Reich, das von Bulgarien bis an den Indus reichte.

König Hammurabi, der die berühmte Gesetzessäule aufstellen ließ, regierte 1792–50 v. Chr. das altbabylonische Reich.

Glanz und Schönheit

Welcher Pharao kommt Ihnen als Erstes in den Sinn: Tutanchamun, Echnaton oder Nofretete?

Keiner der drei hatte große politische Bedeutung. Echnaton führte zusammen mit seiner schönen Gattin Nofretete während seiner Regierungszeit (um 1351–34 v. Chr.) zwar den Monotheismus und einen neuen Kunststil ein. Doch nach seinem Tod wurden alle Reformen sofort rückgängig gemacht. Von seinem Sohn Tutanchamun, der wohl 1323 v. Chr. im Alter von etwa 18 Jahren starb, sind gar keine politischen Taten bekannt. Die politisch wichtigsten Pharaonen waren **Narmer** bzw. **Menes** (um 3000 v. Chr.), der Ägypten vereinigte, **Djoser** (reg. um 2720–2700 v. Chr.) und **Snofru** (reg. um 2570–20 v. Chr.) im Alten Reich. **Mentuhotep II.** (reg. um 2008–1957 v. Chr.) gilt als der Begründer des Mittleren Reiches. Ebenfalls politisch bedeutend waren **Sesostris I.** (reg. um 1919–1875 v. Chr.) und **Ahmose I.** (reg. um 1539–14 v. Chr.), der Begründer des Neuen Reiches. **Hatschepsut** (reg. um 1479–58 v. Chr.) sorgte für eine lange wirtschaftliche Blütezeit, ihr Stiefsohn **Thutmosis III.** (reg. um 1479–25 v. Chr.) dehnte die ägyptische Macht nach Asien aus. Außerdem wichtig: Echnatons Vater **Amenophis III.** (um 1388–51 v. Chr.) und **Ramses II.** (reg. um 1279–13 v. Chr.), unter dem Ägypten seine größte innere und äußere Machtentfaltung erlebte.

Tutanchamun war laut neuesten Untersuchungen Echnatons Sohn, seine Mutter aber nicht Nofretete.

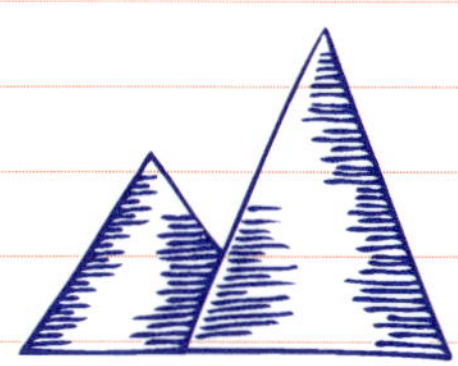

Politische Neuerungen in Athen

Die Geburt der Demokratie

Gerne sagt man, die Griechen hätten die Demokratie erfunden. Dabei stimmt es genau genommen nicht, denn es waren die **Athener**.

Die anderen griechischen Kleinstaaten experimentierten mit so illustren Regierungsformen wie **Tyrannis** – wobei nicht alle Tyrannen schlechte Herrscher waren – oder **Oligarchie**, der Herrschaft einer Gruppe von Adeligen. Auch in Athen entwickelte sich die Demokratie erst nach und nach. Anfangs waren hohe Ämter den Reichen vorbehalten. Erst im 5. Jahrhundert v. Chr. wurden **Diäten** gezahlt, was auch ärmeren Menschen ermöglichte, politisch tätig zu sein. Frauen, Sklaven und Auswärtige blieben jedoch ausgeschlossen. Eine Besonderheit war, dass die meisten **Ämter ausgelost** wurden. Entscheidungen wurden von der **Volksversammlung** getroffen, an der jeder Athener Vollbürger, der seinen Militärdienst abgeleistet hatte, teilnehmen konnte – und von seinem Rederecht Gebrauch machen. Dass besonders redegewandte **Demagogen** dabei die Masse manipulieren konnten, erkannte man bereits damals als Problem. Eine entartete Form der Demokratie bezeichnete man als **Ochlokratie**, als Herrschaft des Pöbels.

Wegbereiter der Demokratie:
Solon (um 640–560 v. Chr.)
Kleisthenes (um 570–507 v. Chr.)
Perikles (um 490–429 v. Chr.)

Politische Intrigen in Athen

Ist Ihnen das Scherbengericht noch ein Begriff?

Das ist der Name einer bekannten Schattenseite der Athener Demokratie. Selbst verdiente Bürger konnten **für zehn Jahre verbannt** werden, wenn sich die Stimmung gegen sie wendete. Jedes Jahr stimmte das Volk ab, ob ein Scherbengericht stattfinden sollte. Gab es eines, dann musste zwangsläufig derjenige in die Verbannung gehen, dessen Name am häufigsten auf die als Stimmzettel dienenden Tonscherben geritzt wurde. Scherbengerichte gab es jedoch nur im 5. Jahrhundert v. Chr. Prominenteste Opfer waren die Staatsmänner **Aristides** (um 550–467 v. Chr.) und **Themistokles** (um 525–459 v. Chr.). Im Jahr 500 v. Chr. hatte Athen eine Rebellion der griechischen Städte an der türkischen Westküste gegen die persische Oberherrschaft unterstützt. Daraufhin bekam man es selbst mit den Persern zu tun. 490 v. Chr. siegte Athen bei Marathon. Doch weitere persische Angriffe waren zu befürchten. Themistokles forderte eine riesige Flotte, Aristides war dagegen. Themistokles erwirkte 483 v. Chr. dessen Verbannung. Drei Jahre später griffen die Perser an. Themistokles ließ Athen evakuieren und besiegte den Feind bei Salamis in einer gigantischen Seeschlacht. Neun Jahre später zweifelte man daran, dass die Preisgabe Athens nötig gewesen war, und schickte Themistokles in die Verbannung.

Nach der Zerstörung durch die Perser 480 v. Chr. ließ Perikles Athen prächtig wieder aufbauen. Die Akropolis zeugt noch heute davon.

Die ganz harten Jungs

»Wanderer, kommst du nach Sparta, verkünde dorten, du habest uns hier liegen gesehen, wie das Gesetz es befahl.«

So Schillers berühmte Übersetzung der Inschrift auf dem antiken **Leonidas-Denkmal**. Es erinnert an die **Verteidigung des Thermopylen-Passes** durch den spartanischen König Leonidas und seine Leute im Jahr 480 v. Chr. Sie versuchten damit, den persischen Vormarsch auf Athen aufzuhalten. Schon damals galt das Ereignis als Beispiel für heroischen, soldatischen Opfermut. Der militärische Wert der Verteidigung ist jedoch fragwürdig, da Athen längst geräumt worden war. Langfristig hielt das Bündnis zwischen Sparta und Athen auch nicht: Nach dem Sieg über die Perser gründete Athen den **Delisch-Attischen Seebund**, Sparta den **Peloponnesischen Bund**. Zwischen 431 und 404 v. Chr. gab es dann einen äußerst brutalen Krieg der beiden Bündnisse, der mit der Niederlage Athens endete. Warum aber sagt man über die Spartaner, dass sie so hart waren? Sie hatten um 1000 v. Chr. die Völker der Messenier und Lakonier versklavt. Danach lebten sie in ständiger Angst vor Aufständen und opferten ihre Freiheit zugunsten der inneren Sicherheit. Ab dem 5. Jahrhundert v. Chr. war Sparta endgültig ein

Militärstaat, in dem es kaum noch Kunst und Kultur gab. Man lehnte alles Fremde ab, setzte schwächliche Kinder aus und konzentrierte sich darauf, den Körper abzuhärten.

Dem Krieg der Seebünde folgte Chaos, bis Philipp II. von Makedonien in nur zwei Jahren (339–337 v. Chr.) ganz Griechenland unterwarf.

Der Welteneroberer

Drei, drei, drei bei Issos Keilerei

Was ist eigentlich damals bei Issos passiert? Möglicherweise erinnern Sie sich noch, dass **Alexander der Große** seine Hände im Spiel hatte. Dieser wollte seine Herrschaft über Griechenland durch einen **Krieg gegen die Perser** festigen. In der Ebene von Issos, die ziemlich genau am nordöstlichsten Punkt der Mittelmeerküste unweit der türkisch-syrischen Grenze liegt, errang Alexander (356–323 v. Chr.) seinen entscheidenden **Sieg**. Die Perser waren zwar in der Überzahl, aber Alexander der bessere Stratege. Danach war der Rest Persiens leichte Beute, denn der innere Zusammenhalt des multinationalen Riesenreiches war aufgrund jahrzehntelanger Misswirtschaft praktisch nicht mehr vorhanden. Alexander konnte bis zum Indus vordringen. Als er danach auch noch Indien erobern wollte, meuterten seine Soldaten. Er musste umdrehen und starb in Babylon.

Das Alexandermosaik aus Pompeji zeigt entweder die Schlacht bei Issos oder den Sieg bei Gaugamela (Nordirak) 331 v. Chr.

Die neue Macht

Sieben, fünf, drei – Rom schlüpft aus dem Ei

Mussten auch Sie dieses Datum lernen und kennen Sie die römische Sage um die Gründung der Stadt durch die Brüder **Romulus** und **Remus**, die von einer Wölfin gesäugt wurden? Glaubt man dem römischen Gelehrten Marcus Terentius Varro (116–27 v. Chr.), spielte sich das alles im Jahr 753 v. Chr. ab. Im Bewusstsein der Römer war das natürlich das Jahr 1 ihrer Zeitrechnung. Aber können Sie sich noch erinnern, was man Ihnen in der Schule über die tatsächlichen Anfänge Roms beigebracht hat? Vermutlich nicht. Die Legende ist einprägsamer und verdeckt hartnäckig die Realität. Tatsächlich stammen die ältesten Hinweise auf eine Stadt erst aus dem späten 6. Jahrhundert v. Chr. Um 500 v. Chr. (der Legende nach genau im Jahr 509) schüttelten die Römer dann die Oberherrschaft der etruskischen Könige ab und gründeten eine **Republik**.

Römische Dokumente sind nur selten ab urbe condita (seit Gründung der Stadt) datiert, sondern verweisen meist auf die amtierenden Konsuln.

Karthagos Ende, Roms Aufstieg

Zwa, null, zwa – Schlacht von Zama

Das ist nicht nur holprig gereimt, sondern gibt auch keinen Aufschluss, worum es dabei ging. Es fand der entscheidende **Sieg der Römer** über die Karthager, auch Punier genannt, statt. Zum Krieg war es gekommen, weil sich Karthago in Streitigkeiten auf Sizilien eingemischt hatte und Rom das nicht dulden wollte. Im Jahr 218 v. Chr. hatte der karthagische **Feldherr Hannibal** mit ca. 50.000 Soldaten und 37 Kriegselefanten die Alpen überquert, danach Unteritalien verheert und 216 v. Chr. bei Cannae in Apulien 16 Legionen fast vollständig vernichtet. Jahrelang lebte Rom in Angst vor dem Ruf »Hannibal ante portas« (Hannibal vor den Toren), bevor Scipio

Africanus (235–183 v. Chr.) den Spieß umdrehte, in das heutige Tunesien übersetzte und **Karthago angriff**. Die Karthager riefen Hannibal zu Hilfe, aber am Ende siegte Scipio. Damit war **Rom** die **beherrschende Macht** im westlichen Mittelmeer geworden und begann, sich in der Folge in innergriechische Streitigkeiten einzumischen und nach und nach auch das östliche Mittelmeer unter seine Kontrolle zu bringen. Obwohl Karthago keine Gefahr mehr darstellte, machten es die Römer 146 v. Chr. dem Erdboden gleich.

»Im Übrigen meine ich, dass Karthago zerstört werden sollte«, forderte der Politiker Cato (234–149 v. Chr.) angeblich in jeder Rede.

Chaos in Rom

Die Gracchen, Marius, Sulla, Crassus, Pompeius …

Roms rasanter Aufstieg zur Weltmacht führte zum Import unzähliger Sklaven, machte Heereslieferanten und Grundbesitzer enorm reich und ließ die Kleinbauern und Arbeiter verarmen, da sie der billigen Sklavenarbeit nichts entgegenzusetzen hatten. Die Brüder Tiberius (162–133 v. Chr.) und Gaius (153–121 v. Chr.) Gracchus drängten als Volkstribunen auf **Reformen**, wurden aber mitsamt ihrer Anhänger, die sich *Popularen* nannten, von den Konservativen, den *Optimaten*, ermordet. Erst Gaius Marius (156–86 v. Chr.), konnte Reformen im Sinne der Popularen durchführen. Daraufhin entfesselten die Optimaten unter **Cornelius Sulla** (um 138–78 v. Chr.) 88 v. Chr. einen Bürgerkrieg, den sie gewannen. Nachdem Sulla die Reformen rückgängig gemacht hatte, gelang es drei Heerführern als sogenanntes **Triumvirat** den Senat unter ihre Kontrolle zu bringen. Es waren Crassus, Pompeius der Große und Cäsar.

Pompeius führte u. a. gegen die Seeräuber des Mittelmeeres Krieg.

Cäsar und Cicero

Zwei Klassiker auf Kriegsfuß

Vor allem für ehemalige Lateinschüler stellen die beiden eine fast untrennbare Einheit dar. Aber was hatten sie eigentlich im wirklichen Leben miteinander zu tun? Sie waren **politische Gegner**. Marcus Tullius Cicero (106–43 v. Chr.) war ein glänzender Redner und Anwalt. Sein größter Coup, an dem kein Lateinschüler vorbei kommt, waren drei eindrucksvolle Reden gegen Lucius Sergius Catilina (108–62 v. Chr.). Catilina war – auch aufgrund der scharfen Opposition Ciceros – mehrmals bei den Wahlen zum Konsul durchgefallen. Daraufhin plante er 63 v. Chr. einen **Staatsstreich**. Cicero bekam Wind davon und brachte – obwohl er keine anderen Beweise als anonyme Briefe hatte – Catilina Kraft seines Wortes dazu, aus Rom zu fliehen. Gaius Julius Cäsar (100–44 v. Chr.) wollte Cicero für das Triumvirat mit Crassus und Pompeius gewinnen, Cicero dagegen drängte Cäsar, die alte Ordnung Roms zu wahren. Als Cäsar dies nicht tat, prangerte er ihn öffentlich als Tyrannen an. Nach **Cäsars Ermordung** wurde Cicero schließlich von Marcus Antonius im Zug der sogenannten Proskriptionen (Ächtungen) ebenfalls umgebracht.

Cicero war zwar ein Freund des Cäsarmörders Brutus, aber nicht an dessen Mordverschwörung beteiligt.

Das große Wagnis

Im Jahr 49 v. Chr. überschritt Cäsar den Rubikon.

Angeblich sagte er dabei: *Alea iacta est* (Die Würfel sind geworfen). Seitdem steht dieser kleine **Fluss** südlich von **Ravenna** sprichwörtlich für waghalsige Entscheidungen, die nicht mehr rückgängig gemacht werden können. Aber warum war die Überquerung des Rubikons eigentlich derart riskant? Ganz einfach: Der Fluss markierte damals die Grenze Italiens. Jeder römische Heerführer, der aus den

Cäsar eroberte zwischen 57 und 53 v. Chr. große Teile Galliens und schrieb darüber das Werk De bello Gallico.

Provinzen ins römische Kernland wollte, musste zunächst sein Heer entlassen und seine Kommandogewalt niederlegen. Damit versuchte man zu verhindern, dass die Offiziere ihre Truppen benutzten, um den Senat und seine Politik unter Druck zu setzen. **Cäsar** jedoch war sich ziemlich sicher, dass ihn seine einstigen Verbündeten Crassus und Pompeius politisch kalt stellen würden, sobald er nach **Rom** kam, da er ihnen durch seine Erfolge in Gallien zu mächtig geworden war. Seine einzige Trumpfkarte war sein Heer. Also nahm er es mit nach Italien, entfesselte einen kurzen **Bürgerkrieg**, den er gewann, und ließ sich 46 v. Chr. vom Senat zum **Diktator** ernennen.

Ende eines Tyrannen?

Iden des März vierzig, vier – Brutus packten Neid und Gier.

Also brachte Brutus Cäsar um. Ob es den Verschwörern um Brutus (85–42 v. Chr.) wirklich darum ging, die Republik zu retten, oder ob Cäsar einfach ihrem persönlichen Machtstreben im Weg stand, ist umstritten. Aber sicher greift es zu kurz, ihnen lediglich Neid und Gier vorzuwerfen. Cäsar war zwar ein Politiker von großem Format, der während seiner Diktatur wirklich sinnvolle Reformen durchführte, der aber ebenfalls auf **Alleinherrschaft** abzielte, auch wenn er vielleicht nicht offiziell das Königtum anstrebte, wie ihm seine Gegner vorwarfen.

Unter anderem ersetzte Cäsar den völlig veralteten Mondkalender durch den Julianischen Kalender.

Ein Sieg – viele Mythen

»Als die Römer frech geworden
Zogen sie nach Deutschlands Norden …
In den Teutoburger Walde,
Huh! Wie pfiff der Wind so kalte …«

So heißt es im Trinklied von Joseph Victor von Scheffel (1826–86). Aber was ist bei Ihnen von der sogenannten **Varusschlacht** hängen geblieben? Je nachdem wie lange Ihre Schulzeit zurückliegt, ist es vielleicht ganz gut, wenn Sie sich nicht mehr so deutlich erinnern. Denn einiges, was man früher lernte, ist inzwischen historisch überholt. Beispielsweise ist die Gewissheit geschwunden, dass jene Schlacht im Teutoburger Wald stattgefunden hat. Heißer Kandidat ist derzeit Kalkriese bei Bramsche im Osnabrücker Land, aber auch das wird diskutiert.

Etwa ab dem Jahr 70 schotteten die Römer ihre Provinzen mit einem Grenzwall, dem Limes, gegen das freie Germanien ab.

Ganz sicher zog Varus (um 47 v. Chr.–9 n. Chr.) nicht als frecher Eroberer nach Deutschland. Er war **Statthalter** der bereits unterworfenen römischen Provinz **Germanien**, zog sich aber Anfeindungen durch einige germanische Fürsten zu. Trotzdem vertraute er **Arminius** (um 17. v. Chr.–21 n. Chr.), dem römischen Heerführer und offiziellem Bundesgenossen, bis zuletzt. Eine Heldentat war dessen **Sieg** deshalb nicht. Übrigens: Wie der Sieger der Varusschlacht wirklich hieß, weiß man ebenfalls nicht. Arminius (um 17. v. Chr.–21 n. Chr.) nannten ihn nur die Römer und der Name Hermann der Cherusker ist eine Erfindung aus dem 16. Jahrhundert.

Nach dem Sieg gegen Varus konnte Arminius mehrere Rachefeldzüge Roms abwehren, was deren Vorhaben, Germanien zu erobern, mit der Zeit stark erlahmen ließ. Germanien blieb also frei, was aber **kulturelle** und **wirtschaftliche Rückständigkeit** sowie ständige **Stammesfehden** mit sich brachte. Die Entwicklung Deutschlands im Mittelalter ging von den ehemaligen römischen Provinzen aus.

Cäsarenwahn und Familienfehden

Im Jahre zwei sieben ist Roms Republik auf der Strecke geblieben.

Cäsar war nie Kaiser, aber die Titel Kaiser und Zar leiten sich von seinem Namen ab.

Der Spruch stimmt nicht ganz! Die römische Republik ist nie abgeschafft worden, auch wenn das politische System später mit einer Republik so wenig zu tun hatte wie das aktuelle chinesische Wirtschaftssystem mit dem Kommunismus. Denn im Jahr 27 v. Chr. ließ sich Cäsars Großneffe **Octavian** vom römischen Senat zum Prinzeps (Fürst) und Augustus (Erhabener) erklären und das **faktische Machtmonopol** übertragen. Das wird von Historikern als der Beginn von Roms **Kaiserzeit** angesehen. Augustus kämpfte sich zwar brutal an die Macht, erwies sich anschließend aber als fähiger und weitgehend friedlicher Herrscher. Es folgten ihm:

- sein Stiefsohn Tiberius (reg. 14 v. Chr.–37 n. Chr.)
- dessen Großneffe Caligula (reg. 37–41)
- Caligulas Onkel Claudius (reg. 41–54)
- dessen Stiefsohn und Großneffe Nero (reg. 54–68)

Nach dem Ende der Herrschaftszeit dieser Dynastie wurde Vespasian (9–79) zum Herrscher von Rom.

Die große Umwälzung

Drei, sieben, fünf machten die Völker sich auf die Strümpf.

Zu diesem Zeitpunkt begann die **Völkerwanderung**. Allerdings wurden an der nördlichen Schwarzmeerküste zunächst einmal die **Goten** von den Hunnen überfallen und flohen nach Westen. Auf dem Balkan überschritten sie die Grenzen des Römischen Reiches. Doch **Kaiser Theodosius I.** (347–395) fand eine Lösung. Die Goten bekamen an der Donau Siedlungsland und leisteten dafür als Verbündete (*foederati*) Dienst im römischen Heer. Doch erstens hatte die Flucht der Goten auch andere Völker in Bewegung gebracht, zweitens vererbte Theodosius den Westteil des römischen Reiches seinem Sohn **Hono-**

rius (384–423). Während der oströmische Teil halbwegs stabil blieb, herrschte im Westen bald völliges Chaos. 410 plünderten die Westgoten unter Alarich Rom, 476 setzte der germanische Heerführer **Odoaker** (um 433–493) den letzten weströmischen Kaiser einfach ab. Eigentlich suchten die wandernden Völker nur eine neue Heimat. Schließlich landeten die **Westgoten** in **Spanien** und **Südfrankreich** und gründeten dort ein Reich (418–725). Die **Vandalen** ließen sich in **Algerien** und **Tunesien** nieder (429–534), die **Burgunden** in der **Westschweiz** und in **Savoyen** (443–532), die **Ostgoten** um **Ravenna** (493–552) und die **Langobarden** in **Oberitalien** (568 –774).

Hunnenkönig Attila ließ sich in Ungarn nieder und machte Osteuropa tributpflichtig. Nach seinem Tod (453) zerfiel sein Reich umgehend.

Nacht über Rom

Und dann hausten sie wie die Vandalen ...

Klingt nach ganz wilden Kerlen? Die Namensgeber des Vandalismus sollen in Wirklichkeit gar nicht so schlimm gewesen sein. Zugegeben, sie **überfielen 455 Rom** und plünderten es gründlich. Zudem entführten sie eine Kaisertochter. Diese war aber zuvor mit dem Sohn des Vandalenkönigs verlobt worden. Kurz darauf wurde ihr Vater ermordet und sein Nachfolger vermählte die Braut mit seinem eigenen Sohn. Auch sonst schien **Kaiser Petronius Maximus** (396–455) nicht gewillt, das gute Verhältnis mit dem Vandalenreich weiter zu pflegen. Grund genug also für **Vandalenkönig Geiserich** (um 389–477) Rom einen Besuch abzustatten, und dort seinem Missbehagen Ausdruck zu verleihen. Die Zivilbevölkerung wurde dabei allerdings weitestgehend geschont und sinnlose Zerstörungen, wie man sie sich unter dem Begriff Vandalismus vorstellt,

Der Begriff Vandalismus kam erst im Umfeld der Französischen Revolution auf.

gab es nicht. Seine vermutlich schlimmste **Plünderung** erlebte **Rom 1527**, als deutsche und spanische **Landsknechte** aus dem Heer **Kaiser Karls V.**, die ihren Sold nicht erhalten hatten, ihren Zorn an der Stadt ausließen. Die Chroniken berichten von Folter, Vergewaltigung, wahllosem Morden und blinder Zerstörungswut. Der sogenannte *Sacco di Roma* soll 30.000 Römern, mehr als der Hälfte der Bevölkerung, das Leben gekostet haben.

Freie Hand für die Franken

»Es wohnten die alten Germanen zu beiden Seiten des Rheins. Sie lagen auf Bärenhäuten und tranken immer noch eins«.

Die Keimzelle des Merowingerreichs lag um Tournai in Belgien.

Das ist ein Teil eines Trinkliedes. Eigentlich müsste es Niederrhein heißen, dort schlossen sich die Stämme des freien Germaniens und die aus den linksrheinischen römischen Provinzen im 3. Jahrhundert zusammen. Von den Römern wurden sie als **Franken** (die Frechen) bezeichnet. Da man nicht die Mittel hatte, sie zu bekämpfen, machte man sie zu Verbündeten (*foederati*). Während die römischen Kaiser von der Völkerwanderung in Atem gehalten wurden, konnte **Frankenkönig Childerich I.** († 481) ungestört ein Reich errichten, das von der Kanalküste bis zur Rhön reichte. Unter seinem Sohn **Chlodwig** (466–511) wurde es um 500 **christlich**. Nach Chlodwig wurden die Könige immer unbedeutender. Aber ihr Reich bestand weiter. Ab dem 7. Jahrhundert gewannen ihre obersten Beamten, die **Hausmeier**, mehr und mehr an Einfluss.

Der Vater Europas

Acht, null, null – Kaiser Karl besteigt den Stuhl!

Die **Kaiserkrönung Karls des Großen** gehört zu den Daten, die man wirklich wissen sollte. Karl der Große war ein **Eroberer** und dabei alles andere als zimperlich. Aber er schaffte in seinem Reich auch stabile Strukturen und leitete einen großen kulturellen Aufschwung ein, der als **karolingische Renaissance** bekannt ist. Außerdem entstand durch seine Kaiserkrönung das mittelalterliche Kaiserreich. Der Aufstieg der Familie hatte mit Karls Urgroßvater **Pippin dem Mittleren** begonnen, der **687** die faktische Macht über das ganze **Merowingerreich** erlangt hatte. Sein Großvater **Karl Martell** sicherte das Reich dann militärisch, unter anderem durch den **Sieg über die Araber** bei Tours und Poitiers **732**, sein Vater **Pippin der Jüngere** entmachtete **751** schließlich die Merowinger und machte sich selbst zum König der Franken.

Das Reich Karls des Großen reichte von den Pyrenäen bis nach Ungarn.

Deutschland?

Sehen Sie Karl den Großen als deutschen Kaiser, vielleicht sogar als den Begründer des Heiligen Römischen Reiches Deutscher Nation an?

Ganz falsch ist das nicht: Die **Karolinger** stammten irgendwo aus dem deutsch-französisch-belgisch-luxemburgischen Grenzgebiet und regierten ein Reich, in dem im Westen ein lateinischer Dialekt und im Osten *thiudisk* gesprochen wurde, eine germanische Volkssprache. Die Enkel Karls des Großen teilten das Reich im **Vertrag von Verdun** (843) untereinander auf. **Karl der Kahle** (823–877) bekam den Westen, **Lothar** (795–855) den Lothringen genannten Mittelteil und **Ludwig II.** (um 806–876) den Osten, weshalb er im Nachhinein *der Deutsche* genannt wurde. Aber die Teilung von Verdun war nicht endgültig. Es folgten noch einige Wiedervereinigungen, bis 911 die ostfränkischen Karolinger ausstarben und die Herzöge einen der ihren, Konrad I., den Herzog von Franken (um 881–918) zum neuen König wählten. Damit gingen »Frankreich« und »Deutschland« getrennte Wege.

Der Name Heiliges Römisches Reich deutscher Nation kam erst im 15. Jahrhundert auf.

962 gründete König Otto I. (912–973) schließlich aus dem Ostfrankenreich und Italien das Kaiserreich Karls des Großen neu. Es wurde als Fortführung des antiken, römischen Reiches betrachtet und Heiliges Römisches Reich genannt. Es bestand nie nur aus deutschen Ländern und auch vor ihrer Kaiserwahl sahen sich die deutschen Herrscher als römische Könige an.

Ein neuer Machtfaktor

Wissen Sie, welches Jahr wir gegenwärtig nach dem muslimischen Kalender haben?

Sie können es leicht ausrechnen, wenn Sie von unserer Zeitrechnung 622 Jahre abziehen. Denn **622 floh Mohammed** (um 570–632) aus seiner Heimatstadt Mekka. Im Gegensatz zum Christentum hatte der Islam von Anfang an eine politische Dimension, da Mohammed nach seiner Vertreibung auf bewaffneten Kampf setzte, um seinen neuen Glauben an nur einen Gott zu verbreiten. **630 eroberte er Mekka**, bei seinem Tod kontrollierten seine Anhänger fast die ganze arabische Halbinsel. Im Jahr 750 waren Nordafrika, die iberische Halbinsel sowie der Nahe und Mittlere Osten dem Islam unterworfen. Als Oberhäupter fungierten erst gewählte, dann erbliche **Kalifen**. 750 wurde die ursprüngliche Kalifendynastie der Umayyaden von den Abbasiden gestürzt. 945 übernahmen muslimisch gewordene Perser die militärische Führungsrolle und die Kalifen sanken zum rein geistlichen Oberhaupt herab. In der Folge gab es häufige Machtwechsel. Am Ende dominierten die türkischen **Osmanen**, deren Reich bis 1922 Bestand hatte, die muslimische Welt.

Bereits 680 trennten sich Schiiten und Sunniten, weil sie sich nicht bei der Kalifenwahl einigen konnten.

Die Träger der Krone

HOOOH, KHHH, FHF

Erkennen Sie, was hinter diesen Abkürzungen steckt? Es sind die wichtigen Herrscher des Mittelalters. Den Anfang machen die **Ottonen**, unter denen sich das Kaiserreich konsolidierte: Heinrich I., Otto I – III. und Heinrich II. Den Übergang bilden die **Salier**: Konrad II. und Heinrich III. – V. Den folgenden Lothar III. (um 1075–1137) muss man nicht unbedingt kennen. Seine hochmittelalterliche Blütezeit erlebte das Reich unter den **Staufern**. Die wichtigsten sind Friedrich I. Barbarossa (um 1122–90), Heinrich VI. (1165–97) und Friedrich II. (1194–1250). Unter Friedrich II. eskalierte jedoch der Machtstreit mit den Päpsten. Danach bestand das Kaiserreich im Grunde nur noch aus deutschsprachigen Ländern und dem Königreich Böhmen. Der wichtigste spätmittelalterliche Herrscher war Karl IV. (1316–78) aus dem Haus der **Luxemburger**. Ab 1438 bis zum Reichsende 1806 kamen dann praktisch alle Kaiser aus dem Haus **Habsburg**. Da ihr Einfluss im Reich begrenzt war, konzentrierte sich die Politik der Habsburger vor allem auf ihre größtenteils nicht deutschen und nicht zum Reich gehörenden Erblande (Österreich, Böhmen, Ungarn, Kroatien, Slowenien, Schlesien).

> Otto I. erwarb seinen Beinamen der Große u. a. durch seinen triumphalen Sieg über die Ungarn auf dem Lechfeld 955.

Alle Macht für die Kirche

»Nach Canossa gehen wir nicht!«

Mit dieser Aussage rechtfertige **Reichskanzler Otto von Bismarck 1872** seinen Kampf **gegen die katholische Kirche** und machte Canossa zum Symbol für einen erniedrigenden Bittgang. Der tatsächliche Gang nach Canossa fand 1077 stand. **Kaiser Heinrich IV.** (1050–1106) nötigte **Papst Gregor VII.** (um 1020–85) durch einen dreitägigen **Bußakt** vor der Burg von Canossa, ihn vom Kirchenbann zu erlösen. Demütigende Unterwerfung oder genialer Schachzug?

Darüber gehen die Meinungen bis heute auseinander. Sicher haben auch Sie in der Schule gelernt, dass es dabei um den **Investiturstreit** ging, die Frage, ob der König das Recht hat, die Bischöfe seines Landes zu ernennen, oder nur der Papst. Tatsächlich aber vollzog sich damals ein viel größerer Umbruch. **Papst Gregor** reklamierte die absolute Macht für die Kirche. Canossa war nicht das Ende, sondern nur der Auftakt für den hochmittelalterlichen Machtkampf, den die Päpste schließlich 1254 mit französischer Hilfe gewannen. Danach fanden sie jedoch keine militärischen Helfer mehr und ihre politische Macht schwand rapide. Stattdessen begannen die **Fürsten** sich selbst als absolute Autoritäten zu sehen, die auch keiner religiösen Kontrolle unterworfen waren.

> *Mit Gregor VII. begann der absolute Machtanspruch der Kirche über die Seelen der Gläubigen, der zu grausamen Ketzerverfolgungen führte.*

Fatale Glaubenskämpfe

»Gott will es!«

Das war der Schlachtruf der **Kreuzzüge**. Die Idee, mit Feuer und Schwert für den Glauben zu kämpfen, gehört wohl zu den befremdlichsten Erscheinungen des Mittelalters. Wie konnte es dazu kommen? Das oströmische Reich litt unter den heftigen Angriffen der muslimischen Seldschuken. **Kaiser Alexios I.** (1048–1118) kam **1095** auf die Idee, Hilfe aus Westeuropa zu akquirieren, indem er übertriebene Berichte über muslimische Gräuel im Heiligen Land verbreitete. Er hatte nicht damit gerechnet, dass sich nach dem Aufruf des Papstes **fanati-**

> *Zunehmend begann man, auch Kriegszüge gegen Andersgläubige, Ketzer und lediglich zum Ketzer erklärte Gegner Kreuzzüge zu nennen.*

sierte Massen auf den Weg machen würden, die nicht im oströmischen Heer kämpften, sondern persönlich das **Heilige Land befreien** wollten. Sie gingen dabei unglaublich brutal vor, nicht nur gegen Muslime, sondern auch gegen Juden und orientalische Christen. Der Erste Kreuzzug endete 1099 mit der Errichtung mehrerer **Kreuzfahrerstaaten**. Die gingen jedoch nach und nach wieder verloren und in weiteren Kreuzzügen kämpfte man vergeblich um ihre Rückgewinnung. Berühmt ist vor allem der Dritte Kreuzzug (1189–92), während dem der englische **König Richard Löwenherz** (1157–99) und **Sultan Saladin** (um 1137–93) respektvollen Kontakt pflegten.

Die Welt wird größer

In fourteen hundred nine two, Columbus sailed the ocean blue.

Kolumbus stieß am 12. Oktober **1492** auf **Amerika**, genauer gesagt auf eine Insel der **Bahamas**, die er San Salvador nannte. Damit begann eine der ganz großen Umwälzungen der Geschichte. Aber natürlich hat sich inzwischen herumgesprochen, dass es Quatsch ist, was Ältere unter uns noch in der Schule lernten, nämlich dass Kolumbus (1451–1506) der große Visionär war, der an die Kugelgestalt der Erde glaubte, während alle anderen sie noch für eine Scheibe hielten. Vor allem die **Portugiesen**, die seit **1419 Entdeckungsschifffahrt** betrieben, wussten ziemlich genau, wie groß diese Kugel war. Deshalb erteilten sie Kolumbus eine Absage, als er finanzielle Unterstützung für seine Pläne suchte. Ihnen war nämlich klar, dass kein Schiff genug Proviant laden konnte, um die lange Westpassage nach Asien zu bewältigen. Eigentlich hätte Kolumbus mit seiner Mannschaft jämmerlich verhungern müssen – hätte nicht zufällig Amerika auf dem Weg gelegen.

Portugiesische Entdeckungsschifffahrten:
Diaz, 1488 Umsegelung Afrikas; Da Gama, 1498 Seeweg nach Indien; Magellan, 1519–22 Weltumsegelung

Hier stehe ich und kann nicht anders

Siebzehn vor und siebzehn nach sind dem Luther seine Tag. Siebzehn Jahre später dann, das Wort auf Deutsch man lesen kann.

Wichtig ist vor allem »siebzehn nach«, denn im Jahr **1517** veröffentlichte Martin Luther in Wittenberg seine **95 Thesen** und löste damit die **Reformation** aus. »Siebzehn vor«, also **1483**, ist sein **Geburtsjahr**, die dritte Siebzehn bezieht sich auf das Jahr **1534**, in dem er seine **Bibelübersetzung** fertigstellte. Entscheidend in seinem Leben war aber auch das Jahr **1521**. Luther wurde vor den **Reichstag in Worms** zitiert, um seiner Lehre abzuschwören, wo er nicht wörtlich, aber sinngemäß erklärte: »Hier stehe ich und kann nicht anders.« Daraufhin verhängte **Kaiser Karl V.** (1500–58) die **Reichsacht** über ihn. Der **Kurfürst von Sachsen** gewährte ihm jedoch auf der **Wartburg** Asyl, wo Luther das Neue Testament übersetzte. Luthers Glück war, dass sich ihm sehr schnell mehrere Reichsfürsten anschlossen. Kaiser Karl V. brauchte sie für seine Außenpolitik und konnte deshalb nicht gegen den neuen Glauben vorgehen, wie er es gewollt hätte. Er musste den Protest (deshalb Protestantismus) der Fürsten zu Speyer 1529 und ihr **Augsburger Bekenntnis 1530** dulden. Von 1546 bis 1547 führte er zwar den Schmalkaldischen Krieg gegen sie, musste aber letztendlich doch mit dem **Augsburger Religionsfrieden 1555** den Protestantismus anerkennen.

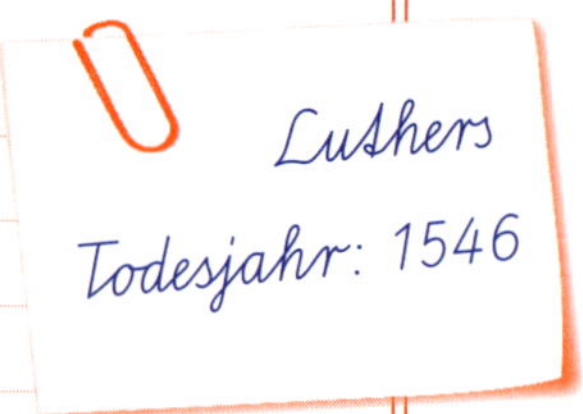

König Blaubart

Geschieden, geköpft, gestorben, geschieden, geköpft, überlebt (Divorced, beheaded, died, divorced, beheaded, survived)

Heinrich VIII. von England (1491–1547) führte zwar ein extrem wildes Eheleben, legte aber doch eine gewisse Regelmäßigkeit bei der Behandlung seiner Frauen an den Tag. Nun haben auch andere Herrscher ihre Ehefrauen verstoßen und ermordet, aber Heinrich sagte sich zudem gleich von der katholischen Kirche los, um seine erste Ehefrau Katharina von Aragon (1485–1536) loszuwerden, da sie ihm keinen männlichen Erben schenken konnte. Die **Gründung der anglikanischen Staatskirche** ging mit einer massiven Katholikenverfolgung einher, bei der **Hinrichtungen**, selbst von höchsten Adeligen und sogar im Verwandtenkreis, an der Tagesordnung waren. Ob dann allerdings der König die treibende Kraft hinter der Hinrichtung seiner zweiten Frau war oder ob es ein Zusammenschluss von Adeligen war, der Anne Boleyn (um 1501–36) loswerden wollte, ist nicht ganz sicher. Jedenfalls verurteilte der König sie, die ihm ebenfalls keinen Sohn geboren hatte, wegen mehrfachen Ehebruchs, darunter Inzest, und angeblichen Mordplänen gegen ihn selbst zum Tode.

Die anderen Frauen von Heinrich VIII.: Jane Seymour, Anna von Kleve, Catherine Howard, Catherine Parr

Das große Morden

Haben Sie auch gelernt, dass es im Dreißigjährigen Krieg um Religion ging?

Das stimmt nur teilweise. Der Krieg begann **1618 als Rachefeldzug** des späteren **Kaisers Ferdinand II.** (1578–1637) gegen die Böhmen, die gewagt hatten, ihn als König abzusetzen. Er wurde fortgesetzt gegen die Pfalz, da deren Kurfürst es nicht gescheut hatte, die böhmische Krone anzunehmen. Ferdinands engster Verbündeter war **Maximilian von Bayern** (1573–1651), der es auf die Kurfürstenwürde seines protestantischen, pfälzischen Vetters abgesehen hatte. Danach ging es protestantischen Verbündeten des Pfälzers an den Kragen. Nun wurde es Frankreich mulmig, das sich sowieso schon von Habsburgern (in Spanien, im Kaiserreich, in den spanischen Niederlanden) eingekreist sah und einen weiteren Machtzuwachs Ferdinands unbedingt verhindern wollte. **Frankreich** animierte zuerst die Dänen und dann die Schweden, auf Seiten der

Auf französischer Seite wurden die Fäden vom berüchtigten Kardinal Richelieu (1585–1642) gezogen.

Protestanten einzugreifen, und wurde schließlich selbst aktiv. Auf diese Weise zog sich das Gemetzel über 30 Jahre hin, bis **1648** schließlich der **Westfälische Friede** geschlossen wurde.

Ein Staat, ein Fürst

»Der Staat bin ich.«

Das hat **Ludwig XIV. von Frankreich**, der Sonnenkönig (1638–1715), zwar vermutlich nie so gesagt, aber es bringt das Prinzip des **Absolutismus** perfekt auf den Punkt. Der König steht über allen Gesetzen und kann nach Belieben Minister und Beamte an der Politik beteiligen. Der Absolutismus entwickelte sich nach dem Dreißigjährigen Krieg und ging – vor allem in Deutschland – auch mit **Wiederaufbau und Modernisierung** einher. Im Gegensatz zu Frankreich gab es in Deutschland keinen zentral wirkenden, absoluten Herrscher. Die Kaiser hatten im Reich nur noch wenige Befugnisse, dafür versuchte jeder **Landesfürst** in seinem Territorium absolut zu herrschen. Die Ergebnisse waren äußerst unterschiedlich. Die Persönlichkeiten der Fürsten spiegelten sich in ihren Staaten wider, was positive oder negative Auswirkungen haben konnte. Um ihren Prunk zu finanzieren, leiteten viele Fürsten **wirtschaftliche Reformen** ein. Vor allem der **französische Merkantilismus** war sehr erfolgreich – ein deutlicher Unterschied zum Mittelalter, wo ein Fürst freigiebig hatte sein müssen und wirtschaftliches Denken als unedel gegolten hatte.

Im Absolutismus legten sich die Fürsten eine ausufernde Beamtenschaft zu. In dieser entwickelte sich ein bürgerliches Selbstbewusstsein.

Eroberer aus dem Osten

Die Türken vor Wien!

Diese Nachricht erschütterte Europa. Aber wann? Zum ersten Mal **1529**. Die **türkischen Osmanen** hatten erst das byzantinische Reich, dann die muslimischen Länder unter ihre Kontrolle gebracht. Auch an der Eroberung Ungarns hatten sie sich mehrfach versucht. **Sultan Süleyman dem Prächtigen** (um 1495–1566) gelang es einen großen Teil des Landes zu erobern und dem Osmanenreich damit seine größte Ausdehnung zu verschaffen. Sein Versuch, auch Wien einzunehmen, scheiterte jedoch. Wegen des frühen Wintereinbruchs musste er die Belagerung abbrechen. 150 Jahre später war das Habsburgerreich durch Krieg gegen Frankreich, eine Pestepidemie und Aufstände im österreichisch beherrschten Teil Ungarns geschwächt. Der **osmanische Großwesir Kara Mustafa Pascha** (1634–83) nutzte die Lage zu einem erneuten Angriff auf Wien **1683**. Doch die Stadt hielt der Belagerung zwei Monate stand, bis ein Heer unter dem **polnischen König Jan III. Sobieski** (1629–96) die Angreifer am 12. September 1683 zurückschlagen konnte.

Nach der zweiten gescheiterten Belagerung Wiens 1683 geriet das Osmanenreich gegenüber Europa in die Defensive.

Aufsteiger Preußen

Erster Diener des Staates

So nannte sich **Friedrich der Große von Preußen** (1712–86) gerne selbst. Aber natürlich bestimmte nur er, was für Preußen gut war. Preußen war eigentlich das **Kurfürstentum Brandenburg**, das nach dem Dreißigjährigen Krieg unter dem Großen Kurfürsten Friedrich Wilhelm (1620–88) einen erstaunlichen **Aufschwung** genommen hatte. 1701 erbten die Brandenburger das Herzogtum Ostpreußen, machten es zum Königreich und führten nun in erster Linie den Titel König von Preußen, obwohl Brandenburg ihr Kernland blieb.

Während sein Vater Friedrich **Wilhelm I.** (1688–1740) vor allem der **Sparsamkeit**, dem **Militär** und den sogenannten **preußischen Tugenden** gehuldigt hatte, führte Friedrich der Große, im Sinne eines aufgeklärten Absolutismus, **Reformen** wie Bauernbefreiung und Religionsfreiheit durch. Daneben aber betrieb er eine rücksichtslose **Eroberungspolitik** und erweiterte Preußen so um Schlesien, Westpreußen, das Kulmer- und das Ermland.

Die Hauptgegnerin Friedrichs des Großen war Erzherzogin Maria Theresia von Österreich (1717–80), der er Schlesien raubte.

Signal zum Unabhängigkeitskrieg

One, seven, seven, three – Boston Tea Party

Wegen konservativer US-Bürger ist die berühmte *Tea Party* von **1773**, als amerikanische Siedler, die als Indianer verkleidetet waren, Tee ins Wasser warfen, wieder in aller Munde. Damals war ihr Motto: »No taxation without representation« (Keine Zahlung von Zöllen ohne politische Vertretung). Keine zwei Jahre später, im April **1775**, brach der **amerikanische Unabhängigkeitskrieg** aus. Gewonnen wurde er erst **1783**, aber bereits am **4. Juli 1776** erklärten sich die 13 amerikanischen Kolonien **unabhängig**. 1789, im gleichen Jahr, in dem die **Französische Revolution** ausbrach, wurde **George Washington** (1732–99), der Führer der Aufständischen, erster Präsident der USA. Nicht verwechselt werden sollte der Unabhängigkeitskrieg mit dem **Sezessions- oder Bürgerkrieg**, der 1861 bis 1865 zwischen den Nord- und den Südstaaten der USA geführt wurde.

Die ersten britischen Siedler waren 1585 mit Walter Raleigh nach Nordamerika gekommen, die berühmten Pilgrim Fathers 1620.

Der Aufstieg des Korsen

1789 brach in Frankreich die Revolution aus. Zehn Jahre später übernahm Napoleon die Macht.

Selbstverständlich sahen die europäischen Monarchen nicht zu, wie die Franzosen ihren König **Ludwig XVI.** und dessen Gattin **Marie-Antoinette**, immerhin jüngste Schwester des deutschen Kaisers, auf die **Guillotine** schickten. Sie erklärten den Revolutionären den Krieg. Doch ein junger, korsischer Offizier bescherte Frankreich einen triumphalen Sieg über europäische Großmächte wie Österreich, Großbritannien und Russland: **Napoleon Bonaparte** (1769–1821). Inzwischen hatte Frankreich auch den Terror der Jakobiner hinter sich gelassen. Stattdessen regierte das sogenannte **Direktorium**. Dessen entscheidende Vertreter waren jedoch korrupt und vor allem wirtschaftlich vollkommen unfähig. Also beschlossen Teile der Regierung einen **Staatsstreich** und sicherten sich dafür die militärische Unterstützung des jungen Volkshelden. Napoleon gelang es im Handumdrehen seine Mitverschwörer auszubooten und sich per Volksabstimmung zum **Ersten Konsul** und **1804** zum **Kaiser** ernennen zu lassen.

Napoleons Staatsstreich fand am 9. November 1799 statt, nach dem damals geltenden revolutionären Kalender am 18. Brumaire im Jahr 8.

Das große Reinemachen

Reichsdeputationshauptschluss

Erinnern Sie sich an diesen Begriff? Vielleicht mit Grausen? Haben sperrige Wortungetüme wie dieses Ihnen vielleicht sogar den Geschichtsunterricht an sich verleidet? Dabei ist die Sache dahinter sowohl spannend als auch wichtig. Im Jahr **1800** verlor **Kaiser Franz II.** (1768–1835) den Krieg gegen das revolutionäre Frankreich und musste das linke Rheinufer abtreten. Das Kaiserreich war damals aber ein Sammelsurium zahlreicher verhältnismäßig autonomer

Nach dem Ende des Kaiserreichs 1806 nannten die Habsburger sich österreichische Kaiser.

Herrschaften, beispielsweise Fürstentümer, kleine Grafschaften, Reichsritter, Reichsklöster, Fürstbistümer und Reichsstädte. Nicht alle waren gleichermaßen betroffen. Man beschloss also, diejenigen, die linksrheinische Besitzungen gehabt hatten, zu entschädigen, und gleichzeitig im Reich gründlich »aufzuräumen«. Zum einen löste man die völlig unmodern gewordenen kirchlichen Herrschaften wie Fürstbistümer oder Reichsklöster auf und unterstellte ihr Land **weltlichen Fürsten**. Zum anderen wurden die meisten Reichsstädte und kleinen weltlichen Herrschaften größeren Fürstentümern zugeschlagen. Am Ende blieben von rund 1700 Territorien lediglich 39 übrig. Nur drei Jahre später traten jedoch mit Bayern, Baden und Württemberg ausgerechnet die größten Nutznießer der Neuordnung aus und gründeten mit Napoleon den **Rheinbund**. Franz II. erklärte daraufhin das Kaiserreich für aufgelöst.

Rolle rückwärts

Sein Waterloo erleben

Das ist sprichwörtlich für totales **Scheitern** geworden. Napoleon erlebte seines, als er am **18. Juni 1815** in der Nähe von Brüssel die Schlacht von **Waterloo** gegen Großbritannien und Preußen verlor. Das war nicht die erste Niederlage des mächtigen Korsen, was man leicht vergisst. Nach dem gescheiterten **Russlandfeldzug von 1812** hatte sich eine Allianz gegen ihn formiert, die im Oktober **1813** die **Völkerschlacht bei Leipzig** gewann. Danach verfolgte die Koalition Napoleon nach Paris, wo er am 11. April 1814 abdankte. Knapp ein Jahr später kehrte er jedoch aus der **Verbannung auf Elba** zurück – um dann endgültig sein Waterloo zu erleben. Die Fürsten Europas

Zu Napoleons großen Verdiensten gehört der Code civil, ein fortschrittliches Gesetzbuch.

feilschten unterdessen auf dem Wiener Kongress schon um eine **Neuordnung Europas**. Territorial änderte sich so einiges – vor allem zugunsten der Siegermächte. Man bemühte sich unter dem Vorsitz des österreichischen Außenministers **Klemens Metternich** (1773–1859) den alten Absolutismus wieder zu beleben.

Die verpasste Chance

»Ein Diadem aus Dreck und Letten der Revolution, des Treubruchs und des Hochverrats geschmiedet.«

So tat der **preußische König Friedrich Wilhelm IV.** (1795–1861) die ihm 1849 angetragene Kaiserkrone ab. Damit war die Chance, ein geeintes Deutschland zu schaffen, vorüber. Nach der Auflösung des Kaiserreichs 1806 und dem Sturz Napoleons hatte sich der **Deutsche Bund** gebildet, ein lockerer Zusammenschluss der deutschen Staaten, der sich vor allem darin einig war, jegliche Freiheitsbestrebungen der Untertanen zu unterdrücken. So wurden z. B. mit den **Karlsbader Beschlüssen 1819** vor allem Presse und Studentenschaft kleingehalten. Die ganze Epoche wird auch als **Vormärz** bezeichnet, weil sich im März 1848 die Wut in einem Aufstand entlud, der schnell um sich griff. Erschreckt durch die Barrikadenkämpfe in ihren Hauptstädten stimmten die deutschen Fürsten der Einberufung einer demokratisch gewählten **Nationalversammlung** in der Frankfurter Paulskirche zu, die eine neue, **demokratische Verfassung für Deutschland** ausarbeiten sollte. Als diese jedoch vorlag, verweigerten sich nicht nur Friedrich Wilhelm, sondern auch die meisten anderen Fürsten.

Die Paulskirchenverfassung sah einen demokratischen Staat mit allgemeinen Grundrechten vor.

Maschine statt Mensch

Spinning Jenny, Dampfmaschine, Manchesterkapitalismus …

Das sind wahrscheinlich die Stichworte, die bei Ihnen hängen geblieben sind, wenn es um die **industrielle Revolution** geht, oder? Der große wirtschaftliche Umbruch begann im späten **18. Jahrhundert** in der britischen Textilindustrie. Geräte, die teilweise von den Arbeitern selbst erfunden wurden, wie die Spinnmaschine Jenny (1764) oder der mechanische Cartwright-Webstuhl (1784) wurden so weit verbessert, dass sie von ungelernten Arbeitern bedient und von der von James Watt weiterentwickelten Dampfmaschine (1769) angetrieben werden konnten. Diese Maschinen waren enorm **leistungsfähig**, aber auch so **teuer**, dass nur wenige reiche Unternehmer sie bezahlen konnten. Diese wenigen überschwemmten vor allem von Manchester aus die Welt mit billigem englischem Tuch. Die klassische Manufaktur-Arbeit war nicht mehr konkurrenzfähig, auch wenn etwa die schlesischen Textilverleger den Lohn ihrer Weber auf das Extremste drückten. Die Folge war der **Aufstand von 1844**, den Gerhart Hauptmann in seinem Drama *Die Weber* verarbeitete. Auch in anderen Produktionszweigen ersetzte die Fabrikfertigung mit Maschinen und ungelernten Arbeitern das Handwerk. Der Umbruch ging anfangs mit der ungehemmten Ausbeutung der Arbeiter einher, die sich trotzdem um die Fabrikjobs rissen, weil es für sie kaum noch Alternativen zum Überleben gab.

Industrielle Revolution in Europa: ab ca. 1850

Deutsche und Ösis

Großdeutsche Lösung – kleindeutsche Lösung

Wissen Sie noch, um was es sich dabei handelt? – Um die Gründung eines deutschen Staates im 19. Jahrhundert. Die Vertreter der sogenannten großdeutschen Lösung wollten Österreich mit einbeziehen. Das Problem dabei: Zu Österreich gehörten die nichtdeutschen **Habsburger Erblande**, in denen es bereits starke **Unabhängigkeitsbestrebungen** gab. Doch auch ein deutscher Staat ohne Österreich war nicht unproblematisch, denn er wäre von Preußen dominiert worden. Für den **preußischen Ministerpräsidenten Otto von Bismarck** (1815–98) war das natürlich eher ein Ansporn. Er inszenierte einen gemeinsamen patriotischen **Krieg** der Staaten des Deutschen Bundes **gegen Dänemark** (1864), brach schließlich einen Krieg **gegen Österreich** vom Zaun (1866), gründete den **Norddeutschen Bund** und brachte 1870 mit einer gezielten Provokation Frankreich dazu, Deutschland den Krieg zu erklären, was die süddeutschen Staaten auf die Seite des Norddeutschen Bundes brachte. 1871 gründete er das **Wilhelminische Kaiserreich** – ohne Österreich.

Der entscheidende Sieg über Frankreich wurde bei Sedan errungen, weshalb der Sedantag der wichtigste wilhelminische Feiertag war.

Der überforderte Monarch

Acht, acht, acht – drei Kaiser an der Macht

Kaiser Wilhelm I. starb 1888, was relativ bedeutungslos war, da die Politik unter ihm von Bismarck bestimmt wurde. Sein Sohn Friedrich III., so hofften viele, würde liberaler werden, aber er starb nach nur 99 Tagen seiner Regierungszeit an Kehlkopfkrebs. Das brachte dessen Sohn **Wilhelm II.** (1859–1941) an die Macht. Die eigentliche Krise begann aber erst **1890**, als der neue Kaiser Bismarck entließ und allein regierte. Dabei zerbrach er Bismarcks kompliziertes Bündnisgeflecht und schlitterte durch ständiges Säbelgerassel, also demonstrative Militärpräsenz, von einer **Krise** in die nächste: Erste und Zweite Marokkokrise, Krüger-Depesche, Daily-Telegraph-Affäre, Eulenburg-Prozess und Hunnenrede sind diplomatische Missgriffe, die mit seinem Namen verbunden werden. Wirtschaftlich ging es Deutschland in dieser Zeit blendend. Trotzdem erhielten die hysterischen Nationalisten Zulauf, die glaubten, Deutschland sei international zu kurz gekommen.

Während Bismarck versucht hatte, eine Allianz gegen Frankreich zu schaffen, provozierte Wilhelm II. England mit seiner Flottenpolitik.

Nacht über Europa

»Wir sind alle in den Krieg hineingeschlittert.«

So urteilte der **britische Premier Lloyd George** (1863–1945) über den Ausbruch des **Ersten Weltkrieges**. Doch das stimmte nicht. Nach der **Ermordung** des österreichischen Thronfolgers durch bosnische Nationalisten am 28. Juni **1914 in Sarajewo** beschlossen Österreich-Ungarn und Deutschland ganz bewusst, einen **Krieg gegen Serbien** zu beginnen, weil man dort die Hintermänner vermutete. Man riskierte dabei, dass Serbiens Schutzmacht, Russland, eingriff. Die Situation wurde folgendermaßen eingeschätzt: Entweder scheut Russland vor einem Krieg zurück und ist damit international blamiert – oder es ist wegen Serbien kriegsbereit, dann ist ein Krieg sowieso unvermeidlich und wird besser früher als später geführt. Als Russland jedoch begann mobil zu machen – ob nur vorsorglich oder in der Absicht, Krieg zu führen, weiß man nicht – wiesen die deutschen Militärs ihre Politiker darauf hin, dass man nur über einen einzigen Kriegsplan verfügte. Der sogenannte **Schlieffen-Plan** sah vor, bei Beginn der russischen Mobilmachung sofort dessen Verbündeten Frankreich anzugreifen und niederzuwerfen, bevor Russland wirklich einsatzbereit war. Also erklärte Deutschland am 1. August 1914 Russland den Krieg, am 2. August Frankreich und marschierte am 3. August in das neutrale Belgien ein, woraufhin ihm am 4. August Großbritannien den Krieg erklärte.

Ihrer Bevölkerung konnte die deutsche Regierung vormachen, Deutschland wäre angegriffen worden.

10 Millionen Tote im Stellungskrieg

Im Westen nichts Neues

Der Roman von Erich Maria Remarque (1898–1970) wurde nicht nur berühmt, weil er schriftstellerisch als hervorragend gilt, sondern auch, weil er weite Teile des Ersten Weltkriegs treffend auf den Punkt bringt. Bereits zu Beginn der deutschen Offensive starben in

Flandern bei Ypern und Langemarck Tausende kaum ausgebildeter, junger Kriegsfreiwilliger. Dann entwickelte sich auf einer 700 Kilometer langen Frontlinie ein **Stellungskrieg** im Schützengraben. 1916 versuchte Generalstabschef Erich von Falkenhayn (1861–1922) in einem Gewaltakt, die **Festung Verdun** einzunehmen, was über 300.000 Soldaten das Leben kostete und letztendlich scheiterte. Aber auch im Osten gab man die Front ab 1915 allmählich auf. 1918 versuchte **Erich Ludendorff**, Chef der **Obersten Heeresleitung**, erneut eine Großoffensive, die wiederum scheiterte. Daraufhin forderte er sofortige **Waffenstillstandsverhandlungen**, schob aber den verlorenen Krieg der neuen Regierung aus Sozialdemokraten und dem Zentrum in die Schuhe (Dolchstoßlegende).

Paul von Hindenburg wurde zum sogenannten Held von Tannenburg, weil er dort am 30.8.1914 den einzigen großen deutschen Sieg errang.

Revolution in Russland

Fünf, drei, fünf, drei war's mit Stalin vorbei.

Josef Stalin starb am 5. März 1953. Aber wann fing seine Karriere an? Das zaristische Russland befand sich Anfang des 20. Jahrhunderts in einer heftigen Krise. Bereits nach dem verlorenen russisch-japanischen Krieg **1905** hatte es einen ersten **Revolutionsversuch** gegeben, der jedoch blutig niedergeschlagen wurde. Im Februar **1917** brach in St. Petersburg eine **Hungerrevolte** aus, die sich zu einem allgemeinen Aufstand ausweitete. Nach nur einer Woche dankte **Zar Nikolaus II.** (1868–1918) ab. Eine provisorische Führung aus gemäßigten Sozialrevolutionären und Kommunisten übernahm die Regierungsgeschäfte. Zu ihr gehörte auch Josef

Den Stalinistischen Säuberungen sollen zwischen drei und über 20 Mio. Menschen zum Opfer gefallen sein.

Dschugaschwili, genannt Stalin (1879–1953). Da diese Regierung den Ersten Weltkrieg weiterführte, schmuggelte die deutsche Oberste Heeresleitung **Lenin** (Wladimir Uljanow, 1870–1924) nach Russland. Dieser trieb, unterstützt von Stalin, die **Oktoberrevolution**, d. h. die vollständige Machtübernahme durch die Bolschewiki voran. Mit Deutschland schloss er im März 1918 den **Separatfrieden** von Brest-Litowsk. Als Lenin starb, wurde Stalin sein Nachfolger als Partei- und Regierungschef.

Geld ohne Wert

4,2 Billionen Mark für einen Dollar

Diesen Höchststand erreichte die **Inflation** im November **1923** in Deutschland. Wie konnte es so weit kommen? Im **Frieden von Versailles** waren Deutschland als Verlierer und Verursacher des Ersten Weltkriegs gewaltige **Reparationszahlungen** auferlegt worden, die das durch den Krieg bereits wirtschaftlich am Boden liegende Land nicht tragen konnte. Als man 1921 mit den Zahlungen in Rückstand geriet, besetzten die Franzosen das Ruhrgebiet. Deutschland reagierte mit einem **Streik**, der täglich 40 Millionen Mark kostete und eine galoppierende Inflation hervorrief. Bei der 4,2-Billionen-Dollar-Marke zog der neue **Kanzler Gustav Stresemann** (1878–1929) die Notbremse, beendete den sogenannten Ruhrkampf und führte die **Rentenmark** ein. Daraufhin erlebte die **Weimarer Republik** ihre besten Jahre, auch wenn es für die meisten Menschen keine wirklichen Goldenen Zwanziger waren. 1929 stürzte die **Weltwirtschaftskrise** die labile Republik ins erneute Chaos, aus dem sie sich nicht mehr befreien konnte.

Stresemann und sein französischer Kollege Aristide Briand bekamen für ihre Aussöhnungspolitik 1926 den Friedensnobelpreis.

Hindenburgs großer Fehler

30. Januar 1933: Ein leichtes Spiel für die Nationalsozialisten

Dieses historische Datum war tatsächlich ein leichtes Spiel, denn interessanterweise gab es gar keine Machtergreifung. Hitler bekam sie ganz legal übertragen. Das Ende der Weimarer Republik war ziemlich kompliziert und ist eng mit der Funktionsweise der **Notstandsgesetze** verbunden. Der Hintergrund war folgender: Die Parteien konnten sich nicht einigen, wie man mit der Wirtschaftskrise umgehen sollte, und es fanden sich keine parlamentarischen Mehrheiten mehr. Reichspräsident Hindenburg setzte eine **Minderheitsregierung** unter Kanzler Heinrich Brüning ein (1885–1970). Als das Parlament dessen Beschlüsse nicht annahm, löste Hindenburg es auf und setzte **Neuwahlen** an, die der **NSDAP** 18 Prozent brachten. Daraufhin stützte die SPD Brünings rigide Sparpolitik, die zu Arbeitslosenquoten von über 30 Prozent führte. 1932 ließ Hindenburg Brüning fallen. Neuwahlen machten die NSDAP mit 37,8 Prozent zur stärksten Partei. Hindenburg probierte es daraufhin noch mit den Kanzlern **Franz von Papen** und **Kurt Schleicher**. Als es auch diesen nicht gelang, eine tragfähige Regierung zu bilden, ließ er sich von ein paar Freunden überreden, **Hitler** zum Kanzler zu machen.

Die letzte Phase der Weimarer Republik war bereits vom Straßenterror der Sturmabteilung (SA) geprägt.

Der Holocaust

20. Januar 1942: Wannseekonferenz

Mit diesem Datum sollte man etwas anfangen können, auch wenn es nicht stimmt, dass hier die Nazis den Völkermord an den Juden beschlossen. Es wurden nur Details der Durchführung besprochen, aber die bürokratische Art, wie man über die geplante Ermordung von Millionen von Menschen verhandelte, führt so drastisch wie kaum etwas anderes vor Augen, dass der Holocaust nicht nur, was die Zahl der Opfer betrifft (6 Millionen), ein unvergleichliches Verbrechen war, sondern auch in der Art und Weise, wie er begangen wurde. Die systematische Ermordung der europäischen Juden begann mit dem **Einmarsch in die Sowjetunion** am **22. Juni 1941**. Spätestens ab diesem Zeitpunkt wurde auch von »Endlösung« gesprochen. Anfangs tötete man noch durch Massenexekutionen und mobile Gaskammern. Mit dem Bau der Vernichtungslager wie Kulmhof, Auschwitz und Treblinka kam dann 1942 eine regelrechte Mordmaschinerie in Gang. Außer den Juden fielen etwa 4 Millionen weitere Menschen dem Naziterror zum Opfer, die Opfer von Krieg und Kriegsverbrechen nicht eingeschlossen.

Das Haus der Wannseekonferenz beherbergt heute ein Museum über den Holocaust.

Das größte Sterben der Menschheitsgeschichte

7. Juli 1937 bis 9. September 1945: rund 55 Millionen Tote

Auf diese Zahlen lässt sich der Zweite Weltkrieg bringen. Irritieren Sie die Daten? Das liegt daran, dass der Zweite Weltkrieg eigentlich aus zwei Kriegen bestand: dem europäischen und dem pazifischen. Und Letzterer begann mit dem **japanischen Einmarsch in** China **1937** und endete erst mit der **japanischen Kapitulation** im September **1945**. Der Krieg, den Hitlerdeutschland entfesselte, dauerte vom 1. September 1939 bis zum 8. Mai 1945. Er kostete mindestens 40 Millionen Menschen das Leben, der Pazifikkrieg 15 Millionen. Aber auch vor dem **Überfall auf Polen**, der den europäischen Krieg formal eröffnete, hatte Hitler bereits **Österreich** (März 1938), die **Sudetengebiete** (1938), den Rest **Tschechiens** und das **litauische Memelland** (beide März 1938) in seine Gewalt gebracht. Auch der Eroberung Polens folgte nicht sofort ein Weltkrieg. Hitler konnte relativ unbedrängt Dänemark, Norwegen und sogar Frankreich erobern, bevor ihm **Winston Churchill** am

10. Mai 1940 den bedingungslosen Kampf ansagte. Obwohl Hitler die darauffolgende sogenannte Luftschlacht um England verlor, marschierte er im Juni 1941 in die Sowjetunion ein. Stalin, durch den im August 1939 geschlossenen **Hitler-Stalin-Pakt** getäuscht, war unvorbereitet.

Die **Niederlage von Stalingrad** (2. Februar 1943) markierte den Beginn von Deutschlands Niederlage.

Der deutsche Schicksalstag

9. November

Welches Ereignis fällt Ihnen zu diesem Datum ein? Die **Öffnung der Berliner Mauer** am Abend des 9. November **1989**, die das Ende der DDR und den Beginn der deutschen Wiedervereinigung einleitete? Der Mauerfall ist jedoch nur das jüngste bedeutende Ereignis der deutschen Geschichte, das an einem 9. November stattfand. Auch die schreckliche **Reichspogromnacht 1938**, in der fast alle deutschen Synagogen und viele Tausende jüdische Geschäfte zerstört und einige Hundert Menschen ermordet wurden, fand in der Nacht vom 9. auf den 10. November statt. Am 9. November **1923** dagegen war in München der **Hitler-Putsch** gescheitert. Nur fünf Jahre zuvor, am 9. November **1918**, hatte Reichskanzler Max von Baden eigenmächtig die **Abdankung** von **Kaiser Wilhelm II.** bekannt gegeben und SPD-Chef Friedrich Ebert die Regierungsgeschäfte übertragen. SPD-Staatssekretär Philipp Scheidemann rief daraufhin vom Westbalkon des Reichstagsgebäudes ebenso eigenmächtig die deutsche Republik aus, die als **Weimarer Republik** bekannt ist.

9. 11.
1799: Staatsstreich Napoleons
1937: Eroberung Shanghais
1953: Unabhängigkeit Kambodschas

Stiefkind Zeitgeschichte

»Die neueste Geschichte ist bei uns eigentlich gar nicht mehr vorgekommen.«

Trifft diese viel gehörte Klage auch auf Ihren Geschichtsunterricht zu? Lauter Griechen, Römer, tote Könige und Schlachten, aber kaum noch Platz für die Zeitgeschichte? Das ist natürlich bedauerlich. Gerade bei der neuesten Geschichte aber reicht es nicht, die wichtigsten Namen und Daten präsent zu haben. Noch viel mehr als bei der älteren Geschichte kommt es darauf an, nicht nur zu wissen, was passierte, sondern zu verstehen, warum die Weimarer Republik scheitern konnte, wie es zur Machtergreifung der Nationalsozialisten kommen konnte, welche Diskussionen die Nachkriegspolitik bestimmten, unter welchen Rahmenbedingungen Adenauer die Einbindung in das westliche Bündnis betrieb, Brandt seine Ostpolitik und Kohl die Wiedervereinigung gestaltete.

> *Zeitgeschichte nennt man den Teil der neuesten Geschichte, über den noch Zeitzeugen berichten können.*

Sozialkunde

»Das Schneckentempo ist das normale Tempo jeder Demokratie.«

Helmut Schmidt
*(*1918)*

Der ehemalige Bundeskanzler benennt lakonisch, woran man manchmal verzweifeln möchte. Nicht nur geht es langsam voran, kompliziert scheint der Apparat ebenfalls noch zu sein. Denn wer kann genau erklären, wie das eigentlich mit dem Überhangmandat funktioniert? Und wie war das noch mal mit Kumulieren und Panaschieren? Hinweise liefern Ihnen die nächsten Seiten.

Die Mächtigen der Bundesrepublik

Wer ist der Chef im Ring?

Die deutschen Ministerpräsidenten sind sowohl Regierungschefs wie Staatsoberhäupter der Bundesländer.

Keine einfache Frage. Angela Merkel bekleidet jedenfalls nicht das höchste Amt. Sie ist – ebenso wie alle Kanzler vor ihr – **Regierungschef(in)** der Bundesrepublik Deutschland. **Staatsoberhaupt** aber ist immer der jeweilige **Bundespräsident**. Er repräsentiert den Staat nach innen und nach außen und muss alle Gesetze, alle Ernennungen in Staatsämter und alle außenpolitischen Verträge letztendlich unterzeichnen. Dass jemand mit einer solchen **formalen Macht** im politischen System der BRD kaum **tatsächliche Macht** hat und seine Unterschrift nur verweigern kann, wenn er an der Legalität eines Vorgangs zweifelt, ist bewusst gewollt. Lediglich, wenn der Bundeskanzler eine **Vertrauensfrage** im Parlament verliert oder sich ein Parlament in drei Wahlgängen nicht auf einen Kanzler einigen kann, bekommt der Bundespräsident wirkliche Handlungsfreiheit. Er kann Minderheitenregierungen bestätigen oder Neuwahlen ansetzen.

Präsident gegen Parlament

USA: Präsidentiell, Frankreich: Semipräsidentiell, Deutschland: Parlamentarisch

Wahrscheinlich haben Sie die verschiedenen **Regierungssysteme** auch am Beispiel dieser drei Länder gelernt. In einem präsidentiellen System ist der Präsident zugleich Staatsoberhaupt und Regierungschef. Er wird direkt vom Volk gewählt. Er hat damit eine große Machtfülle und kann nicht vom Parlament durch ein Misstrauensvotum gestürzt werden. Allerdings ist es denkbar, dass er im Parlament keine Mehrheiten für seine Politik findet und dadurch ziemlich handlungsunfähig wird. In einem parlamentarischen System wie Deutschland dagegen wird nur das Parlament vom Volk direkt gewählt. Den Regierungschef wählt das Parlament in einem zweiten Schritt. Es kann also nur ein Kandidat an die Macht kommen, der das Parlament hinter sich hat. Verliert er das Vertrauen der Abgeordneten, kann ihn das Parlament stürzen.

In einem **semipräsidentiellen System** werden Parlament und Präsident wie im präsidentiellen System getrennt gewählt. Es gibt jedoch neben dem Präsidenten noch einen Regierungschef. In Frankreich muss dieser sowohl vom Parlament als auch vom Präsidenten bestätigt werden. In Russland dagegen kann der Präsident auch ohne Zustimmung der Parlamentsmehrheit einen Regierungschef und damit eine Regierung ernennen.

In Europa haben vor allem osteuropäische Länder, aber auch Portugal und Österreich ein semipräsidentielles System.

Die Macht der Könige

Großbritannien und seine Monarchie

Gerne sagt man, Großbritannien sei eine konstitutionelle Monarchie. Diese Aussage stimmt aber nur teilweise. Eine **konstitutionelle Monarchie** ist eine Monarchie, die zwar ein erbliches Staatsoberhaupt (Monarch) hat, dessen Rechte jedoch stark durch die Verfassung (Konstitution) eingeschränkt sind. In einer konstitutionellen Monarchie hat der Herrscher jedoch immer noch gewisse Regierungsrechte, vor allem das Recht, die Regierung seines Landes zu entlassen. Wenn dieses Recht nur dem Parlament zusteht, dann handelt es sich um eine **parlamentarische Monarchie**. In Großbritannien ist es so, dass die Queen zwar theoretisch das Recht hätte, das Parlament aufzulösen, sie und ihre Vorgänger diese Vollmacht aber schon seit Jahrhunderten nicht mehr wahrgenommen

Absolute Monarchien: Brunei, Katar, Oman, Saudi-Arabien, Swasiland und der Vatikan

haben. Großbritannien ist de facto eine parlamentarische Monarchie. Ähnlich verhält es sich mit Norwegen, Lichtenstein oder Luxemburg. Belgien, die Niederlande, Dänemark, Schweden und Spanien sind dagegen echte parlamentarische Monarchien.

Wir, der Souverän

»Alle Staatsgewalt geht vom Volke aus.«

Das steht im Artikel 20, Absatz 2 unseres Grundgesetzes. Augenwischerei? Wo wir, das Volk, doch nur alle vier Jahre unser Kreuzchen auf einen Wahlzettel machen dürfen? Vielleicht erinnern Sie sich noch an das Stichwort *repräsentative Demokratie*. Da es nicht besonders praktikabel ist, dass sich rund 62 Millionen deutsche Wahlberechtigte wie einst die Bürger Athens auf dem Marktplatz versammeln und über jede Entscheidung **direkt** abstimmen (direkte Demokratie), nehmen die von uns gewählten Abgeordneten in unserem Namen die Ausübung der Staatsgewalt wahr. Tatsächlich dürfen staatliche Hoheitsrechte (Gesetzgebung, Regierung, Rechtsprechung, Verwaltung, Verteidigung, Polizeiaufgaben) nur von Institutionen ausgeübt werden, die von den **Volksvertretern** legitimiert und kontrolliert werden. Es geht also tatsächlich alle Staatsgewalt von uns, dem Volk, aus, auch wenn unser konkreter Einfluss auf den berüchtigten Staatsapparat meist äußerst gering erscheint.

Als partizipatorisch bezeichnet man eine Demokratie, die eine möglichst große Beteiligung der Bürger anstrebt, etwa durch Volksentscheide.

Eingeschränkte Wahl

Eine Republik ohne Demokratie, gibt es das?

Durchaus! Eine Republik ist erst mal nur das Gegenmodell zu einer Monarchie. Monarchien werden von einem erblichen oder auf Lebenszeit gewählten Herrscher regiert. In **Republiken** wird die **Regierung** dagegen immer **gewählt**, aber nicht auf Lebenszeit. Es ist jedoch nicht immer das ganze Volk, das wählen darf. In **Oligarchien** oder **Adelsrepubliken** etwa bestimmt nur eine kleine Oberschicht darüber, wer Herrscher wird. In einer weiteren Variante der Republik gibt es zwar ein Wahlrecht für das ganze Volk, seine Reichweite wird jedoch durch Machtgremien, die nicht der Kontrolle des Volkes unterstehen, extrem eingeschränkt. Die Macht geht in den sogenannten **Volksrepubliken** z. B. von der kommunistischen Partei aus, in anderen Einparteien-Systemen ebenfalls von der herrschenden Regierungspartei und in **Islamischen Republiken** von religiösen Instanzen. Die meisten autoritären Systeme, in denen langjährige Alleinherrscher nur noch pro forma Wahlen veranstalten oder diese sogar einfach aussetzen, sind laut Verfassung präsidiale Republiken.

Regierungen, die illegitim, etwa durch einen Putsch an die Macht kamen, werden entweder als Tyrannis, Diktatur oder Despotie bezeichnet.

Die Prinzipien der Wahl

Allgemein, unmittelbar, frei, gleich und geheim

Das sind die Schlagworte, die das deutsche Wahlrecht umschreiben. Es dürfen **alle** mündigen Bürger wählen. Alle, die weder minderjährig, noch entmündigt sind und auch nicht aufgrund schwerer Straftaten ihre bürgerlichen Ehrenrechte, zu denen das Wahlrecht gehört, aberkannt bekommen haben. Sie wählen **unmittelbar** einen Kandidaten oder eine Partei, keine Wahlmänner. Jeder Wähler ist in seiner Entscheidung völlig **frei**, auch in der, ob er überhaupt wählen geht. Wählernötigung oder Bestechung ist strafbar. Alle Stimmen zählen **gleich** viel. Und zuletzt müssen Stimmen unter allen

Umständen **geheim** abgegeben werden. Selbst, wenn Sie wollen, dürfen Sie nicht mit Ihrem Ehepartner zusammen in die Wahlkabine, weil der Wahlleiter ja nicht überprüfen kann, ob nicht einer den anderen unter Druck setzt und seine Wahl beeinflusst. Bei Europa- und Kommunalwahlen sind nicht nur Deutsche, sondern auch EU-Ausländer, die in Deutschland leben, wahlberechtigt, bei Kommunalwahlen in einigen Bundesländern auch Jugendliche ab 16 Jahren.

»Das Heil der Demokratien (...) hängt von einer (...) Einzelheit ab: vom Wahlrecht. Alles andere ist sekundär.«
José Ortega y Gasset (1883–1955)

Voraussetzung zur Kandidatur

Wer nicht wählen geht, nimmt sein passives Wahlrecht wahr. Richtig oder falsch?

Das ist natürlich Unsinn! Wer nicht wählen geht, ist ganz einfach ein Nichtwähler. Das **passive Wahlrecht** bedeutet also nicht die Stimmenthaltung, sondern das Recht, gewählt zu werden. Dieses Recht hat im Prinzip jeder mündige Bürger. Allerdings gelten bei vielen Ämtern **Altersgrenzen**. Wer beispielsweise Bundespräsident oder Richter am Bundesverfassungsgericht werden will, muss mindestens 40 Jahre alt sein. Bundeskanzler dagegen kann man – theoretisch – schon mit 18 werden. Ministerpräsidenten, Landräte oder Bürgermeister müssen vielerorts älter sein. Außerdem kann man das passive Wahlrecht schneller verlieren als das aktive. Wer zu mindestens einem Jahr Gefängnis verurteilt wurde, verliert gleichzeitig auch sein passives Wahlrecht für die nächsten fünf Jahre.

Bei Kommunal- und Europawahlen besitzen EU-Ausländer an ihrem jeweiligen Wohnort nicht nur das aktive, sondern auch das passive Wahlrecht.

Auf die Zweite kommt es an

»Zweitstimme ist Kanzlerstimme.«

Mit diesem Slogan versuchen die Parteien immer wieder, den Wählern deutlich zu machen, dass nicht die Erst-, sondern die **Zweitstimme** bei der Wahl die wichtigere ist. Ganz richtig ist die Aussage des Slogans aber nicht, denn der Kanzler wird vom Parlament und nicht vom Volk direkt gewählt. Indirekt stimmt es dann doch wieder, weil die Sitze im Parlament proportional zu den abgegebenen Zweitstimmen verteilt werden und so über diejenigen Mehrheitsverhältnisse entscheiden, die bei der Kanzlerwahl ausschlaggebend sind. Welche Bedeutung hat aber dann die Erststimme? In Deutschland wird das **föderale Element**, also der Umstand, dass das Land ein Zusammenschluss aus verschiedenen Bundesländern ist, sehr hoch gehängt. Deshalb wird bei der Wahl sichergestellt, dass jeder Wahlkreis mit einem Direktkandidaten im Bundestag vertreten ist. Welcher Kandidat sich im jeweiligen Wahlkreis durchsetzt, darüber wird mit der Erststimme entschieden. Die gewonnenen **Direktmandate** einer Partei werden dann auf das Gesamtkontingent an Sitzen, das sich aus der Anzahl der Zweitstimmen ergibt, angerechnet.

Gewinnt eine Partei mehr Direktmandate, als ihr laut Zweitstimmen an Sitzen zustehen, darf sie diese als Überhangmandate behalten.

Unterlegener Sieger

Im Jahr 2000 wurde George W. Bush Präsident der USA, obwohl er über 500.000 Stimmen weniger erhielt als sein Konkurrent Al Gore.

Schreiende Ungerechtigkeit? Nicht ganz. Es ist einfach eine Konsequenz des **Mehrheitswahlrechts**. Beim Mehrheitswahlrecht wird in jedem Wahlkreis getrennt abgestimmt. Der Gewinner wird Abgeordneter bzw. Wahlmann für die Präsidentenwahl. Die Stimmen der Verlierer fallen unter den Tisch. Wenn eine Partei mehr Mandate

Länder mit Mehrheitswahlrecht haben meist nur ein Zweiparteiensystem.

gewinnt als die andere, aber nur sehr knapp, dann kann es sein, dass sie unterm Strich dennoch weniger Stimmen erhalten hat. Umgekehrt ist der Vorsprung der Konkurrenzpartei hinfällig, da sich dieser nur aus den Gesamtstimmen ergibt, ungeachtet der jeweiligen Gewichtung in den verschiedenen Wahlkreisen. Entsprechendes gilt für die US-Präsidentschaftswahlen. Es ist übrigens schon vier Mal passiert, dass ein sogenannter Minderheiten-Präsident am Ende gewonnen hat. Aber die drei anderen Fälle stammen aus dem 19. Jahrhundert, und der Rückstand von John Quincy Adams (1824), Rutherford B. Hayes (1876) und Benjamin Harrison (1888) gegenüber ihren unterlegenen Gegenkandidaten war deutlich geringer als der von Bush auf Gore.

Komplizierte Gerechtigkeit

d'hondtsches Auszählungsverfahren?

Wie dieses Verfahren zur Stimmauszählung funktioniert, könnten Sie jetzt nicht spontan erklären? Vergessen Sie's. Es wird seit den 1980er-Jahren nicht mehr angewandt. Das Problem der Auszählung ist allerdings geblieben. Wie die meisten Länder hat Deutschland nicht ein Mehrheits-, sondern ein **Verhältniswahlrecht**. Das heißt, dass eine Partei möglichst genauso viele Sitze im Parlament bekommen soll, wie sie anteilig Wählerstimmen erhalten hat. Allerdings kann eine beispielsweise hundertköpfige Partei mit 13,527 Prozent der Stimmen natürlich keine 13,527 Abgeordneten stellen. Damit die strittigen Mandate hinter dem Komma möglichst gerecht verteilt werden, verwendet man inzwischen das **Sainte-Laguë-Verfahren**, weil es die großen Parteien weniger bevorzugt als das früher übliche **d'hondtsche Verfahren**. Es ist aber ebenfalls kompliziert. Zuerst teilt man die Stimmzahl aller Parteien durch 0,5,

Berücksichtigt werden in Deutschland nur Parteien, die mindestens 5 % der Stimmen oder drei Direktmandate erzielt haben.

dann durch 1,5, dann durch 2,5 usw. Die Ergebnisse listet man der Größe nach auf und ordnet dann die 598 Bundestagssitze den 598 höchsten Ergebnissen aus der Liste zu.

Kreativität beim Wählen

Schon mal panaschiert?

Das darf nicht jeder! Bei Bundestags- und Europawahlen ist **Panaschieren** beispielsweise nicht möglich, bei Landtagswahlen nur in Bremen und Hamburg. Bei Kommunalwahlen darf in den meisten Bundesländern panaschiert werden, nur in Berlin, Nordrhein-Westfalen, Schleswig-Holstein und dem Saarland nicht. Konkret geht es um das Recht, mehrere Stimmen auf einzelne Kandidaten auf den Wahllisten zu verteilen. Der Clou: Es ist auch erlaubt, Kandidaten verschiedener Parteien zu wählen. Und damit nicht genug! Wo panaschiert werden darf, darf man auch **kumulieren**. Das bedeutet, dass man einzelnen Kandidaten auch mehrere Stimmen geben darf. Aber natürlich darf man es sich auch leicht machen und einfach die Liste einer Partei ankreuzen wie bei anderen Wahlen auch. Diese bekommt dann alle Stimmen des Wahlberechtigten.

Kumulieren und Panaschieren sind umstritten, da die Fehlerquote natürlich höher ist als bei anderen Wahlen.

Geteilte Gewalt

Checks and balances

Da geht es doch um **Gewaltenteilung**, oder? Es geht um mehr. Die Idee, dass die Staatsgewalt auf verschiedene Institutionen gegliedert werden muss, damit kein Machtmissbrauch entsteht, stammt von den Philosophen John Locke (1632–1704) und Charles de Montesquieu (1689–1755). Aufgeteilt wird die Macht, wie Sie wahrscheinlich noch wissen, in **Exekutive** (ausführende Gewalt, Regierung), **Legislative** (gesetzgebende Gewalt, Parlament) und **Judikative**

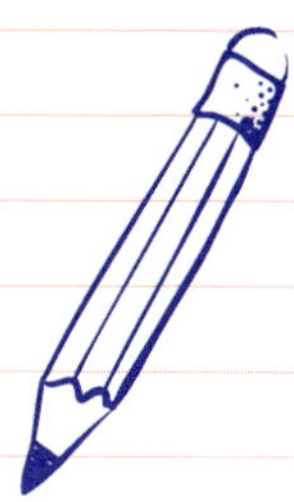

Die Medien werden oft als Vierte Gewalt bezeichnet, was aber nur ihre Macht, keinen offiziellen Status beschreibt.

(richterliche Gewalt). Der Begriff *checks and balances* umschreibt, dass die drei Gewalten sich auch gegenseitig kontrollieren. So kann das Parlament die Regierung durch ein Misstrauensvotum stürzen und der Kanzler beim Bundespräsidenten Neuwahlen beantragen, wenn ihm das Parlament das Vertrauen verweigert. Das Bundesverfassungsgericht überwacht Regierung und Parlament, seine Richter werden wiederum von Parlament und Bundesrat gewählt.

Eine Frage des Vertrauens

Kanzler: Vertrauensfrage. Bundestag: Konstruktives Misstrauensvotum

Man bringt sie leicht durcheinander, die beiden Instrumente, mit denen Regierungschef und Parlament ausloten können, ob die Regierung noch das Vertrauen der Abgeordneten genießt. Der Kanzler kann den Abgeordneten die **Vertrauensfrage** stellen. Verweigert ihm die Mehrheit das Vertrauen, dann kann er den Bundespräsidenten um Neuwahlen bitten – es sei denn, das Parlament wählt einen anderen Kanzler. Die Vertrauensfrage, die auch mit einer Abstimmung verknüpft werden kann, gilt als ein Mittel, die eigenen Anhänger zu disziplinieren. Sie stehen dann vor der Wahl, ob sie in einer Sachfrage nachgeben oder die Regierung stürzen wollen. Durch eine fingierte Vertrauensfrage Neuwahlen herbeizuführen, wenn diese opportun erscheinen, ist eigentlich nicht erlaubt. Bisher aber hat das Bundesverfassungsgericht alle Fälle abgesegnet. Spricht das Parlament dagegen dem Kanzler sein Misstrauen aus, dann muss es gleichzeitig einen Nachfolger wählen. Daher der Zusatz *konstruktiv*.

Helmut Kohl kam 1982 durch ein Misstrauensvotum gegen Helmut Schmidt an die Macht.

Wehrhaft gegen Staatsfeinde

Was wäre, wenn in einem Land eine Mehrheit beschließt, die Demokratie abzuschaffen?

Vermutlich ist diese Frage im Rahmen Ihres Sozialkunde-Unterrichts auch aufgekommen und als Antwort wurde Ihnen etwas von einer *wehrhaften Demokratie* erzählt. Aber was heißt das noch einmal? Der Begriff besagt, dass die **Freiheitlich Demokratische Grundordnung** (FDGO) des Landes nicht mit legalen Mitteln, also z. B. nicht durch einen Mehrheitsbeschluss oder ein Gesetz, aufgehoben werden kann. Konkret bedeutet das also, dass auch Grundrechte wie Meinungsfreiheit nicht dazu benutzt werden dürfen, die demokratische Verfassung zu bekämpfen. Gruppierungen, deren Ziel die Beseitigung der Demokratie ist, dürfen verboten werden, auch wenn noch keine strafrechtlich relevanten Taten begangen worden sind. Das Grundgesetz darf nur mit einer **Zweidrittelmehrheit** geändert werden, aber auch dann nur in Details, nicht in seinem Wesensgehalt. An Kerngedanken wie der Unantastbarkeit der Menschenwürde, der Demokratie, der Rechtsstaatlichkeit und der Sozialstaatlichkeit darf gar nicht gerüttelt werden.

FDGO: Wahlrecht, Bindung an Recht und Gesetz, Oppositionsrecht, Ablösbarkeit der Regierung, unabhängige Gerichte, Grundrechte

Das Wichtigste

»Die Würde des Menschen ist unantastbar. Sie zu achten und zu schützen ist Verpflichtung aller staatlichen Gewalt!«

»Das Deutsche Volk bekennt sich darum zu **unverletzlichen** und **unveräußerlichen Menschenrechten** als Grundlage jeder menschlichen Gemeinschaft, des Friedens und der Gerechtigkeit in der Welt. Die nachfolgenden Grundrechte binden Gesetzgebung, vollziehende Gewalt und Rechtsprechung als unmittelbar geltendes Recht.«

So weit Artikel 1 des deutschen Grundgesetzes. Die folgenden Artikel umfassen dann Grundrechte wie das Recht auf körperliche Unversehrtheit, Gleichberechtigung, Glaubens- und Gewissensfreiheit, Meinungs- und Pressefreiheit, Versammlungsfreiheit, Postgeheimnis, Freizügigkeit, freie Berufswahl, die Unverletzlichkeit der Wohnung, das Recht auf Eigentum, das Asylrecht, die Rechtsweggarantie, das Widerstandsrecht und das Wahlrecht. Das **Grundgesetz** ist aber mehr als die Festschreibung der Grundrechte. Als geltende **deutsche Verfassung** legt es ganz wesentlich fest, wie das politische System des Landes und die Kompetenzen der einzelnen staatlichen Organe geregelt sind. Die Bezeichnung Grundgesetz rührt daher, dass man im geteilten Westdeutschland im Jahr 1949 keine endgültige deutsche Verfassung erarbeiten wollte. Nach der Wiedervereinigung wurde der Name dann beibehalten.

»Die Grundrechte müssen das Grundgesetz regieren; sie dürfen nicht nur ein Anhängsel des Grundgesetzes sein.«
(Carlo Schmid, SPD, 1948)

Die zweite Kammer

Bundestag: Abgeordnete. Bundesrat: Mitglieder der Länderregierungen

Viele Staaten haben ein Parlament mit zwei Kammern, die **USA** etwa **Kongress** und **Senat**, **Großbritannien** kennt das **Ober-** und **Unterhaus**, **Frankreich Nationalversammlung** und **Senat**. In Deutschland heißen die beiden Kräfte **Bundestag** und **Bundesrat.** Formell gilt der Bundesrat allerdings nicht als gleichwertige zweite Kammer des Parlaments. Seine Existenz ist dem stark ausgeprägten Föderalismus geschuldet. Der Bundestag soll nicht Gesetze beschließen dürfen, die die Länder teilnahmslos hinnehmen und dann am Ende ausbaden müssen. Deshalb muss der Bundesrat zu allen Gesetzen, die die Länder betreffen, seine Zustimmung geben. Konkret sind das Gesetze, die die **Hoheitsrechte** der Länder berühren, also Gesetze, die finanzielle Auswirkungen und Verfassungsänderungen für die Länder bedeuten. Auch gegen alle anderen Gesetze kann der Bundesrat Einspruch erheben, wenn er Länderrechte tangiert sieht. Obwohl der Bundesrat theoretisch nur Länderinteressen vertreten soll, wird er oft zum Instrument der Bundespolitik, wenn die Mehrheiten in Bundestag und Bundesrat verschiedene sind (Blockadepolitik). Je nach Größe haben die einzelnen Bundesländer im Bundesrat drei bis sechs Sitze, die von Mitgliedern der jeweiligen Landesregierungen wahrgenommen werden.

Alle Vertreter eines Bundeslandes müssen im Bundesrat einheitlich stimmen, auch wenn sie verschiedenen Parteien angehören.

Die schwierige Geburt von Gesetzen

Erste Lesung, zweite Lesung, Vermittlungsausschuss …

Gesetze zu machen ist in Deutschland nicht einfach. Zunächst einmal kann nicht jeder einen **Gesetzesvorschlag** einreichen. Das Initiativrecht haben die Regierung und der Bundesrat. Im Parlament müssen mindestens eine Fraktion oder fünf Prozent der Abgeordneten hinter einem Gesetzesvorschlag stehen. Der Entwurf wird dann allen Abgeordneten vorgelegt. Anschließend erfolgt eine **erste Beratung** oder Lesung im Bundestag. Danach befassen sich die zuständigen **Fachausschüsse** mit den Details. Dabei können auch externe Experten zugezogen werden. Die Ergebnisse werden in einer **zweiten Lesung** wieder im Bundestag vorgestellt und diskutiert. Danach befassen sich wieder die Ausschüsse damit, anschließend gibt es eine dritte Lesung und Beratung. Erst dann kommt es zur Abstimmung. Ist das Gesetz angenommen, wird es dem Bundesrat vorgelegt. Stimmt dieser zu, bzw. verzichtet auf einen Einspruch, dann wird das Gesetz dem Bundespräsidenten vorgelegt,

Im Vermittlungsausschuss sitzen 16 Mitglieder des Bundesrates (einer pro Land) und 16 aus dem Bundestag (entsprechend der Parteistärke).

der wiederum prüft, ob alle Formalia eingehalten wurden, und dann unterzeichnet. Ist diese Voraussetzung erfüllt, wird das Gesetz im Bundesgesetzblatt veröffentlicht. Lehnt der Bundesrat ein Gesetz ab, wird darüber im **Vermittlungsausschuss** beraten. Kann auch dort keine Einigung erzielt werden, gibt es kein Gesetz.

Direkte Beteiligung mit Hürden

Kennen Sie den Unterschied zwischen Bürgerbegehren, Volksbegehren und Volksentscheid?

Zum einen finden **Bürgerbegehren** und **Bürgerentscheide** auf kommunaler Ebene statt, **Volksbegehren** und **Volksentscheide** auf Länderebene. Auf Bundesebene spricht man theoretisch auch von **Volksbegehren**, die sind aktuell aber nur bei Gebietsneugliederungen möglich. Der ganze Prozess ist dann jeweils dreistufig: Am Anfang steht die **Volksinitiative** (in manchen Ländern auch Antrag auf Volksbegehren) bzw. der Bürgerantrag. Dafür muss eine bestimmte Anzahl an Unterschriften gesammelt werden, die einen solchen Antrag unterstützen. Kommen diese zusammen, dann gibt es ein Volks- oder Bürgerbegehren. Nun müssen noch einmal Unterschriften gesammelt werden, diesmal jedoch eine größere Anzahl und innerhalb einer bestimmten Frist. Teilweise verlangen Länder und Kommunen eine Amtseintragung, was bedeutet, dass die Listen in Ämtern ausliegen. Ist das Begehren erfolgreich, gibt es einen Volks- bzw. Bürgerentscheid. Der funktioniert im Prinzip wie eine Wahl. Allerdings gibt es zusätzlich meist ein Quorum, d. h. ein bestimmter Prozentsatz der Bevölkerung muss mit *Ja* stimmen. Eine bloße Mehrheit bei niedriger Beteiligung reicht nicht.

Die Hürden für ein Volksbegehren (Unterschriftenzahl, Fristen etc.) sind in den einzelnen Bundesländern unterschiedlich hoch angelegt.

International vernetzt

UNO, NATO, EU, Eurozone, Schengen, Europarat, OSZE, OECD, G8, G20

Wissen Sie eigentlich, wo Deutschland überall Mitglied ist? Zuallererst natürlich in der Organisation der Vereinten Nationen, der **UNO**, und zwar seit 1973. Erst Brandts Ostpolitik machte den Weg frei, dass sowohl BRD wie DDR aufgenommen wurden. Ein Mitglied der **NATO** (Organisation des Nordatlantikvertrags) wurde die Bundesrepublik dagegen schon 1955. Sie ist seither dazu verpflichtet, anderen Partnern dieses westlichen Verteidigungsbündnisses beizustehen, wenn diese angegriffen werden. Des Weiteren ist Deutschland natürlich Gründungsmitglied der **EU** und gehört innerhalb der EU zu den Teilnehmern der **Währungsunion** (Eurozone) und des **Schengenabkommens**, das zum Wegfall der Grenzkontrollen beschlossen wurde. Außerdem hat Deutschland seit 1951 einen Sitz im Europarat, einem Gremium für politische Zusammenarbeit in Europa, dem auch die Nicht-EU-Staaten angehören. Seit 1975 gibt es zudem noch die **OSZE**, die Organisation für Sicherheit und Zusammenarbeit in Europa, der Deutschland natürlich auch angehört. Nicht zu verwechseln mit der **OECD**, der Organisation für wirtschaftliche Zusammenarbeit und Entwicklung, in der sich ursprünglich vor allem die westlichen Industrieländer zusammengeschlossen haben, darunter auch die BRD. Deren Ziel ist vor allem, das Wirtschaftswachstum zu fördern. Dasselbe gilt für die kleineren Organisationen G8 und G20, in deren Rahmen sich die 8 bzw. 20 wichtigsten Industrienationen der Welt treffen.

Der erste und bisher einzige NATO-Bündnisfall war der sogenannte Krieg gegen den Terror nach den Angriffen des 11. September 2001.

Am Anfang waren Kohle und Stahl

»In meiner Schulzeit hieß die EU noch EG.«

Wer so denkt, liegt falsch. In den Jahren, in denen nur von **EG** (Europäischer Gemeinschaft) die Rede war, gab es die **EU** (Europäische Union) noch gar nicht. Deshalb noch mal in Kürze die Entwicklung: 1951 wurde auf Initiative des französischen Außenministers Robert Schumann die Europäische Gemeinschaft für Kohle und Stahl (Montanunion) gegründet. Beteiligte Staaten waren Frankreich, Italien, die Beneluxländer und – ein echtes Politikum so kurz nach Kriegsende – Deutschland. 1957 wurden zudem im Rahmen der Römischen Verträge die Europäische Wirtschaftsgemeinschaft und die Europäische Atomgemeinschaft gegründet, die nun mit der Montanunion die Europäischen Gemeinschaften (EG) bildeten. 1992 wurde dann mit dem **Vertrag von Maastricht** die EU gegründet, als übergeordneter Verbund der weiter bestehenden EG sowie der Gemeinsamen Außen- und Sicherheitspolitik (GASP) und der Zusammenarbeit im Bereich Justiz und Inneres (ZJI). Seit dem Vertrag von Lissabon 2007 existieren die einzelnen Bereiche nicht mehr separat.

Beitritte: 1973 Dänemark, Irland, Großbritannien; 1981 Griechenland; 1986 Portugal, Spanien; 1995 Österreich, Schweden, Finnland; 2004 und 2007 Osterweiterung

Komplizierte EU

Europäischer Rat, Rat der Europäischen Union, EU-Ministerrat, Europäische Kommission …

Kennen Sie sich da noch aus? Oder liegt Ihre Schulzeit so weit zurück, dass Ihre Lehrer damals gerade mal die Römischen Verträge behandeln konnten? Wie dem auch sei, hier ein kurzer Einstieg in die EU von heute:

Die **EU** verfügt über **sieben Organe**. Der **Europäische Rat** besteht aus den Regierungschefs der Mitgliedsländer, im **Rat der Europäischen Union**, auch **Ministerrat** genannt, sitzen dagegen je nach Thema, das behandelt wird, die entsprechenden **Fachminister** der Mitgliedsländer. Neben diesen beiden Räten gibt es ständige Gremien, die von speziellen Europapolitikern besetzt sind: die **Europäische Kommission**, seit 2004 angeführt von **José Manuel Barroso** (*1956), in der jedes Mitgliedsland mit einem **Kommissar** vertreten ist, das **Europäische Parlament**, den **Gerichtshof der Europäischen Union**, den **Europäischen Rechnungshof** und die **Europäische Zentralbank**.

Den politischen Organen ist natürlich noch ein riesiger Verwaltungsapparat mit jeder Menge EU-Behörden angeschlossen.

Schaltzentrale in Belgien

Das wird in Brüssel entschieden.

Brüssel, das ist natürlich die Europäische Union. Trotzdem ist es bezeichnend, dass Brüssel zum eigentlichen Synonym wurde und nicht etwa Straßburg, wo das Europäische Parlament tagt. Brüssel ist jedoch der Sitz der **Europäischen Kommission**, die gemeinsam mit dem Europäischen Rat die Exekutive der Union bildet. Die Europäische Kommission hat auch das alleinige Initiativrecht für Gesetzesvorlagen, die dann sowohl vom Europäischen Parlament als auch vom Ministerrat abgesegnet werden müssen. Letzterer, aber auch viele untergeordnete Behörden haben ebenso wie die Ausschüsse des **Europaparlaments** ihren Sitz in Brüssel.

Europäischer Gerichtshof und EU-Rechnungshof sitzen in Luxemburg, der Europäische Gerichtshof in Straßburg.

Das System der DDR

In der DDR gab es doch auch Wahlen!

Die Mehrheit der DDR-Bürger nannte sie allerdings Zettelfalten, da man die **Einheitsliste der Nationalen Front** (SED, Blockparteien, Massenorganisationen) falten und in die Wahlurne stecken durfte. Wer die Wahlkabine benutzte, konnte sich schon Ärger einhandeln. Im Prinzip durfte man aber einzelne Namen streichen, alle Namen streichen (Neinstimme) oder die gesamte Liste durchstreichen (ungültige Stimme). Die so bestimmten Abgeordneten wählten dann die anderen Gremien: **Staatsoberhaupt** (Staatsrat), **Regierung** (Ministerrat), **Generalstaatsanwalt** und **Richter des Obersten Gerichts.** Der Staatsrat bestand aus 18 Mitgliedern. Den Vorsitz hatte meist der Generalsekretär des Zentralkomitees (ZK) der SED, also erst Walter Ulbricht, später Erich Honecker. Die Ausnahme bildeten die Jahre 1973 bis 1976, in denen Willi Stoph (1914–99) oberster Repräsentant der DDR war, aber wenig tatsächliche Macht hatte. Der Ministerrat bestand erst aus 18, später aus 40 Mitgliedern. Die Blockparteien NPDP, DBD und LDPD bekamen jeweils einen Sitz, die CDU zwei Sitze, die SED den Rest. An der Spitze stand der Ministerpräsident. Die wesentliche Aufgabe dieser Regierung bestand aber darin, Beschlüsse und Gesetzesentwürfe des Zentralkomitees der SED umzusetzen. Auch die einzelnen Ministerien wurden von den entsprechenden Fachabteilungen des ZK instruiert.

Die DDR-Ministerpräsidenten: 1949–64 Grotewohl, 1964–73 Stoph, 1973–76 Sindermann, 76–89 Stoph, 1989–90 Modrow, 1990 de Maizière

Wie reich ist ein Staat?

»Ja, ja, ja, jetzt wird wieder in die Hände gespuckt. Wir steigern das Bruttosozialprodukt.«

Wahrscheinlich erinnern Sie sich und können vielleicht sogar noch mitsingen. Das **Bruttosozialprodukt** war einer der großen Hits der sogenannten Neuen Deutschen Welle und wurde 1983 von der Bochumer Band Geier Sturzflug veröffentlicht. Aber wissen Sie auch noch, was das Bruttosozialprodukt eigentlich ist? Es handelt sich dabei um alle Einkünfte, die die ständigen Bewohner eines Landes innerhalb eines Jahres aus Erwerbsarbeit oder Kapitalvermögen erzielt haben. Dazu kommen noch Abschreibungen und Gütersteuern (abzüglich Subventionen). Das Bruttosozialprodukt, das allerdings 1999 den neuen Namen **Bruttonationaleinkommen** erhalten hat, soll die Leistungskraft einer nationalen Wirtschaft aufzeigen. Eine ähnliche Größe ist das Bruttoinlandsprodukt. Bei diesem werden all jene Leistungen mitgezählt, die Ausländer im entsprechenden Land erwirtschaftet haben, allerdings bleiben solche Leistungen, die Inländer im Ausland erzielt haben, unberücksichtigt.

Deutschland erzielte 2010 ein Bruttonationaleinkommen von 3,5 Bill. US-Dollar (pro Kopf 43.242 Dollar) und lag auf Rang 4 weltweit.

Marktprinzip mit sozialem Ausgleich

»Vater der sozialen Marktwirtschaft«

Diesen Beinamen bekam Ludwig Erhard (1897–1977), Wirtschaftsminister unter Adenauer und von 1963 bis 1966 zweiter Bundeskanzler. Aber was versteht man eigentlich genau unter **sozialer Marktwirtschaft**? Im Grunde geht es darum, eine möglichst freie Wirtschaft mit sozialer Gerechtigkeit zu verbinden. Aber darüber, wie und wann der Staat eingreifen soll, bestehen höchst unterschiedliche Meinungen. Erhard beispielsweise war im Grunde davon überzeugt, dass eine freie Wirtschaft am Ende auch ohne **Sozialleistungen** den *Wohlstand für alle* (so auch der Titel

Soziale Marktwirtschaft ist zum politischen Schlagwort geworden, hinter dem sich sehr verschiedene Konzepte verbergen können.

seines populären Buches) hervorbringen würde. Das Wirtschaftswunder gab ihm zunächst recht, seine kurze Kanzlerschaft war dann allerdings von einer schweren Rezession geprägt. Aber auch ein **Wohlfahrtsstaat** klassisch skandinavischer Prägung mit einer hohen Umverteilung kann als soziale Marktwirtschaft verstanden werden, auch wenn Erhard wetterte, nichts sei »unsozialer als der Wohlfahrtsstaat«, da er die Eigenverantwortung lähme und leistungshemmend wirke.

Die Ziele der Wirtschaftspolitik

Das Magische Quadrat ist eine anspruchsvolle mathematische Spielerei. Aber ist Ihnen auch das Magische Viereck ein Begriff?

Dabei handelt es sich um eine noch anspruchsvollere, wirtschaftspolitische Herausforderung. Es gilt, die folgenden vier Ziele zu erreichen:

1. hoher Beschäftigungsstand
2. stabiles Preisniveau
3. angemessenes und stetiges Wirtschaftswachstum
4. außenwirtschaftliches Gleichgewicht

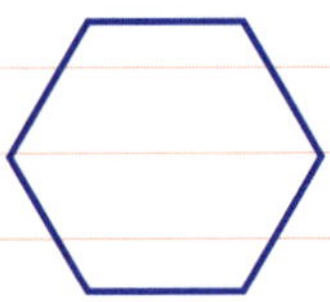

Inzwischen spricht man gelegentlich auch vom **Magischen Vieleck**, da zahlreiche weitere Ziele ins Blickfeld geraten sind wie die Sicherung von Ressourcen, die Erhaltung der Umwelt, gerechte Einkommensverteilung und gute Arbeitsbedingungen. All diese Faktoren beeinflussen sich natürlich gegenseitig und geraten auch in Konkurrenz miteinander, z. B. Wachstum mit Ressourcenschonung, weshalb es schon die Komponente Magie bräuchte, sie alle konfliktfrei zu erreichen.

*Das **Stabilitätsgesetz** von 1967 verpflichtet die Regierung, ihre Wirtschaftspolitik an den vier Zielen des Vierecks auszurichten.*

Richtiger Umgang mit Rezessionen

Spare in der Zeit, dann hast du in der Not.

Diese einfache Hausfrauenweisheit haben Sie wahrscheinlich in der Schulzeit als sogenannte **antizyklische Finanzpolitik** kennengelernt. Sie bedeutet nichts anderes, als dass Staaten in Zeiten wirtschaftlicher Flaute durch Steuersenkungen und Konjunkturprogramme gegensteuern sollen. Natürlich mit Geld, das in den **Boomphasen** gespart wurde. Die Theorie geht auf den britischen Ökonomen John Maynard Keynes (1883–1946) zurück. Er war überzeugt, dass der Nachfrage nach Produkten und Dienstleistungen die entscheidende Rolle im Wirtschaftsgeschehen zukommt und ebendiese in Krisenzeiten vom Staat gestärkt werden muss. Im Prinzip ist das auch weithin anerkannt, allerdings hat das Sparen in Boomzeiten bislang nie funktioniert. In Krisenzeiten brechen deshalb stets heftige Diskussionen los, ob man nicht vorhandenes Geld benutzen soll, um die Wirtschaft wieder anzukurbeln. Im Klartext: noch mehr Schulden machen, die dann wieder Zinsen kosten – oder doch lieber eisern sparen, obwohl das die Wirtschaft noch mehr schwächt.

Als Keynes Gegenspieler gilt Friedrich August von Hayeck (1899–1992), der vehement gegen jegliche staatliche Interventionen war.

Alles wird teurer

Die Inflation frisst die Zinsen und Lohnsteigerungen auf, sagt man. Aber wie funktioniert das?

Ganz einfach, indem Güter – aus verschiedensten Gründen – teurer werden. Zur Berechnung der **Inflationsquote** wird ein sogenannter Warenkorb herangezogen, der solche Güter umfasst, die ein durchschnittlicher Musterhaushalt im Monat oder Jahr einkauft. Man errechnet die Preisänderungen im Vergleich zum Vormonat oder Vorjahr. Aus dem Unterschied ergibt sich entweder die Inflationsquote, wenn die Waren teurer geworden sind, oder die Deflation, falls sie

Wenn die Inflationsrate im Jahr unter 2 % liegt, wird das als Preisstabilität angesehen.

billiger geworden sein sollten. Meist steht am Ende eine Teuerung, obwohl die Preise einzelner Posten auch gefallen sein können. Preistreiber ist häufig der steigende Ölpreis. Eine Inflationsquote von 2 % bedeutet natürlich keine allgemeine Abwertung des Geldes um 2 %. Die private Inflationsquote kann ganz anders aussehen. Wer nur wenig Produkte konsumiert, die teurer wurden, und dafür viele Produkte, die sich verbilligt haben, kann sogar mit einem Plus rechnen. Wer hingegen viel Auto fahren muss und ein großes Haus zu heizen hat, muss unter Umständen eine Teuerung hinnehmen, die beträchtlich höher ausfällt.

Instabiles Geld

Deflation ist schlimmer als Inflation.

Ist diese Behauptung bei Ihnen auch hängen geblieben? Dabei können sich die meisten Deutschen kaum einer schwerwiegenden Deflation entsinnen, wohingegen die katastrophale Inflation von 1923 allseits bekannt ist. Das liegt wohl daran, dass die schlimmste Deflation der Geschichte nicht so genannt wird, sondern unter **Weltwirtschaftskrise** von **1929** oder **Schwarzer Freitag** abgespeichert ist. Generell ist das Problem bei einer Inflation, dass die Preise steigen, sodass Einkommen und Sparkonten immer weniger wert werden, während Schulden leichter zu bedienen sind. Bei einer Deflation sinken die Preise, was nur zunächst gut klingt. Denn damit kommen Unternehmen in Schwierigkeiten und können Kredite nicht mehr bedienen oder erwerben, was meist zu drastischen Sparmaßnahmen führt. Das wiederum trifft die Arbeitnehmer und ihr Lohnniveau. Schlussendlich gehen reihenweise Betriebe

Einer Deflation können die Zentralbanken entgegenwirken, indem sie mehr Geld drucken.

bankrott, weil das Produzieren zu den gegenwärtigen Preisen nicht mehr möglich ist. Ob nun eine schwere Inflation oder eine schwere Deflation schlimmer ist, darüber gibt es sehr geteilte Meinungen. Eine leichte Inflation (bis 5 % im Jahr) wirkt aber in der Regel eher belebend auf die Wirtschaft, weil die Menschen das an Wert verlierende Geld schneller ausgeben, während Deflationen meist von Beginn an lähmend wirken.

Die Währungshüter

Schon mal Deutsche Bank und Deutsche Bundesbank verwechselt?

Das sollte nicht passieren, denn die Deutsche Bank ist ein normales **privates Wirtschaftsunternehmen**, wenn auch ein besonders großes, die Deutsche Bundesbank aber als deutsche Zentralbank ein **Staatsorgan**. In der Hand der Zentralbank liegt es, Banknoten der jeweiligen Währung zu drucken und in Umlauf zu bringen. Dabei hat sie dafür zu sorgen, das Preisniveau und den Geldwert im jeweiligen Land möglichst stabil zu halten. Dies gewährleistet sie vor allem durch die Steuerung der Geldmenge und die Festlegung des Leitzinses. Das ist derjenige Zinssatz, zu dem sich normale Geschäftsbanken bei der Zentralbank Kapital leihen können. Er beeinflusst das allgemeine Zinsniveau. Allerdings können die Zentralbanken nicht schalten und walten wie es beliebt, da jede Maßnahme die eigene Währung gegenüber anderen Währungen verbilligt oder verteuert, was enormen Einfluss auf die Wirtschaft haben kann. Mit der Einführung des **Euro** hat die Deutsche Bundesbank aber einen Großteil ihrer Kompetenz an die **Europäische Zentralbank** (EZB) abgeben müssen.

> Auch in Ländern, die ihre Währung fest an eine andere (stärkere) Währung gekoppelt haben, ist die Bedeutung der Zentralbanken stark eingeschränkt.

Die Freiheit der Tarifpartner

Die Politiker sollten für höhere Löhne sorgen.

Das dürfen sie nicht. In Deutschland herrscht – verfassungsrechtlich garantiert – **Tarifautonomie**, und das bedeutet, dass die Tarifparteien (Arbeitgeber und Arbeitnehmer) die Löhne und auch andere konkrete Arbeitsbedingungen frei aushandeln dürfen. Der Staat hat bei Tarifverhandlungen strikte Neutralität zu wahren. Aber natürlich ist es ihm erlaubt, Rahmenbedingungen festzulegen. Genauso wie es Gesetze zum Arbeitsrecht gibt, gegen die Arbeitgeber und Arbeitnehmer nicht verstoßen dürfen – selbst wenn sie sich einig wären –, genauso hätte unser Staat die Möglichkeit, etwa einen flächendeckenden Mindestlohn einzuführen. Arbeitgeber sind in der Regel an **Tarifverträge** gebunden, die eine Arbeitgebervereinigung aushandelt, insofern sie dieser angehören. Sie dürfen ihren Arbeitnehmern zwar zusätzliche Vergünstigungen einräumen, sie jedoch nicht schlechter stellen. Wer nicht Mitglied ist, kann einerseits zwar seinen individuellen **Haustarifvertrag** aushandeln, steht andererseits jedoch den oft mächtigen Gewerkschaften allein gegenüber.

> *Meist wird vereinbart, dass die von den Gewerkschaften ausgehandelten Tarifverträge auch für Arbeitnehmer gelten, die nicht Mitglied sind.*

Was vom Lohn übrig bleibt

Netto ist niedriger und nach den Abzügen.

Brutto und **netto** kann man schon mal verwechseln. Das ist schon in höchsten Regierungsämtern passiert. Dabei ist es eigentlich gar nicht so schwer, wenn man auf das *n* achtet. Übersetzt man die italienischen Begriffe, dann heißt brutto *gesamt* und netto *rein*. Für die meisten Arbeitnehmer ist natürlich am interessantesten, welches Nettoeinkommen ihnen von ihrem Bruttoverdienst nach Abzug der Steuern und Sozialabgaben noch zum Ausgeben bleibt. Brutto und netto werden aber auch in anderen Zusammenhängen verwendet. Im Laden etwa zahlt man als Endverbraucher Bruttopreise, während für Gewerbetreibende auch die Nettopreise (abzüglich der Mehrwertsteuer) eine Rolle spielen. Des Weiteren gibt es bei Lebensmitteln das Brutto- und das Nettogewicht (ohne Verpackung).

Der Unterschied zwischen Brutto und Netto heißt ***Tara****. Waagen haben oft eine Tara-Taste, damit nur das Nettogewicht berechnet wird.*

Abgesichert

Kur-Pa(rk)

Sind Ihnen die fünf Säulen der deutschen Sozialversicherung noch geläufig? Die Eselsbrücke hilft uns auf die Sprünge. Die ersten fünf Buchstaben stehen für **K**rankenversicherung, **U**nfallversicherung, **R**entenversicherung, **P**flegeversicherung und **A**rbeitslosenversicherung. Versicherungspflicht in allen Fällen besteht allerdings nur für Arbeitnehmer. Selbstständige können sich in der Regel freiwillig versichern (Unfallversicherung, teils auch Arbeitslosen- und Rentenversicherung), bzw. statt einer gesetzlichen eine private Kranken- und Pflegeversicherung wählen. Finanziert werden die gesetzlichen Sozialversicherungen im Wesentlichen durch die Beiträge der Mitglieder, sie werden aber durch erhebliche Zuschüsse aus Steuermitteln ergänzt. Die deutsche Sozialversicherung geht auf Reichskanzler Otto von Bismarck (1815–98) zurück, der sich aus der besseren Absicherung der Arbeiter erhoffte, der immer stärker werdenden Sozialdemokratie den Wind aus den Segeln zu nehmen. Die Krankenversicherung besteht seit 1883, die Unfallversicherung seit 1884 und eine Invaliditäts- und Alterssicherung seit 1889.

Deutschland war das erste Land mit einer Sozialversicherung.

Demografischer Wandel

Wir leben in einer Gesellschaft, die immer älter wird.

Die drohende Überalterung – gerne in einer Alterspyramide dargestellt – ist allerdings nur ein Aspekt des **demografischen Wandels**. **Demografie** (von griech. *Volksbeschreibung*) umfasst alle statistischen Daten, mit denen sich die Bevölkerung eines Landes und ihre Strukturen beschreiben lassen. Demografischer Wandel steht dann als Begriff für alle Veränderungen, die sich dabei ergeben. Also etwa veränderte Altersstrukturen, verschobene Einkommensverhältnisse, Entwicklungen im Gesundheitswesen, Ein-, Aus- und Binnenwanderung, das quantitative Verhältnis von Männern und Frauen und vieles mehr, was sich demografisch erfassen lässt. Die immer stärker werdende Überalterung der Gesellschaft ist jedoch einer der wichtigsten und am meisten diskutierten Aspekte des demografischen Wandels, da sie eine Vielzahl gravierender Auswirkungen in allen Gesellschaftsbereichen haben wird.

2008 hatte Deutschland 15,6 Mio. Einwohner, die unter 20 waren, und 16,7 Mio. über 65. Für 2030 wird ein Verhältnis von 12,9 zu 22,3 erwartet.

Zu wenig Kinder

Die Geburtenrate in Deutschland: 8,1

Sind Sie verwundert? Hatten Sie da vielleicht eine viel niedrigere Zahl im Hinterkopf? Ungefähr 1,39? Dann haben Sie **Geburtenrate** und **Geburtenziffer** verwechselt. Die Geburtenrate ist definiert als die Anzahl der Neugeborenen pro Jahr und 1000 Einwohner. 2009 waren das 8,1 Kinder in Deutschland. Aussagekräftiger aber ist die Geburtenziffer oder **Fruchtbarkeitsrate**, die normalerweise angeführt wird, wenn es um die Bevölkerungsentwicklung geht. Das ist die Anzahl der Kinder, die jede Frau im gebärfähigen Alter bekommt. Und diese liegt tatsächlich nur bei 1,39. Man hört oft, die

Geburtenziffer in Deutschland wäre die niedrigste Europas. Das stimmt nicht ganz. Lettland, Ungarn, Portugal, Polen, Rumänien und Malta lagen 2009 noch einen Tick niedriger. Allerdings hat der Trend zu niedrigen Geburtsziffern in Deutschland viel früher begonnen und das bedeutet wiederum, dass die **Überalterung** der Gesellschaft schon weiter fortgeschritten ist. Betrachtet man die Geburtenrate, dann liegt Deutschland europaweit tatsächlich an letzter Stelle. Das liegt daran, dass der Prozentsatz der Frauen im gebärfähigen Alter bereits niedriger ist als in anderen Ländern.

Die höchste Geburtenziffer in Europa verzeichnet Island (2,2). Es folgen Irland (2,07) und Frankreich (2,00).

Register